JN297060

ビジュアルに学ぶ
ディジタル回路設計

工学博士 築山 修治
博士(工学) 神戸 尚志 共著
博士(工学) 福井 正博

コロナ社

まえがき

　本書は，ディジタル集積回路とその設計の概要を述べたもので，多くを論理設計工程の紹介に費やしているが，ディジタル回路を初めて学ぼうとする人たちが，ディジタル回路設計の全体像を把握できるよう配慮してある．なぜなら，新たな分野を楽しく学ぶためには，まずその全体像を知ることが，興味を喚起し持続させるうえで重要と考えるからである．

　このため，設計のための細かな手法（アルゴリズム）の説明は割愛し，ディジタル集積回路設計に必要な概念（技術用語など）の理解に主眼を置いている．すなわち，必要な概念を厳選し，それらを1ページで説明できる量に分割し，ページごとに図と文章でそれらを説明した．図はそれらの概念が意味するものをイメージする（頭の中に構築する）助けになり，文章はそれらを厳密に定義し明確なものにすることにより，応用可能な概念にし，設計に利用できるようにする．

　現在のディジタル集積回路は，それ自身で電子システム全体をなすほど大規模になっているため，その設計は多くの工程に分かれており，その多くにコンピュータが用いられている．したがって，本書では自動設計技術の概要についても触れているが，上述した理由から，そこで用いられているアルゴリズムを紹介していない．しかし，本書で紹介したさまざまな概念は自動設計技術を開発するためにも不可欠である．

　本文を見ればわかるように，付録以外のすべての章において，各ページは図とそれを説明する文章からなっている．このような構成にするには，図と文章を修正するという作業が何回も必要となるが，これが可能となったのは，ひとえに文書作成ソフトウェア（いわゆるワープロ，word processor）の性能向上のおかげである．すなわち，文章の修正に伴うページレイアウトの変化を瞬時に知ることができるようになったため，このような構成の本が作成可能となった．イメージの構築を助ける図とそれを定義する文章が1ページに収まっていることは，概念を把握し，全体像を理解するうえでおおいに助けになると考えている．いうまでもなく，このような高性能の文書作成ソフトウェアが実用化できたのは，複雑なプログラムも高速に処理できるようになったコンピュータのハードウェアの発展のおかげであり，その発展はディジタル集積回路の進歩のたまものである．

　本書では，説明した概念を実際に利用できる場を提供するため，演習問題にも注意を払った．演習問題の中には，本書を通読しただけでは解くのが困難で解答に時間がかかる問題もあるが，これらはいくつかの小問題に分割し，解き方のヒントを用意した．解き方を覚え，それを適用すれば短時間で答えに到達できるような演習問題だけでは，応用力を磨くには不十分であり，試行錯誤する経験が必要であると考え，このような演習問題を含めている．し

たがって，時間をかけることをいとわず解答を考えて欲しい。なお，解答例は，下記の著者らのホームページで公開している。ただし，それらは解答"例"であり，つねに，別の"論理的"な解答があり得るということを念頭に置いて，解答例を読む必要がある。

（解答例や講義用パワーポイントファイルの所在場所）

http://www.elect.chuo-u.ac.jp/tsuki/digital.html

http://www.ele.kindai.ac.jp/kambe/digital.htm

http://www.ritsumei.ac.jp/se/re/fukuilab/digital.html

また，これらのホームページには，講義に利用したパワーポイントも公開しているので，理解を深めるために利用して欲しい。なぜなら，このパワーポイントファイルには，キーワードと短文しか書かれていないものの，紙面に書ききれなかった説明や内容を，アニメーションをまじえて提示しているからである。なお，教員の方々がそのパワーポイントを利用されることも自由である。

著者らは，読者がディジタル集積回路設計に関する自分用の全体像を構築するため，是非とも本書を読破されることを願っている。また，図がほとんど入っておらず，数学的な定義や定理が並んでいる付録を読む際には，自分で説明用の図を作成しつつ読んで欲しい。そのような読書法は，本書だけでなく，これから他の教科を学ぶうえでも有効であろう。なお，各章の目次および各ページのタイトルに*を付けたところは，初読の際には読み飛ばしてもよい箇所である。

2010 年 2 月

著　　者

初版第 7 刷にあたって

初版の 1 章 1.12 および 1.13 で示した「集積度の向上」に関する記述が古くなったのを受け，改訂では，これらに最新データを加えるとともに，ディジタルシステム設計を多面的に捉えてもらえるよう，「システム LSI の構成法」という節を設けた。また，紹介した概念を応用可能なレベルで理解できているか調べてもらえるよう，いくつかの章で演習問題を追加した。8 章の演習問題【5】が解ければ，本書の内容を理解したと言えるであろう。

さらに，改訂を機に，これまで著者等のホームページで公開していた講義用ファイルや解答をコロナ社でも公開する（http://www.coronasha.co.jp/np/isbn/9784339008111/）とともに，アクティブラーニングに利用可能な素材（パワーポイントファイル）も提供することにした。このファイルに興味をお持ちの教員の方は，著者あるいは出版社までご連絡ください。

2017 年 2 月

著　　者

目　　次

1. ディジタル集積回路

― コンピュータの基礎 ―
1.1　コンピュータの種類 ·· 2
1.2　コンピュータのハードウェア ·· 3
1.3　ソフトウェア ··· 4

― ディジタル技術の基礎 ―
1.4　コンピュータと2進数 ··· 5
1.5　アナログとディジタル（1） ·· 6
1.6　アナログとディジタル（2） ·· 7

― 集積回路の基礎と動向 ―
1.7　集　積　回　路 ·· 8
1.8　集積回路の種類 ·· 9
1.9　特定用途向け集積回路* ·· 10
1.10　プログラマブル論理デバイス* ·· 11
1.11　シ ス テ ム LSI* ··· 12
1.12　システム LSI の構成法* ··· 13
1.13　集積度の向上（ムーアの法則）* ·· 14

参　考　文　献 ·· 15
演　習　問　題 ·· 15

2. 情報の表現と演算

― 2進数の表現法 ―
2.1　位 取 り 記 数 法 ·· 18
2.2　基　数　変　換 ·· 19
2.3　情報の単位と固定小数点表示 ·· 20

― 固定小数点数 ―
2.4　バイアス（ゲタ履き）方式 ·· 21
2.5　1の補数と2の補数 ··· 22
2.6　2 の 補 数 表 現 ·· 23

― 固定小数点数の演算 ―
2.7 固定小数点数の加減算 …………………………………………………… 24
2.8 あ ふ れ ………………………………………………………………… 25
2.9 2進固定小数点数の乗算* ………………………………………………… 26
2.10 4ビットの乗算例* ……………………………………………………… 27
2.11 2進固定小数点数の除算* ……………………………………………… 28
2.12 正整数の除算例* ………………………………………………………… 29

― 浮動小数点数と数の精度 ―
2.13 浮動小数点表示 …………………………………………………………… 30
2.14 浮動小数点数の精度 ……………………………………………………… 31
2.15 IEEE方式の浮動小数点数 ……………………………………………… 32

― 符　　号 ―
2.16 符　号　化 ………………………………………………………………… 33
2.17 誤り検出・誤り訂正 ……………………………………………………… 34
2.18 ハミング符号* …………………………………………………………… 35
2.19 ハミング距離 ……………………………………………………………… 36

参　考　文　献 …………………………………………………………………… 37
演　習　問　題 …………………………………………………………………… 37

3. 論理演算と論理関数

― 命題と集合 ―
3.1 命　　　題 ………………………………………………………………… 40
3.2 集　合　と　命　題 ……………………………………………………… 41
3.3 ベン図とベイチ図 ………………………………………………………… 42

― 論理演算と論理式 ―
3.4 論　理　演　算 …………………………………………………………… 43
3.5 論　理　式 ………………………………………………………………… 44
3.6 重　要　な　定　理 ……………………………………………………… 45

― 論理関数とその表現 ―
3.7 論　理　関　数 …………………………………………………………… 46
3.8 カルノー図とAND項 ……………………………………………………… 47
3.9 シャノン展開 ……………………………………………………………… 48
3.10 主加法標準形 ……………………………………………………………… 49
3.11 主乗法標準形の導出 ……………………………………………………… 50
3.12 主乗法標準形 ……………………………………………………………… 51

― 完 全 系 ―
3.13 完　全　系 ··· 52
3.14 リードマラー展開* ·· 53
3.15 環和標準形* ··· 54

参 考 文 献 ·· 55
演 習 問 題 ·· 55

4. 組合せ回路の設計

― 論 理 回 路 ―
4.1 論　理　回　路 ··· 58
4.2 論 理 ゲ ー ト ··· 59
4.3 論理式と組合せ回路 ·· 60

― 論理式の簡単化 ―
4.4 積和形論理式の簡単化 ··· 61
4.5 AND-OR（NAND）2段回路 ··· 62
4.6 和積形論理式の簡単化 ··· 63
4.7 OR-AND（NOR）2段回路 ··· 64

― ドントケアとその利用 ―
4.8 ドントケアと主項 ··· 65
4.9 ドントケアを考慮した簡単化 ··· 66

― 多段，多出力回路 ―
4.10 多段論理回路* ··· 67
4.11 多出力回路の設計* ··· 68

― 正論理と負論理 ―
4.12 正論理と負論理 ·· 69

参 考 文 献 ·· 70
演 習 問 題 ·· 70

5. 順序回路の設計

― 順序回路と状態 ―
5.1 順　序　回　路 ··· 74
5.2 タイミングチャート ·· 75
5.3 状態遷移表と状態遷移図 ·· 76
5.4 状 態 割 当 て ··· 77

— フリップフロップと入力方程式 —
5.5　Dフリップフロップ……………………………………………………………… *78*
5.6　入 力 方 程 式………………………………………………………………… *79*

— 順序回路の設計手順 —
5.7　順序回路の設計例……………………………………………………………… *80*
5.8　符　　号　　化………………………………………………………………… *81*
5.9　状態遷移関数と出力関数……………………………………………………… *82*
5.10　初 期 化 回 路………………………………………………………………… *83*

— 順序回路の構造 —
5.11　ミーリ型とムーア型…………………………………………………………… *84*
5.12　ミーリ型とムーア型の相互変換*……………………………………………… *85*
5.13　状 態 数 削 減*………………………………………………………………… *86*
5.14　縦続接続による設計*…………………………………………………………… *87*

参　考　文　献……………………………………………………………………… *88*
演　習　問　題……………………………………………………………………… *88*

6. 基本回路と遅延

— 加減算器，マルチプレクサ —
6.1　加　　算　　器………………………………………………………………… *92*
6.2　桁上げ伝搬加減算器…………………………………………………………… *93*
6.3　マルチプレクサ/デマルチプレクサ…………………………………………… *94*

— 算術論理演算器（ALU） —
6.4　算術論理演算器の制御信号*…………………………………………………… *95*
6.5　ALUの1ビット分の回路*……………………………………………………… *96*

— Dフリップフロップの設計 —
6.6　SRラッチとDラッチ…………………………………………………………… *97*
6.7　マスタースレイブ型DFF……………………………………………………… *98*
6.8　エッジトリガ型DFF…………………………………………………………… *99*

— タイミング設計 —
6.9　セットアップ時間とホールド時間…………………………………………… *100*
6.10　遅　　　　延*…………………………………………………………………… *101*
6.11　タイミング制約*………………………………………………………………… *102*
6.12　ハ　ザ　ー　ド*………………………………………………………………… *103*

参　考　文　献……………………………………………………………………… *104*

演　習　問　題 …………………………………………………………… 104

7. ディジタルシステムの基本構造

— ディジタルシステムの構造 —
7.1　ブロック図 ………………………………………………………… 108
7.2　レジスタ転送レベル ……………………………………………… 109
7.3　有限状態機械 ……………………………………………………… 110

— 中央処理装置（CPU）—
7.4　CPU の命令 ………………………………………………………… 111
7.5　CPU の動作 ………………………………………………………… 112
7.6　プログラミング言語 ……………………………………………… 113
7.7　CPU の性能向上* ………………………………………………… 114

— メ モ リ —
7.8　メモリの基本概念 ………………………………………………… 115
7.9　メモリの種類* …………………………………………………… 116
7.10　ROM* ……………………………………………………………… 117
7.11　RAM* ……………………………………………………………… 118

参　考　文　献 …………………………………………………………… 119
演　習　問　題 …………………………………………………………… 119

8. 集積回路設計

— 集積回路設計 —
8.1　集積回路の設計製造手順 ………………………………………… 122
8.2　設　計　目　標 …………………………………………………… 123

— システム設計と機能設計 —
8.3　システム設計 ……………………………………………………… 124
8.4　2乗和根計算回路 ………………………………………………… 125
8.5　機　能　設　計　1 ……………………………………………… 126
8.6　機　能　設　計　2 ……………………………………………… 127

— 回路設計からテスト設計まで —
8.7　論理設計・回路設計 ……………………………………………… 128
8.8　物　理　設　計 …………………………………………………… 129
8.9　テ　ス　ト　設　計 ……………………………………………… 130

— 設計自動化 —
8.10　集積回路の設計自動化技術 ……………………………………… 131

8.11　おもなEDAツール1（検証系）* ……………………………………… 132
8.12　おもなEDAツール2* ………………………………………………… 133

参　考　文　献 ……………………………………………………………………… 134
演　習　問　題 ……………………………………………………………………… 134

付録　ブール代数* …………………………………………………………… 137
  1.　順　序　集　合 ……………………………………………………………… 137
  2.　束 …………………………………………………………………………… 139
  3.　ブ　ー　ル　代　数 ………………………………………………………… 141
  4.　論　理　関　数 ……………………………………………………………… 143

参　考　文　献 ……………………………………………………………………… 144
演　習　問　題 ……………………………………………………………………… 144

索　　　　引 ……………………………………………………………………… 146

1. ディジタル集積回路

学習目標
(1) コンピュータの基本を理解する。
(2) ディジタル技術の基礎について,アナログ技術と比較しながら学習する。
(3) 各種電子機器の制御やデータ処理に用いられている集積回路の基礎と動向について学ぶ。

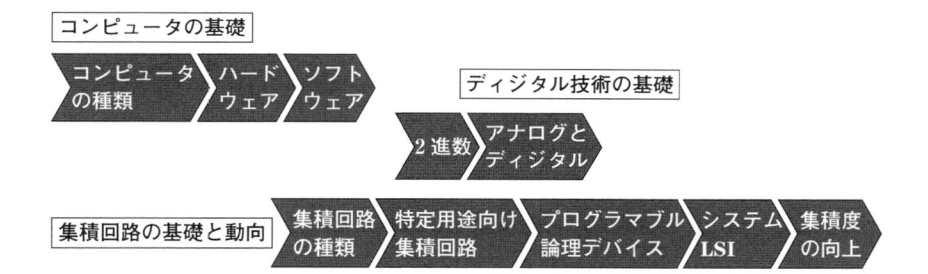

コンピュータの基礎
コンピュータの種類 → ハードウェア → ソフトウェア

ディジタル技術の基礎
2進数 → アナログとディジタル

集積回路の基礎と動向
集積回路の種類 → 特定用途向け集積回路 → プログラマブル論理デバイス → システムLSI → 集積度の向上

　この章では,コンピュータ,ディジタル技術,2進数の基礎について学び,あわせて,各種電子機器の制御やデータ処理に用いられている集積回路の基礎とその動向について学ぶ。

内　容

— コンピュータの基礎 —
1.1　コンピュータの種類
1.2　コンピュータのハードウェア
1.3　ソフトウェア

— ディジタル技術の基礎 —
1.4　コンピュータと2進数
1.5　アナログとディジタル (1)
1.6　アナログとディジタル (2)

— 集積回路の基礎と動向 —
1.7　集　積　回　路
1.8　集積回路の種類
1.9　特定用途向け集積回路*
1.10　プログラマブル論理デバイス*
1.11　システム LSI*
1.12　システム LSI の構成法*
1.13　集積度の向上 (ムーアの法則)*

1.1 コンピュータの種類

- **汎用コンピュータ**
  - プログラムの入れ替えでさまざまな計算やデータ処理ができるコンピュータ
  - 1) スーパーコンピュータ
    - 並列計算機能を用いて高速処理ができる
  - 2) メインフレーム（大型計算機）
    - 銀行や会社で，お金や製品の管理などに使用する
  - 3) サーバ
    - ネットワーク上のコンピュータが計算資源を共有するために用いられる
    - コンピューティングサーバ……計算機能を共有する
    - ファイルサーバ……ファイルを共有する
  - 4) ワークステーション
    - 設計やシミュレーションなど1人に1台で使用する
  - 5) パーソナルコンピュータ（パソコン）
    - デスクトップ型，ノートブック型など
- **組込みシステム**
  - 携帯電話，AV機器などの電子機器，自動車などのさまざまな装置に組み込まれ，その装置に必要な機能だけをもつコンピュータ

コンピュータは，プログラムを入れ替えることでさまざまな計算やデータ処理ができる**汎用コンピュータ**（general purpose computer）と，携帯電話や自動車などのさまざまな装置に組み込まれ，その装置に必要となる機能だけをもつコンピュータである**組込みシステム**（embedded system）[1),2)]に大別される。汎用コンピュータはさらに性能・用途に応じて，いくつかの種類に分類できる。

1) **スーパーコンピュータ**（super computer）は，大規模な科学技術計算を行うための高性能コンピュータである。大規模のデータを高速に処理するために，複数の計算を同時に処理できる並列計算機能が組み込まれている。例えば，気象庁では，スーパーコンピュータを使って，日本や地球全体の天候や地震を予測するシミュレーションを行っている。

2) **メインフレーム**（main frame）と呼ばれるコンピュータは，スーパーコンピュータほどの計算能力はないが，銀行や会社などにおいて，お金，製品，働いている人などの情報を蓄え，必要な情報を計算し，提供するために用いられている。

3) **コンピューティングサーバ**（computing server）は，ネットワークに接続されたコンピュータすべてに対し，各種の計算処理機能を提供する。また，**ファイルサーバ**（file server）は共有するファイルを蓄積するとともに，それらの管理機能を提供する[3)]。

4) **ワークステーション**（workstation）はパソコンより高性能なコンピュータで，技術者や設計者が設計やシミュレーションなど1人に1台の単位で使うコンピュータである。

5) **パーソナルコンピュータ**（personal computer）は個人で購入できる低価格なコンピュータである。机の上に据え置きで使う**デスクトップ**（desktop）**型**，ディスプレイと本体とを一体化して持ち運び可能な形にした**ノートブック**（notebook）**型**などがある。

以上のコンピュータは年々性能が向上しており，利用者はメインフレームからワークステーションへ，さらにワークステーションからパソコンへと，より安価でかつ小型のコンピュータへ移行している。これを**ダウンサイジング**（downsizing）という。

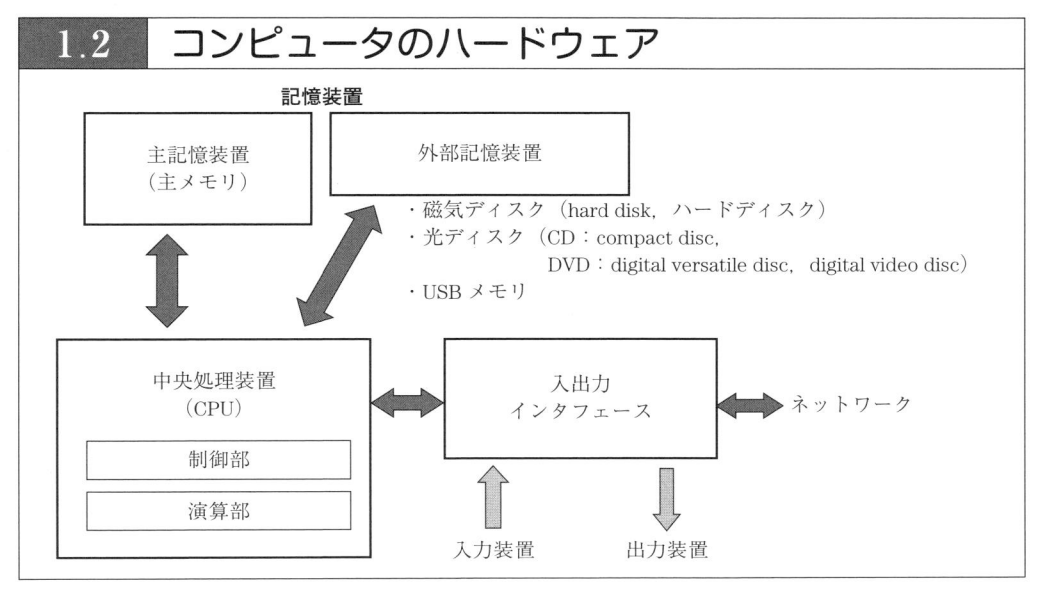

1.2 コンピュータのハードウェア

```
                    記憶装置
    ┌──────────┐  ┌──────────────┐
    │ 主記憶装置 │  │  外部記憶装置  │
    │ (主メモリ) │  │               │
    └──────────┘  └──────────────┘
                   ・磁気ディスク（hard disk，ハードディスク）
                   ・光ディスク（CD：compact disc,
                                DVD：digital versatile disc，digital video disc）
                   ・USB メモリ

    ┌──────────┐   ┌──────────┐
    │ 中央処理装置│   │  入出力   │ ←→ ネットワーク
    │  (CPU)   │←→│インタフェース│
    │ ┌──────┐ │   └──────────┘
    │ │ 制御部 │ │       ↑  ↓
    │ ├──────┤ │     入力装置 出力装置
    │ │ 演算部 │ │
    │ └──────┘ │
    └──────────┘
```

コンピュータ[4]は**ハードウェア**（hardware）と**ソフトウェア**（software）から構成されている。ハードウェアは，コンピュータシステムの物理的な構成要素もしくはその集合体であり，**中央処理装置**（central processing unit：CPU），**記憶装置**（memory unit），**入力装置**（input unit），**出力装置**（output unit）などからなる。

1) **CPU** は，コンピュータの頭脳部分であり，入力装置や記憶装置からデータを受け取り，演算・加工し，出力装置や記憶装置に出力する。また，その内部は，メモリに記憶されたプログラム（ソフトウェア）を解読し，コンピュータの各構成要素を制御する**制御部**（control unit）と，プログラムで指定された演算を実際に実行する**演算部**（data path unit）からなっている。

2) 記憶装置には，CPU が直接データをやりとりする**主記憶装置**（主メモリ，main memory）と，それ以外の**外部記憶装置**（external storage unit）の2種類がある。主メモリは，CPU から高速に読み書きできるよう，集積回路（1.7節で述べる）で実現されたメモリが使われており，通常，プログラムや計算に必要な小規模のデータを記憶している。これに対して，外部記憶装置は，データベースなど大規模なデータを記憶するために使われ，**磁気ディスク**（ハードディスク）のほか，**光ディスク**（CD や DVD）や **USB メモリ**などいくつかの種類がある。**USB**（universal serial bus）とは，コンピュータに周辺機器を接続するためのインタフェースであり，USB メモリは USB インタフェースに接続して使用するフラッシュメモリ（7章参照）である。

3) 入力装置は，人間がデータや指示を投入するための装置であり，キーボード，マウス，マイク，カメラ，スキャナなどがある。出力装置は，処理結果を外部に知らせるための装置であり，ディスプレイやビデオ表示端末，プリンタなどがある。**入出力インタフェース**（input/output interface：I/O IF）は，入出力装置をコンピュータに接続する境界部分を意味し，**ネットワーク**（network）への接続もこれを介して行われる。

1.3 ソフトウェア

- **基本ソフトウェア（OS）**
  - 仕事（job）管理，データ管理，入出力管理・制御などを行うプログラム
  - 例：
    - UNIX：1968 年にアメリカ AT&T 社のベル研究所で開発された OS
      C 言語で記述され，ソースコードが比較的コンパクトであり，
      多くのコンピュータに移植されている
    - Linux：1991 年に Linus Torvalds 氏によって開発された UNIX 互換の OS
      ネットワーク機能やセキュリティに優れ，安定している
    - Windows：マイクロソフト社により，開発・販売されているパソコン用の OS
    - Mac OS：アップル社製パソコンの OS
- **ミドルウェア**
  - 応用プログラムに対し，共通的に使われる機能を提供するプログラム
  - 例：ネットワークアクセス，グラフィック表示など
- **応用プログラム**
  - 特定の用途ごとに開発されたプログラム
  - 例：ワープロ，電子メールソフト，データベースなど

ソフトウェア（software）とは，コンピュータの処理を制御するプログラムで，コンピュータを動作させる手順・命令をコンピュータが理解できる形式で記述したものである。コンピュータを構成する電子回路や周辺機器などの物理的実体をハードウェアと呼ぶのに対し，手順や命令は形をもたないのでソフトウェアと呼ぶ。ソフトウェアはその役割によって**基本ソフトウェア（OS）**，**ミドルウェア**，および**応用プログラム**に大別される。

1) **OS**（operating system）は，コンピュータに投入された仕事（job）を優先度に応じて処理する管理機能，データをファイル単位で管理する機能，入出力を管理・制御する機能などをもち，応用プログラムにハードウェアへのインタフェースを提供する。代表的な OS に，UNIX, Linux, Windows などがある。

2) **ミドルウェア**（middleware）とは，各種応用プログラムにおいて共通的に使われる機能を提供するプログラムで，OS と応用プログラムの中間的な性格をもつ。

3) **応用プログラム**（application program）とは，ワープロ，表計算，プレゼンテーション，電子メール管理など，用途ごとに必要な機能を提供する。

本書では，ハードウェア設計の一端を紹介し，ソフトウェア設計については触れないが，高機能・高性能なディジタルシステムを実現するには，ソフトウェアも重要である。ソフトウェア（プログラム）の設計では，実現されるべき機能を定義する**仕様**（specification）が決定されると，その機能をいくつかの細かな機能に分割し，各機能の入出力関係（仕様）を決定するという操作を，各機能のプログラムが作成可能になるまで繰り返すが[5]，このような階層化設計の手法は大規模ハードウェア設計の手順と同じである。また，各機能を実現するプログラムを完成するには，アルゴリズム（algorithm）とデータ構造（data structure）の設計[6]後，段階的詳細化によりプログラム化し，個別の検証が終了した後，全体の検証を行うが，この手順にもハードウェア設計と通じるものがある。

1.4 コンピュータと2進数

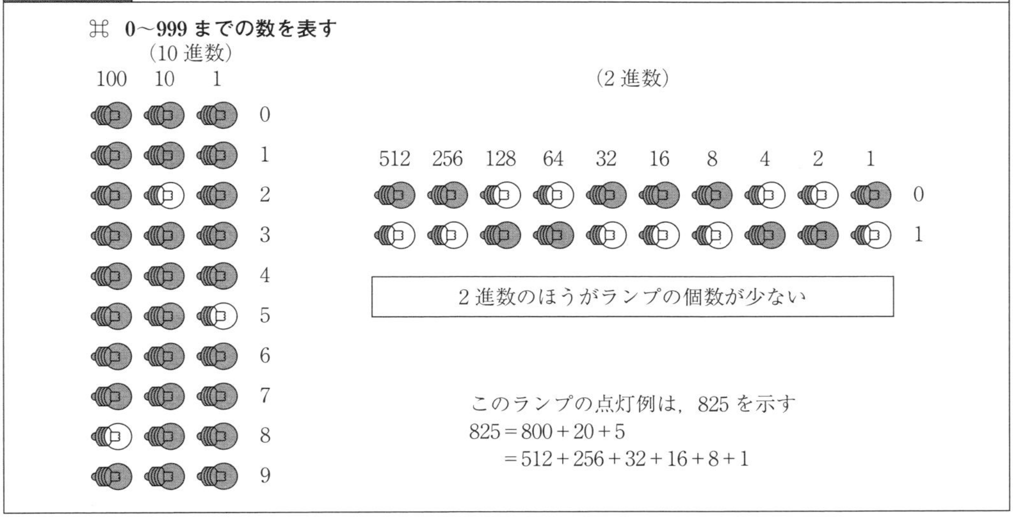

⌘ 0〜999 までの数を表す

(図: 10進数では100, 10, 1の位に各10個のランプで0〜9を表示。2進数では512, 256, 128, 64, 32, 16, 8, 4, 2, 1の位に各ランプで0または1を表示)

2進数のほうがランプの個数が少ない

このランプの点灯例は，825を示す
825 = 800 + 20 + 5
　　 = 512 + 256 + 32 + 16 + 8 + 1

　われわれは10進数を用いて数を表現しているが，これは人間の指の本数に起因するといわれている。コンピュータでは，各桁に0と1だけを使う**2進数**（binary number）を用いる。例えば，10進数で825と書くと，これは右から順に1の位，10の位，$100 = 10^2$ の位の数字を表しているから

$$8 \times 10^2 + 2 \times 10^1 + 5 \times 10^0$$

なる数を意味する。このような記法は，**位取り記数法**と呼ばれ，2章で詳述する。これに対し，同じ数を

$$1 \times 2^9 + 1 \times 2^8 + 0 \times 2^7 + 0 \times 2^6 + 1 \times 2^5 + 1 \times 2^4 + 1 \times 2^3 + 0 \times 2^2 + 0 \times 2^1 + 1 \times 2^0$$

と考えると，2進数が得られ，1100111001のように表現する。

　いま，このような10進数の3桁（0〜999まで）の数を，図に示すように，ランプの点灯で表示することを考えてみよう。図には，10進数の825を表示した場合を示している。このような表示方法において，必要となるランプの個数を考えると，10進数より2進数のほうが必要なランプの個数が少ない。すなわち，10進数では30個のランプが必要であるが，2進数では20個でよい。これは，2進数で，10進数の1000を表すには，10桁が必要で，各桁に1か0を表す2個のランプが必要となるためである。この点に関する考察は，2章の演習問題【1】としたので各自検討されたい。さらに，2進数の場合，ランプが点灯していなければ0を表すものとみなすならば，ランプの個数は半分になる。

　このように，2進数の1桁に現れる数字は0か1かの2値であり，このような2値をとる2進数1桁分の情報を**ビット**（bit）と呼ぶ。情報が2進数の何桁分に相当するかや，メモリに蓄積できる情報が2進数の何桁分かを表すために，ビットが単位として用いられる。また，この2値は，スイッチのオン（導通）・オフ（遮断）に対応させることができるため，コンピュータでは2進数が用いられている[7]。

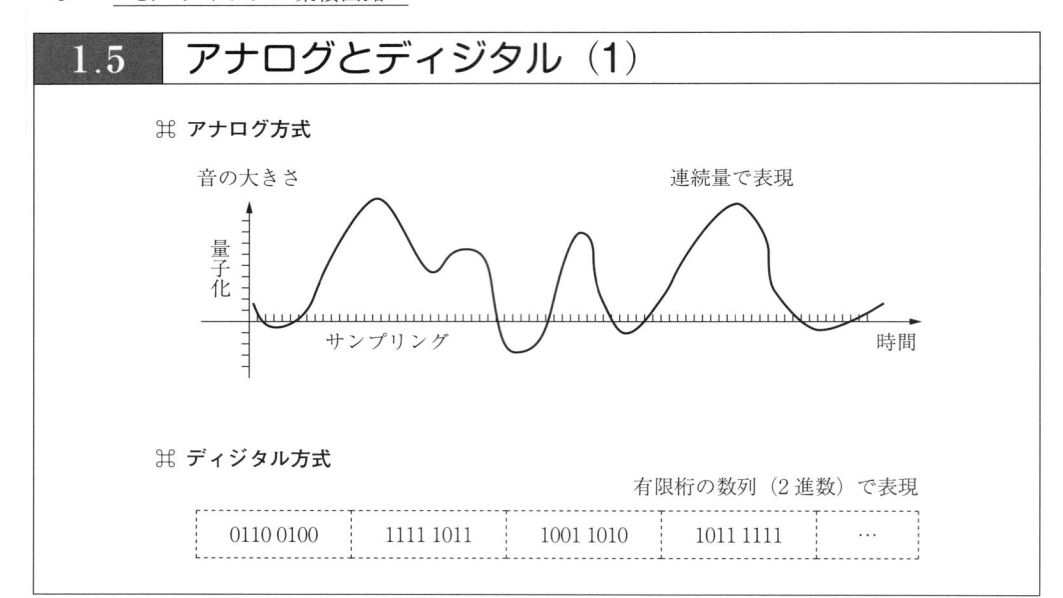

1.5 アナログとディジタル（1）

⌘ アナログ方式

音の大きさ　　　　　　　　　　連続量で表現

量子化

サンプリング　　　　　　　　　　　　　　時間

⌘ ディジタル方式

有限桁の数列（2進数）で表現

| 0110 0100 | 1111 1011 | 1001 1010 | 1011 1111 | ⋯ |

さまざまな情報の表現方法に，**アナログ**（analog）**方式**と**ディジタル**（digital）**方式**がある。**アナログ方式**は，情報を連続量として表現する。例えば，時間的に変化する音の大きさを表す場合，アナログ方式では図のように，連続的に変化する波形とみなす。これに対して，**ディジタル方式**は，有限桁の数（2進数）の系列で表す。

アナログ情報をディジタル情報に変換するには，音の大きさの例では，次のように**離散化**（discretization）することにより行う。まず，時間を一定時間ごとに区切り，各時刻における音の大きさを求める。これを**サンプリング**（sampling）と呼ぶ。また，その大きさを有限の桁数の2進数に丸める。これを**量子化**（quantization）と呼ぶ。

一方，ディジタル情報をアナログ情報に変換するには，ディジタル表現されたサンプリング値（離散化により飛び飛びになった情報）から存在しない情報を**外挿**（extrapolation）し，連続量にする必要がある。その際，元の連続波形が忠実に再現されるためには，サンプリングの周期や量子化の桁数が重要となる[8]。

ところで，アナログ方式とディジタル方式とでは，どちらが情報の表現法として適切であろうか。

時計の視認性を例に考えてみると，アナログ時計は直観的に時刻を把握でき，計算することなく，あと何分残っているかがわかる。しかし，秒単位以下の値を読むことは困難である。これに対して，ディジタル時計の場合，残り何分かを知るには計算を行わねばならないが，その時計が10分の1秒単位の情報をもち，それが表示されているならば，アナログ時計より正確に時刻がわかる。

このように，人に情報を提供する際，アナログにはアナログの利点がある。また，通常，自然界の情報はアナログであるから，それらをディジタル化するには手間を要することも多い。しかし，情報を伝送・処理する場合，ディジタルには1.6節に述べるような利点がある。

1.6 アナログとディジタル（2）

⌘ **アナログの問題点**
- 雑音（ノイズ, noise）に弱い
- 目的別のメディアの使い分けが必要である
  - 文字，音，静止画，動画
    それぞれに別方式を用いなければならない

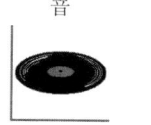

⌘ **ディジタル化の利点**
- ノイズへの耐性がある
- 圧縮などのデータの加工が容易である
- メディアの統一（マルチメディア化）ができる
- 集積回路技術の進歩を利用できる

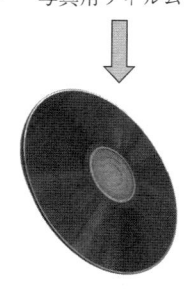

音　　静止画　　動画
レコード　写真用フィルム　ビデオテープ
↓
DVD/CDROM

アナログ方式は，直観的に量を把握しやすいという利点があるが，以下の欠点がある。
① アナログ方式で表現された各種情報を複製したり伝送したりする過程で混入した**雑音**（**ノイズ**）を原情報と区別することが困難であり，ノイズの検出・排除ができない[9]。
② アナログ方式では，文字，音，静止画，動画など，情報の種類ごとにデータの表現方法が異なり，記憶媒体（メディア）を使い分ける必要がある。
③ 精度を上げることが容易ではなかったり，経済的ではなかったりする。

これに対して，**ディジタル方式**には，以下の利点がある。
① 0と1の系列で表現しているため，少々のノイズでは，0を1に，1を0に見誤る危険性が低く，ノイズに強い。そのため，ディジタル情報は複製や伝送において情報の劣化を防ぐことができる。このような複製の容易化は，ややもすると著作物を許可なく複製してしまう危険性を生む。著作物に対しては，その著作者に対する敬意を忘れることなく，著作権違反をおかさないよう注意する必要がある。
② ディジタル方式では，さまざまなデータ圧縮の手法を適用し，効率的に情報を蓄積・伝送できる。例えば，映画などの動画では，**MPEG2**（moving picture experts group phase 2）という動画圧縮技術を用いることで，2時間分の情報を20分の1以上に圧縮し，DVDならばディスク1枚に蓄積できる[10]。
③ 音，映像など異なる種類の情報がすべて2進数の系列で表されるため，共通のメディアに記録することができ，これがマルチメディア化を促進している。
④ 1.7節に述べる集積回路の製造技術は飛躍的に進歩し，特にディジタル情報を扱うディジタル回路において，高速化・大規模化が進んだ。それが，ディジタル情報の利用を促進している。一方，ディジタル回路におけるスイッチ動作の高速化に伴い，回路中の電気信号の変化をアナログ量として扱う必要も出てきている。

1.7 集積回路

- **集積回路**（integrated circuit：**IC**）
  - シリコン小片上につくり込まれた電子回路
  - その小片をチップ（chip）あるいはダイ（die）という
  - その電子回路はトランジスタからなる
  - トランジスタは金属酸化膜半導体電界効果型トランジスタ（MOSFET：metal-oxide-semiconductor field-effect transistor）である
- **トランジスタは，ソース，ドレーン，ゲートをもつ3端子素子である**
  - ディジタル回路においてはスイッチの働きをする

NMOS ／ PMOS（ゲート，ソース，ドレーン）

NMOS トランジスタの構造：ゲート長 L，ゲート，ゲート幅 W，ゲート酸化膜，ソース，P型（シリコン），ドレーン

NMOS トランジスタでは，ゲート電位をソース電位より高くすると，ソース・ドレーン間に電流が流れる。

- **トランジスタ（素子）の個数が多いとき，大規模集積回路（LSI）と呼ばれる**

集積回路とは，1 cm 角程度のシリコンチップ上に，トランジスタ，抵抗，コンデンサなどをつくり，CPU やメモリなど各種の機能を実現した電子回路のことである[11),12)]。

ディジタル集積回路では，**金属酸化膜半導体電界効果型トランジスタ**（以下，**MOS トランジスタ**）が最も多く使われている。MOS トランジスタは，図のように，**ソース**（source），**ドレーン**（drain），**ゲート**（gate）の三つの端子をもち，ソースからドレーンへの電流の流れをゲートに加えた電圧で制御することができる。右図のように P 型半導体基板上に N 型半導体でソースおよびドレーンを形成した MOS トランジスタを **NMOS** という。逆に，N 型半導体基板上に P 型半導体でソースおよびドレーンを形成した MOS トランジスタは **PMOS** という。左図にこれらのシンボルを示す。NMOS はゲート電位をソース電位より高くすると，ソース・ドレーン間に電流が流れ（導通し），そうでないと電流は流れない（遮断する）ため，スイッチになる。PMOS はこの逆で，ゲート電位をソース電位より低くすると，ソース・ドレーン間が導通する。

微細加工技術の進歩により，現在ではシリコン基板上に**ゲート長** L が 0.1 µm より小さいトランジスタをつくることができ，1 cm^2 に 1 億個以上のトランジスタが搭載可能である。このような多数のトランジスタを搭載した集積回路を**大規模集積回路**（large scale IC：**LSI**）という。

LSI などのチップをさらに集積化する技術として**ハイブリッド IC**（hybrid IC）や **SiP**（system in package）がある[13)]。ハイブリッド IC とは，IC チップやコンデンサ，抵抗などの部品を基板上に集積して一つのチップとする技術であり，大電力や高電圧を実現する場合に用いる。SiP とは複数のチップを一つのパッケージに封止する技術で，3 次元的に積層する技術もある。ディジタル回路，アナログ回路，大規模メモリを一つのチップに集積するには特別な製造技術が必要となるが，SiP を用いれば容易に一つのパッケージに混載できる。

1.8 集積回路の種類

⌘ 汎用
　☒ マイクロプロセッサ

代表例	メーカ	命令長(ビット)	おもな用途
Super H	ルネサステクノロジ	8 ～ 64	各種組込み機器用
インテルプロセッサ	Intel	32 ～ 64	パソコンなど
ARM	ARM	8 ～ 64	携帯電話など
PowerPC	IBM など	32 ～ 128	ゲーム機器，スーパーコンピュータなど

　☒ メモリ
　　☒ ROM
　　☒ RAM
　　　DRAM，SRAM

⌘ 専用
　☒ ASIC
　　☒ 特定用途向け集積回路
　☒ プログラマブル論理デバイス（PLD）
　☒ システム LSI
　　☒ SoC（System on Chip）ともいう
　☒ ASSP
　　☒ 特定分野向け標準 IC

　LSI は，汎用の**マイクロプロセッサ**（micro processor），**メモリ**（memory）などの汎用品と，**特定用途向け IC**（application specific integrated circuits：**ASIC**)[14]，**システム LSI**（system LSI）など，特定用途向けのものに分類できる[3),15)]。

　マイクロプロセッサとは，CPU などのコンピュータの中心的な機能を 1 個の半導体チップに集積したものをいう。低機能なプロセッサでは CPU が実行可能な各命令が 4 ～ 8 ビット（2 進数で 4 ～ 8 桁）長をもち，高性能なプロセッサでは 32 ～ 64 ビットの長さをもつ。命令長が長いほど，一つの命令で高度な処理が実現できるようになっており，命令の種類も多く用意できる。

　高性能マイクロプロセッサは高速に演算を行うために，最新の並列計算技術を駆使した高速な演算回路をもっている。一方，高速化を追求すると消費電力が増加してしまうため，最近では，消費電力を少なくするためのさまざまな工夫もなされている[19)]。

　データを記憶するためのメモリには，読出し専用の **ROM**（read only memory）と，随時アクセス（読出しと書込み）のできる **RAM**（random access memory）とがある。また，RAM には，記憶の保持を繰り返さないとデータが消えてしまう **DRAM**（dynamic RAM）と，その必要のない **SRAM**（static RAM）がある。なお，どのデータにも一定時間で随時アクセスできる RAM とは異なり，前から順にアクセスしなければ，後ろにあるデータにアクセスできないようなメモリを**逐次アクセスメモリ**（sequential access memory）という。

　専用 IC には，特定用途向け IC（ASIC），**プログラマブル論理デバイス**（programmable logic device：**PLD**），**システム LSI** などがあるが，これらについては後述する。

　特定分野向けの標準 IC（application specific standard product：**ASSP**）は，特定の分野を対象に機能を特化した回路ではあるが，ASIC のように特定ユーザ向きではなく，その分野における標準的なもので，複数のユーザが使用可能なものである。例えば，通信用，画像処理用，音声処理用，電源用などがある。

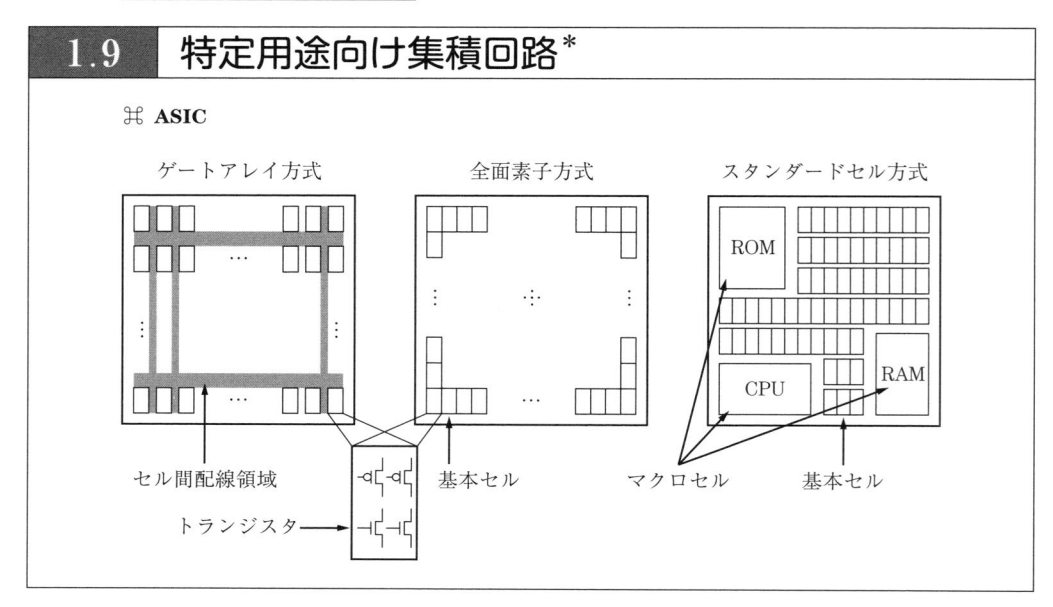

1.9 特定用途向け集積回路*

⌘ **ASIC**

ゲートアレイ方式　　　全面素子方式　　　スタンダードセル方式

セル間配線領域　　基本セル　　マクロセル　基本セル
トランジスタ

　ASICは，基本セルと呼ばれるディジタル回路の基本構成要素をあらかじめいくつか設計しておき，それらを用いて回路を実現するが，基本セルの製造形態により，**ゲートアレイ方式**，**全面素子方式**，**スタンダードセル方式**などに分類できる。本書で学習することにより，何を基本セルとして用意しておけばよいかを考えることができるであろう。

　ゲートアレイ（gate array）**方式**は，基本セルを構成するトランジスタをあらかじめチップ上に形成しておき，トランジスタ間およびセル間の配線だけを設計することにより，所望のLSIを実現する方式である。製造においては，配線に関するマスクパターンを生成するだけでよいので，多品種少量のLSIを短期間かつ安価に製造するのに適している。

　全面素子方式（sea of gates：SoG）は，ゲートアレイ方式と同様，配線だけを設計するが，基本セルがチップ全面に隙間なく配置されている点がゲートアレイ方式と異なる。この方式では，ROM，RAM，CPUなど，多数の基本セルを用いて実現されるような回路を構成する際，チップ上に比較的自由に配置でき，かつ小さな面積にすることができる。基本回路より大きく，ひとまとめにできるこのような回路を**マクロセル**（macrocell）と呼ぶ。ゲートアレイ方式より，マクロセルの形状や配置場所の自由度が高いため，集積度が向上し，大規模な回路が実現可能である。

　スタンダードセル（standard cell）**方式**（**標準セル方式**）は，ゲートアレイ方式と同程度の設計期間で，より高密度なLSIを得ることができる方式である。この方式における基本セルは標準セルと呼ばれ，マクロセルも含んでいる。この方式では，ゲートアレイ方式や全面素子方式とは異なり，標準セルをチップ上に生成するためのマスクパターンを新たに作成する。そのため，製造コストが増加するが，標準セルの配置は全面素子方式よりさらに柔軟になるため，高密度LSIが製造可能となる。

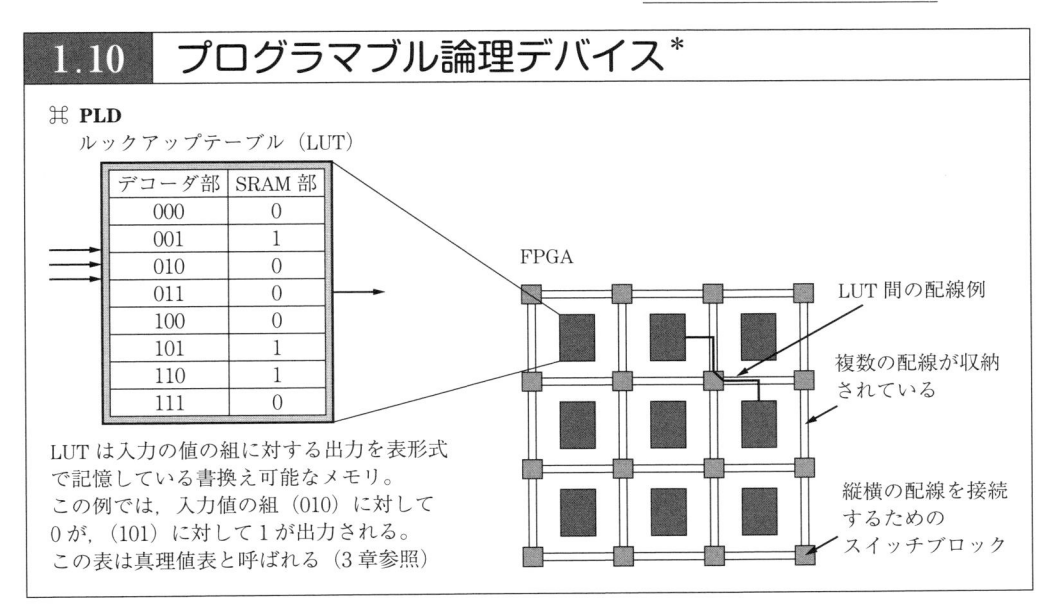

1.10 プログラマブル論理デバイス*

⌘ **PLD**

ルックアップテーブル（LUT）

デコーダ部	SRAM 部
000	0
001	1
010	0
011	0
100	0
101	1
110	1
111	0

LUT は入力の値の組に対する出力を表形式で記憶している書換え可能なメモリ。この例では，入力値の組（010）に対して 0 が，（101）に対して 1 が出力される。この表は真理値表と呼ばれる（3 章参照）

FPGA

LUT 間の配線例

複数の配線が収納されている

縦横の配線を接続するためのスイッチブロック

　大規模集積回路の開発では，試作コスト削減のため試作開始前に十分な動作検証を行う必要がある。特に，システムを構成する他の部品（プロセッサ，メモリ，液晶ディスプレイやスイッチなどの入出力装置）と接続して，実際のデータを入出力させシステム全体の動作を確認することが重要である（**システム検証**という[3]）。その際，誤り修正のために回路を変更する必要が生じるので，設計現場で回路の書き換えが可能な集積回路へのニーズは高い。これを可能としたデバイスにプログラマブル論理デバイス（programmable logic device：**PLD**）がある[16),17)]。これは，ASIC や ASSP に比べ回路変更が容易であるため，システム試作や少量の製品を製造するのに適している。

　代表的なプログラマブル論理デバイスに，図に示すルックアップテーブル（look up table：LUT）を用いる **FPGA**（field programmable gate array）がある。LUT は表形式でデータを記憶している書き換え可能なメモリで，FPGA では 2 次元的に配置されており，配線とスイッチブロックもこれらの LUT のまわりに配置されている。LUT 間の接続はスイッチブロック内のスイッチを切り替えて行う。

　最近の FPGA は大規模，高速になっており，CPU，**DSP**（digital signal processor：**信号処理用プロセッサ**），乗算器などの各種 **IP**（intellectual property：**設計資産**）を内蔵したものと，そのような回路が内蔵されていない安価で量産向きのものに分化している。

　例えば，FPGA に CPU を実装したい場合，CPU の回路そのもの（**ハードコア**，hardcore と呼ぶ）を内蔵した FPGA を用いるか，あるいは安価な FPGA を用いて CPU の機能を LUT 上に実現する（**ソフトコア**，softcore と呼ぶ）かのどちらかを選ぶことができる。各種 IP を搭載し大規模な回路を実装できる FPGA は，システムの主要機能を搭載可能ということから，**SoPD**（system on programmable device）と呼ばれる。なお，図に示す FPGA とは異なる回路構成のプログラマブル論理デバイスもあり，それは CPLD（complex programmable logic device）と呼ばれている。

1.11 システムLSI*

従来：チップを基板に搭載（system on board）
部品：CPU、メモリ、ASIC、プリント基板

SoC化 →

システムLSI：回路をチップ中に実装（system on chip：SoC）
設計資産：CPU、メモリ、専用回路、LSI

　LSIに搭載可能な回路規模が小さかったときには，プロセッサやメモリなどの汎用IC，各種の機能をもった標準品，およびASICなどをプリント基板上に実装し，電子システムを実現していた。しかし，LSIの微細加工技術の進歩によりチップの集積度が増し，1チップ上にシステムの主要な機能を実装することが可能となってきた。このようなシステムの機能をもった集積回路を**システムLSI**（あるいはsystem on chip：**SoC**）と呼ぶ。近年，システムLSIの需要は急速に拡大し，1995年当時20％程度だった世界の半導体市場におけるシステムLSIの割合は，2005年には30％程度になり，2011年も約30％を占めるといわれている。

　システムLSIは**組込みシステム**を実現するための最も重要なLSIである。組込みシステムとは，プログラムの変更によりさまざまの処理ができる汎用コンピュータシステムとは異なり，特定の機能をもつ機器に組み込まれた専用のコンピュータシステムで，それを実現するシステムLSIには，機器に求められる要求性能や使用環境に応じて，低コスト，厳しい動作環境下での安定動作，高い信頼性，リアルタイム性など，さまざまな条件が課せられる。ここで，**リアルタイム**（real time）**性**とは，要求された時間内に処理を必ず完了させることである。例えば，自動車のブレーキ制御にもシステムLSIが用いられているが，ドライバーがブレーキを踏んだとき，ブレーキの動作が遅ければ致命的な問題になる。

　システムLSIの設計では，さまざまなトレードオフ（trade-off）を解決する必要が生じる。例えば，処理速度と消費電力の間には，回路の処理速度を上げると電力消費が増え，電力消費を抑えると処理速度を上げることができないというトレードオフの関係がある。そのため，携帯機器において，高速化を求めて高性能プロセッサを搭載すると，電池の消耗が激しくなり，携帯機器として使えなくなるということが起こる。

　このように，システムLSIの設計においては，性能，電力，コストなど，多面的な視点から，システム全体の最適性を考慮する必要がある。

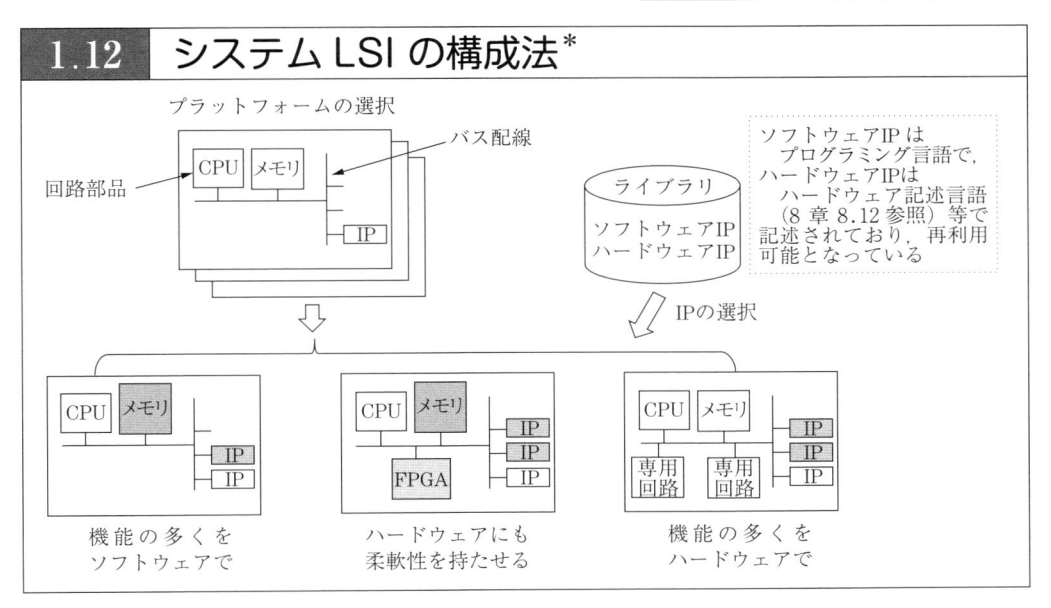

1.12 システムLSIの構成法*

図の説明（上部）：
- プラットフォームの選択（回路部品：CPU、メモリ、IP、バス配線）
- ライブラリ（ソフトウェアIP、ハードウェアIP）からIPの選択
- ソフトウェアIPはプログラミング言語で，ハードウェアIPはハードウェア記述言語（8章8.12参照）等で記述されており，再利用可能となっている

3つの構成例：
- 機能の多くをソフトウェアで（CPU＋メモリ＋IP）
- ハードウェアにも柔軟性を持たせる（CPU＋メモリ＋FPGA＋IP）
- 機能の多くをハードウェアで（CPU＋メモリ＋専用回路＋IP）

　システムLSIの設計はプラットフォームを選択することから始める。プラットフォームとは，用途ごとに用意された土台となる回路で，通常，CPU，メモリ，各種のIP（設計資産）等の基本的な回路を含み，それらが**バス配線**（7章7.2参照）で接続されている。システムLSIが果たすべき機能は，選択されたプラットフォームを基に，要求仕様（性能，消費電力，コスト等）を勘案して，ハードウェアで実現するか，ソフトウェアで実現し，不要な機能を持つIPを削除して，設計を完成させる。プラットフォームを用いることにより，すべてを新規に開発する場合より設計工数を削減でき，設計の効率化を図ることができる。

　一般に，高性能化が必要な場合，求められた機能の多くをハードウェアで実現し，並列処理を用いて高速化を図る。その際，機能的あるいは性能的に適切なIPが存在しない場合，新規に回路を設計することになるが，その場合，設計コストは増大する。また，LSI実現後の仕様変更に柔軟に対処する必要がある場合，FPGAを実装することもある。通常，専用回路の設計では，低消費電力化も考慮されているため，その回路が消費する電力は，その機能をCPUで実行した場合に消費される電力より小さいことが多い。

　一方，低コスト化が必要な場合，求められた機能の多くをソフトウェアで実現し，CPUで実行する。その機能を果たすプログラムがソフトウェアIPとして存在するならば，プログラム開発のコストも少なくなる。プログラムが必要とするメモリの規模が，プラットフォームに存在するメモリ容量より大きい場合，メモリの規模を大きくする必要があるが，通常その増加量は，ハードウェアの追加による増加量より小さいため，チップサイズの増加を最小限に留めることができる。

　メモリをチップ内に搭載しておくと，チップ外に置いた場合に必要となる入出力バッファが不要となるため，高速化とともに，同時に伝送するビット数を大きくできる。ただし，メモリがSRAM（7章7.11参照）でできている場合，他の回路と同じトランジスタを用いることができるが，DRAM（7.11参照）の場合は，製造工程が異なるトランジスタを用いることになるため，製造に工夫が必要となる[19]。

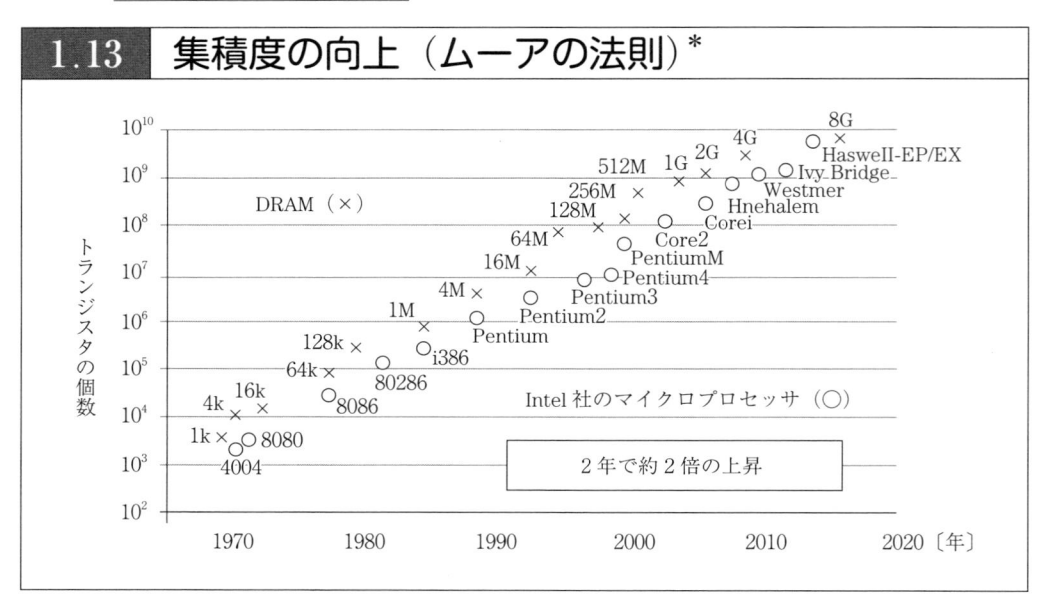

1.13 集積度の向上（ムーアの法則）*

グラフは，インテル（Intel）社が開発したマイクロプロセッサおよびDRAMの開発年とトランジスタの個数を表す．最初に開発されたマイクロプロセッサ4004は，命令長4ビット，動作周波数108 kHz，チップに搭載されたトランジスタ数が2 300個で，そのゲート長 L が $10\,\mu m = 10 \times 10^{-6}$ m であった．これが，マイクロプロセッサ Haswell-EP/EX では，命令長64ビット，最高動作周波数が $3.5\,\text{GHz} = 3.5 \times 10^9$ Hz，ゲート長が $22\,\text{nm} = 22 \times 10^{-9}$ m（4004の約500分の1）になり，搭載されているトランジスタ数が5億7千万個と，4004の約25万倍になっている．LSIの製造技術の進歩により，プロセッサの大規模化，高性能化が実現してきていることがわかる．また，各DRAMの点の横に書かれた数と記号は，1チップ内に記憶できるビット数を表し，k，M，G等の意味は，p.16の表1.1を参照せよ．

グラフの縦軸が対数目盛であることから，チップ内に搭載されるトランジスタの個数が指数関数的に増加していることがわかる．この傾向は**ムーアの法則**（Moore's Law）[20]と呼ばれ，インテル社の創設者の一人であるムーア（Moore）博士が1965年に提唱した「半導体の集積密度は18～24ヶ月で倍増する」という経験則と未来予測から名付けられている．グラフからわかるように，マイクロプロセッサのトランジスタ数は，21世紀に入ってからも2.5年に2倍の増加を続けており，DRAMの集積度も，3年弱で4倍の速度で増加してきている．今後も，ムーアの法則に従って集積度を増加させることができるのか，それとも鈍化するのか，あるいはムーアの法則を超えるような飛躍的な技術の進歩を起こせるのか，さまざまな議論や研究が行われている[21]．

マイクロプロセッサの性能向上は，トランジスタの微細化により，スイッチング動作を高速化させるだけでなく，回路構造を工夫することでも達成できる．例えば，マイクロプロセッサ Haswell-EP/EX では，一つの命令をサブ命令に分割し，それらを連続的に同時実行する14段のパイプライン処理や18個のCPUによる並列処理（7章7.7参照），ならびに複数のジョブの同時処理等を行うことにより，処理速度の向上を図っている．しかし，8章8.2に示すように，処理速度の向上だけが設計目標ではないことは知っておくべきである．

参 考 文 献

1) 阪田史郎，高田広章：組込みシステム，オーム社（2006）
2) 戸川　望：組込みシステム概論，CQ出版（2008）
3) 電子情報通信学会 編：電子情報通信ハンドブック，オーム社（1988）
4) 中森　章：マイクロプロセッサ・アーキテクチャ入門—RISCプロセッサの基礎から最新プロセッサのしくみまで，CQ出版（2004）
5) ジェラルド・ジェイ・サスマン，ハロルド・エイブルソン，ジュリー・サスマン著，和田英一訳：計算機プログラムの構造と解釈 第二版，ピアソンエデュケーション（2000）
6) 築山修治：アルゴリズムとデータ構造の設計法，コロナ社（2003）
7) 尾崎　弘，樹下行三：ディジタル代数学，共立出版（1966）
8) B. P. ラシィ：詳解 ディジタル・アナログ通信方式，ホルト・サウンダース・ジャパン（1985）
9) 井上伸雄：通信のしくみ，日本実業出版社（2005）
10) 越智　宏，黒田英夫：JPEG&MPEG 図解でわかる画像圧縮技術，日本実業出版社（1999）
11) Y. Taur, T. H. Ning：タウア・ニン 最新VLSIの基礎，丸善（2002）
12) S. M. ジィー：半導体デバイス—基礎理論とプロセス技術，産業図書（2004）
13) 半導体新技術研究会 編，村上　元 監修：図解 最先端半導体パッケージ技術のすべて，工業調査会（2007）
14) 小林芳直：定本 ASIC の論理回路設計—高速・高信頼ディジタル・システムのための設計ノウハウ，CQ出版（1998）
15) 桜井　至：LSI設計の基礎技術，テクノプレス（1999）
16) 中　幸政：VHDLとCPLDによるロジック設計入門—現実のハードウェアとシミュレーションで豊富な実例を学ぼう！，CQ出版（2005）
17) 末吉敏則，天野英晴：リコンフィギャラブルシステム，オーム社（2005）
18) 桜井貴康ほか：低消費電力，高速LSI技術，リアライズ理工センター（1998）
19) S. Mittal, J. S. Vetter, and D. Li："A survey of architectural approaches for managing embedded DRAM and non-volatile on-chip caches," IEEE Trans. Parallel and Distributed Systems, vol.26, no.6, pp. 1524-1537（2015）
20) R. R. Schaller："Moore's law: past, present and future," IEEE Spectrum, vol.34, no.6, pp. 52-59（1997）
21) N. Collaert, et al.："Beyond-Si materials and devices for more Moore and more than Moore applications," Proc. Int. Conf. on IC Design and Technology（ICICDT）, pp. 1-5（2016）

　コンピュータの基礎を学ぶには文献1), 2), 4)～6) が，ディジタル技術には文献7)～9) が，LSI設計の基礎を学ぶには文献11), 12), 15) が適している。

演 習 問 題

【1】 表1.1に，よく用いられる国際単位系（SI）の接頭辞を示す。意味は，よく知られているk（キロ）やm（ミリ）から類推できるであろう。これらを用いて，以下に示す文章の〈　〉内に適切な語を，［　］内に適切な数を入れよ。

16 1. ディジタル集積回路

(ⅰ) 分子レベル技術のナノテクノロジが注目されているが，1 nm は $10^{[\ ]}$ cm である。

(ⅱ) 1 Pa は，1 m² の面積に 1 N の力がかかっていることを意味するから，1 hPa の圧力では，1 平方センチメートルの面積に $10^{[\ ]}$ N の力がかかる。われわれはこれまで平方センチメートルを cm² と書いてきたが，cm² はセンチ平方メートルとも読めるので，(cm)² と書くほうが適切かもしれない。

(ⅲ) 周期が 10 fs の周期関数の周波数は，$10^{[\ ]}$ GHz である。

(ⅳ) 1 mL が 1 立方センチメートルであるから，この試験管の容量 0.1 dL は $10^{\langle\ \rangle}$ 立方メートルとも書ける（L は ℓ の国際単位系における記号である）。

(ⅴ) 1 ms ごとに速度が 1 km/s 増加するときの加速度は，$1^{\langle\ \rangle}$ m/s² である。

【2】 ディジタルとアナログの違いを 50 字以内で書け。

【3】 ディジタル化の利点を挙げ，ディジタル技術を利用している製品やサービスを列挙してみよ。

【4】 集積回路とは何か。100 字以内で書け。

表 1.1 接頭辞（prefix）の種類

接頭辞	exa	peta	tera	giga	mega	kilo	hecto	deca
記号	E	P	T	G	M	k	h	da
意味（×）	10^{18}	10^{15}	10^{12}	10^{9}	10^{6}	10^{3}	10^{2}	10^{1}
接頭辞	deci	centi	milli	micro	nano	pico	femto	atto
記号	d	c	m	μ	n	p	f	a
意味（×）	10^{-1}	10^{-2}	10^{-3}	10^{-6}	10^{-9}	10^{-12}	10^{-15}	10^{-18}

【5】 図 1.1 の点線の長方形内の図形は，3 路スイッチ（2 接点スイッチ）を表し，図に示すように，中央左の白丸の右に付いた横棒を上に動かすと端子 A と B が導通する。逆に，下に動かすと端子 A と C が導通する。このような 3 路スイッチを 2 個用いて，階段に設けられた電灯を上でも下でも点消灯できるようなスイッチの回路を構成せよ。

また，図 1.2 の点線の長方形内の図形は，4 路スイッチ（中間スイッチ）を表しており，二つの白丸の右に付いた横棒（破線で繋がれている）は同時に動き，上に動かすと端子 A と C，端子 B と D が導通する。逆に，下に動かすと端子 A と D，端子 B と C が導通する。3 路スイッチと 4 路スイッチを利用して，入り口が三つある部屋の電灯を，どの入り口のそばのスイッチからでも点消灯できるようなスイッチ回路を構成せよ。

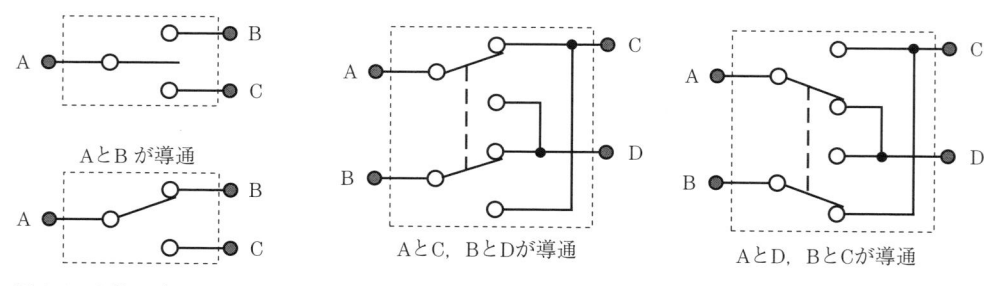

図 1.1 3 路スイッチ（2 接点スイッチ）

図 1.2 4 路スイッチ（中間スイッチ）

2. 情報の表現と演算

学習目標
(1) 2進数による数の表現手法を理解する。
(2) 固定小数点数の表現手法と，演算手法を理解する。
(3) 浮動小数点数と数の精度（丸め誤差）を理解する。
(4) 符号化と誤り検出・誤り訂正に関する概念を理解する。

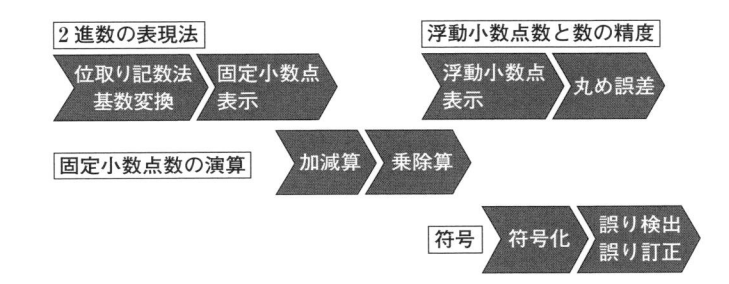

2進数の表現法: 位取り記数法 基数変換 → 固定小数点表示

浮動小数点数と数の精度: 浮動小数点表示 → 丸め誤差

固定小数点数の演算: 加減算 → 乗除算

符号: 符号化 → 誤り検出 誤り訂正

この章では，ディジタル回路で用いる数の表現法と基本的な演算手法について学び，その後，符号およびその誤り検出・訂正について学ぶ。

内 容

— 2進数の表現法 —
2.1 位取り記数法
2.2 基数変換
2.3 情報の単位と固定小数点表示

— 固定小数点数 —
2.4 バイアス（ゲタ履き）方式
2.5 1の補数と2の補数
2.6 2の補数表現

— 固定小数点数の演算 —
2.7 固定小数点数の加減算
2.8 あ ふ れ
2.9 2進固定小数点数の乗算*

2.10 4ビットの乗算例*
2.11 2進固定小数点数の除算*
2.12 正整数の除算例*

— 浮動小数点数と数の精度 —
2.13 浮動小数点表示
2.14 浮動小数点数の精度
2.15 IEEE方式の浮動小数点数

— 符 号 —
2.16 符 号 化
2.17 誤り検出・誤り訂正
2.18 ハミング符号*
2.19 ハミング距離

2.1 位取り記数法

⌘ 位取り記数法

$$N = (d_{n-1}\ d_{n-2}\ \cdots\ d_1\ d_0.d_{-1}\ d_{-2}\ \cdots\ d_{-m})_p$$
$$= d_{n-1} \cdot p^{n-1} + d_{n-2} \cdot p^{n-2} + \cdots + d_1 \cdot p^1 + d_0$$
$$+ d_{-1} \cdot p^{-1} + d_{-2} \cdot p^{-2} + \cdots + d_{-m} \cdot p^{-m}$$

⌘ よく用いる標準的表現

- p 進法（radix-p number system, base-p number system）
- 各数の表し方は一意に定まる（冗長性はない）

表現	representation	基数 p	ディジット（桁記号）d_i	小数点名称
10 進法	decimal	10	0, 1, 2, 3, 4, 5, 6, 7, 8, 9	decimal point
2 進法	binary	2	0, 1	binary point
8 進法	octal	8	0, 1, 2, 3, 4, 5, 6, 7	
16 進法	hexadecimal	16	0～9, A, B, C, D, E, F	

　われわれが数を表現する際に用いる記法は，図に示すように，小数点（radix point）の位置を基準に数字を記述する位置（桁）に重みをもたせ，その重み付き和によって数の大きさを示す表現法で，**位取り記数法**（positional number system）と呼ばれる．図で，p を**基数**（radix あるいは base），各桁の記号（数字）を**ディジット**（digit）という．例えば，基数が 10 の 10 進数で 372.58 は，各桁に 10 のべき乗の重みが付いた $3 \times 10^2 + 7 \times 10^1 + 2 \times 10^0 + 5 \times 10^{-1} + 8 \times 10^{-2}$ という数を表す．本書では，数が基数 p の記数法による数（p 進数）であることを表すためディジットの並びを括弧で囲み，右下に基数 p を書くことにする．ただし，10 進数の場合はこれらを省略する．したがって，$10 = (1010)_2 = (101)_3$ などのように書く．

　基数 p は整数で，2, 8, 10, 16 の場合，それぞれ 2 進（binary），8 進（octal），10 進（decimal），および 16 進（hexadecimal）という．コンピュータの世界では 2 進と 16 進がよく使われる．また，ディジットには，$0 \sim (p-1)$ の p 個の記号が用いられる．したがって，10 進数のディジット（decimal digit）は 0～9 の数字であり，2 進数のディジット（binary digit）は 0 と 1 である．情報の単位として用いる**ビット**（bit）は，この binary digit を縮めたものといわれている．基数 p が 10 以下の場合，10 進数のディジットを用いればよいが，16 進数の場合，10～15 の数を表す記号が必要となる．そこで，10 から順に，A, B, C, D, E, F を用いる．このような p 個の記号を用いた p 進数の表現方法は**標準的表現**（canonical representation）と呼ばれ，ある大きさの数を表現する方法は 1 通りである．

　それに対して，情報をやりとりする人（あるいは機械）がたがいに了解しているならば，ディジットに $p+1$ 個以上の記号を用いることもできる．例えば，**ブース**（A. D. Booth）**の符号化**[1],[3] を用いた 2 進数の高速乗算回路では，ディジットに $\{-2, -1, 0, 1, 2\}$ を用いた 4 進数が使われる．この表現法は冗長（redundant）な表現法で，$22 = (1\ 1\ 2)_4 = (1\ 2\ -2)_4 = (2\ -2\ -2)_4$ であることからわかるように，数を表す方法が 1 通りでない．

2.2 基数変換

⌘ 数 N を p 進数で表す

▷ 整数の場合：$N=(d_{n-1}\ d_{n-2}\cdots d_1\ d_0)_p$

$$\begin{aligned}N &= d_{n-1}\cdot p^{n-1}+d_{n-2}\cdot p^{n-2}+\cdots+d_2\cdot p^2+d_1\cdot p+d_0\\&=(d_{n-1}\cdot p^{n-2}+d_{n-2}\cdot p^{n-3}+\cdots+d_2\cdot p+d_1)\cdot p+d_0\\&=(N/p\ \text{の商})\cdot p+(\text{余り})\end{aligned}$$

$$\begin{aligned}(N/p\ \text{の商}) &= d_{n-1}\cdot p^{n-2}+d_{n-2}\cdot p^{n-3}+\cdots+d_2\cdot p+d_1\\&=(d_{n-1}\cdot p^{n-3}+d_{n-2}\cdot p^{n-4}+\cdots+d_2)\cdot p+d_1\end{aligned}$$

▷ 小数の場合：$N=(0.d_{-1}\ d_{-2}\cdots d_{-m})_p$

$$\begin{aligned}N\cdot p &= (0.d_{-1}\ d_{-2}\ d_{-3}\cdots d_{-m})_p\cdot p=(d_{-1}.d_{-2}\ d_{-3}\cdots d_{-m})_p\\&= d_{-1}+(d_{-2}\cdot p^{-1}+d_{-3}\cdot p^{-2}+\cdots+d_{-m}\cdot p^{-m+1})\\&=(\text{整数部})+(\text{小数部})\end{aligned}$$

$$\begin{aligned}(N\cdot p\ \text{の小数部})\cdot p &= (d_{-2}.d_{-3}\cdots d_{-m})_p\\&= d_{-2}+(d_{-3}\cdot p^{-1}+d_{-4}\cdot p^{-2}+\cdots+d_{-m}\cdot p^{-m+2})\end{aligned}$$

一般に，q 進数を p 進数に変換するには，q 進数を 10 進数に変換し，その 10 進数を p 進数で表せばよい．q 進数を 10 進数に変換するには，位取り記数法の定義に従って，q 進数の重み付き和を計算すればよいので簡単である．そこで，10 進数から p 進数への変換を，整数部と小数部に分けて考える．

整数 N を p 進数 $(d_{n-1}\ d_{n-2}\cdots d_1\ d_0)_p$ で表すには，各桁のディジット $d_{n-1}\sim d_0$ を求めればよい．図に示すように N を基数 p で割ると，商 $(d_{n-1}\ d_{n-2}\cdots d_1)_p$ と余り d_0 を得るから，最下位のディジット d_0 は余りから求めることができる．さらにこの商を p で割ると，その余りから d_1 を得る．したがって，この操作を繰り返すことにより，p 進数に変換できる．

小数 N を p 進数 $(0.d_{-1}\ d_{-2}\cdots d_{-m})_p$ で表すには，図に示すように，まず N を p 倍することによりその整数部から小数点以下第 1 桁目のディジット d_{-1} を求める．さらにその小数部 $(0.d_{-2}\ d_{-3}\cdots d_{-m})_p$ を p 倍すれば，その整数部から小数点以下第 2 桁目のディジット d_{-2} が求められる．したがって，これを繰り返すことにより p 進数に変換できる．しかし $1/3$ が 10 進数では循環小数になるように，小数 N を有限桁の p 進数で表現できないこともある．

このような一般的な基数変換に対して，2 進数の 3 桁分および 4 桁分はそれぞれ 8 進数および 16 進数の 1 桁分に相当するため，2 進数，8 進数，16 進数の相互変換は容易である．例えば，2 進数 $(b_4\ b_3\ b_2\ b_1\ b_0.b_{-1}\ b_{-2}\ b_{-3}\ b_{-4}\ b_{-5})_2$ は，下の式からただちに 8 進数および 16 進数に変換できることがわかる．また，8 進数あるいは 16 進数から 2 進数へは，この逆の変換，すなわち 8 進数あるいは 16 進数の各桁を 2 進数に変換し同じ順番に並べればよい．

$$\begin{aligned}&(b_4\ b_3\ b_2\ b_1\ b_0.b_{-1}\ b_{-2}\ b_{-3}\ b_{-4}\ b_{-5})_2\\&=(0\cdot 2^2+b_4\cdot 2+b_3)\cdot 8^1+(b_2\cdot 2^2+b_1\cdot 2^1+b_0)\cdot 8^0+(b_{-1}\cdot 2^2+b_{-2}\cdot 2+b_{-3})\cdot 8^{-1}\\&\quad+(b_{-4}\cdot 2^2+b_{-5}\cdot 2+0)\cdot 8^{-2}\\&=(0\cdot 2^3+0\cdot 2^2+0\cdot 2+b_4)\cdot 16^1+(b_3\cdot 2^3+b_2\cdot 2^2+b_1\cdot 2^1+b_0)\cdot 16^0\\&\quad+(b_{-1}\cdot 2^3+b_{-2}\cdot 2^2+b_{-3}\cdot 2+b_{-4})\cdot 16^{-1}+(b_{-5}\cdot 2^3+0\cdot 2^2+0\cdot 2+0)\cdot 16^{-2}\end{aligned}$$

2.3　情報の単位と固定小数点表示

⌘ **情報の単位**
- ビット（bit）：2進数1桁分（0あるいは1）
- バイト（byte）：8ビット
- ワード（word）：コンピュータにおける処理の単位で語ともいう

⌘ **桁の名称**
- MSB（most significant bit）：最上位ビット
- LSB（least significant bit）：最下位ビット

⌘ **1ワード2バイトの2進固定小数点表示の例**
- 整数の場合（int 型）： `0110101001110011` LSB・小数点
- 小数の場合： MSB `0110101001110011` 小数点・
- 下1バイトが小数の場合： `01101010 01110011` 小数点

　コンピュータが扱う情報の最小単位を**ビット**といい，2進数1桁の情報量に相当する。8ビットをまとめて**1バイト**といい，メモリやハードディスクなどの記憶に関する情報量を表現する単位としてよく用いられる。コンピュータが同時に扱う処理の基本単位を1**ワード**（語）といい，そのビット数はコンピュータに依存する。世界初のマイクロプロセッサは1ワード4ビットであった。一般に高性能のコンピュータほど1ワードのビット数は大きい。

　1ワードの最下位（最も右）のビットを**LSB**，最上位（最も左）のビットを**MSB**という。

　2進数 N を1ワード（あるいは定められたビット数）を用いて表す方式の一つは，小数点の位置をあらかじめ決めておくもので，これを**固定小数点表示**といい，この方式で表された数を**固定小数点数**（fixed point number）という。この方式では，小数点の位置によって，整数部および小数部で表せる数の大きさが決まり，小数点が LSB のすぐ右にある場合，固定小数点数は整数を表すことになる。プログラミング言語で整数型（int 型）と宣言した変数は，この方式で数を記憶している。

　固定小数点表示において負の数を表す方法にはいくつかあるが，われわれが通常数を表す際に行うように，符号と絶対値を用いる方法は**符号絶対値表現**（sign-magnitude representation）と呼ばれる。これは，MSB を**符号ビット**として用い，符号ビットが1ならば負の数を，0ならば非負の数を表すもので，残りのビットは絶対値を表す。したがって，$(b_{n-1}\ b_{n-2}\cdots b_1\ b_0)$ なる n ビットが符号絶対値表現された2進整数 N であるとすると，この N は次式の数である。

$$N = (-1)^{b_{n-1}} \cdot \sum_{i=0}^{n-2} b_i \cdot 2^i = (b_{n-1}\ b_{n-2}\cdots b_1\ b_0)_2^{\text{S\&M}}$$

　本書では，ビット系列 $(b_{n-1}\ b_{n-2}\cdots b_1\ b_0)$ が符号絶対値表現された数であることを示すために，上式にあるように，右肩に S&M と書いておくことにする。符号絶対値表現はわれわれにはわかりやすいが，加算を行う際にも，符号による場合分けや絶対値の大きさによる場合分けが必要となる。

2.4 バイアス（ゲタ履き）方式

⌘ **バイアスが X の 2 進整数の場合，$(b_{n-1}\ b_{n-2}\cdots b_1\ b_0)$ なる n ビットが表す整数 N は次式で表せる**

$$N = (b_{n-1}\ b_{n-2}\cdots b_1\ b_0)_2^{\text{bias}X} = \sum_{i=0}^{n-1} b_i \cdot 2^i - X$$

⌘ **3 余り符号**

	3 余り符号		3 余り符号
0	0011	5	1000
1	0100	6	1001
2	0101	7	1010
3	0110	8	1011
4	0111	9	1100

⌘ **1 バイトの 2 進整数の例**

10 進数	バイアス方式表現
127	1111 1111
126	1111 1110
…	…
1	1000 0001
0	1000 0000
−1	0111 1111
−2	0111 1110
…	…
−127	0000 0001
−128	0000 0000

$X = 128 = (1000\ 0000)_2$ のとき

　例えば，符号および絶対値がそれぞれ s および m であるような符号絶対値表現の数 $N = (-1)^s \cdot m$ とそれらがそれぞれ s' および m' であるような数 $N' = (-1)^{s'} \cdot m'$ を加算する場合，$s = s'$ であるならば $N + N' = (-1)^s \cdot (m + m')$ とするだけでよいが，$s \neq s'$ であるならば，$N + N'$ の符号は，絶対値 m, m' の大きいほうの符号と同じになり，その絶対値は，大きいほうの絶対値から小さいほうの絶対値を引いた値になる。そのため，数の加算も複雑になる。

　このような不便を解消する**バイアス（ゲタ履き）方式表現** (biased number representation) では，一律に同じ値（バイアス）を加えて（ゲタを履かせて）数を表現するため，二つの数の差は実際の数の差と同じになり，二つの整数の大小比較が容易になる。すなわち，この方式では，バイアスを X とした場合，2 進数 N を，$N + X$ を表す 2 進数を用いて表す。したがって，n ビットの系列 $(b_{n-1}\ b_{n-2}\cdots b_1\ b_0)$ がバイアス X のバイアス方式の 2 進整数の場合，その数 N は図に示した式のようになる。本書では，ビット系列 $(b_{n-1}\ b_{n-2}\cdots b_1\ b_0)$ がバイアス方式の数であることを示すために，右肩に bias$X$ と書いておくことにする。

　例えば，$X = 128$ のとき，1 バイトで表せる 10 進整数および各整数に対応する 1 バイトは右の表のようになる。このような表現は，−128 〜 127 までの 10 進整数に，1 バイトの符号を割り当てたとも考えられる。このような符号は，10 進整数に対応した 2 進数よりつねに 128 だけ余分の符号（バイアスが付いた符号）なので，128 余り符号 (excess-128 code) と呼ばれる。したがって，バイアス方式表現は excess-code format ともいわれる。

　このような符号の一つに，4 ビットの **3 余り符号** (excess-3 code) がある。これは，0 〜 9 の数字を表すための符号で，左下の表からもわかるように，$0 \leq N \leq 9$ なる数 N の 9 の補数 N^{C9} の符号が，N の符号の各ビットを反転（0 なら 1 に，1 なら 0 に）したものになっている。ここで，n 桁の 10 進数 N の **9 の補数** N^{C9} とは，$N + N^{C9}$ が n 桁すべてが 9 の数になるような数 N^{C9} であり，以下に述べる 2 進数の 1 の補数に対応する。

2.5 1の補数と2の補数

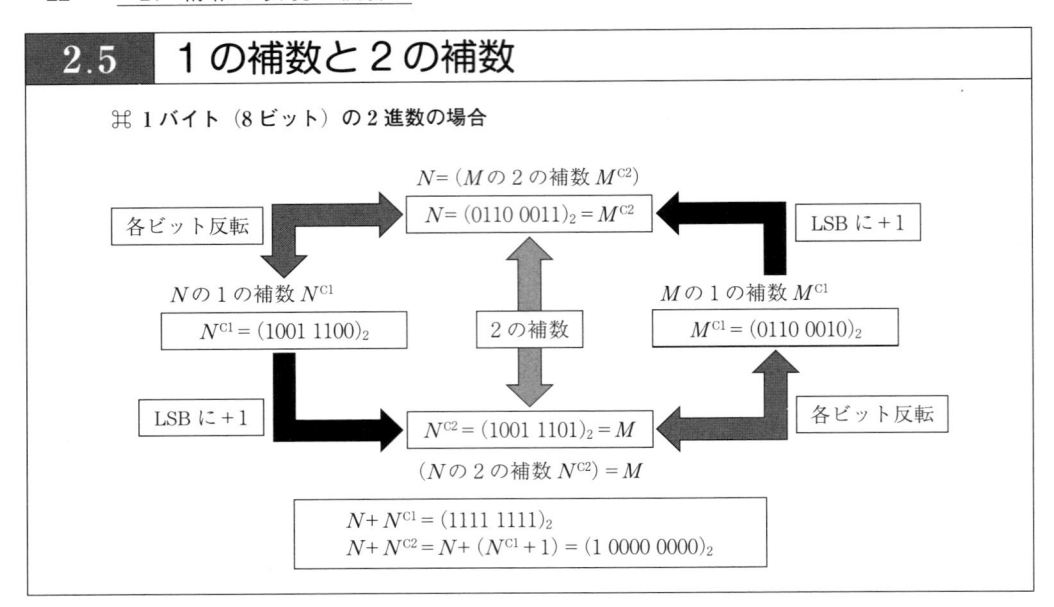

⌘ 1バイト（8ビット）の2進数の場合

$N = (M \text{の2の補数 } M^{C2})$
$N = (0110\ 0011)_2 = M^{C2}$

各ビット反転 → ← LSBに+1

Nの1の補数 N^{C1}
$N^{C1} = (1001\ 1100)_2$

2の補数

Mの1の補数 M^{C1}
$M^{C1} = (0110\ 0010)_2$

LSBに+1 → ← 各ビット反転

$N^{C2} = (1001\ 1101)_2 = M$
$(N\text{の2の補数 } N^{C2}) = M$

$N + N^{C1} = (1111\ 1111)_2$
$N + N^{C2} = N + (N^{C1} + 1) = (1\ 0000\ 0000)_2$

　負の数を扱う固定小数点表示でよく用いられる2の補数表現を説明するため，2進数 N の1の補数（1's complement）N^{C1} および2の補数（2's complement）N^{C2} を定義する。

　整数部が n 桁で小数部が m 桁の $n+m$ ビットの2進数 $N=(b_{n-1}\cdots b_1 b_0.b_{-1}\cdots b_{-m})_2$ の**1の補数** N^{C1} とは，N の各桁を反転した数で，各桁 $b_i(-m \leq i \leq n-1)$ は0あるいは1であるので，$N^{C1} = (1-b_{n-1} \cdots 1-b_1.1-b_0.1-b_{-1} \cdots 1-b_{-m})_2$ と書くことができる。したがって，$N+N^{C1}$ は全ビットが1の数（$2^n - 1 \cdot 2^{-m}$）となる。明らかに，N の1の補数 N^{C1} の1の補数 $(N^{C1})^{C1}$ は元の N である。

　N の**2の補数** N^{C2} は，N の1の補数 N^{C1} の最下位ビット（LSB）に1を加算した数である。したがって，$N=(b_{n-1}\cdots b_1 b_0.b_{-1}\cdots b_{-m})_2$ のとき，$N+N^{C2}$ は最上位ビットが1で，それに続く $n+m$ ビットが0であるような $n+m+1$ ビットの数になり，$N+N^{C2}=2^n$ が成り立つ。したがって，$N^{C2} = 2^n - N$ と書け，$(N^{C2})^{C2} = 2^n - N^{C2} = 2^n - (2^n - N) = N$ より，N の2の補数 N^{C2} の2の補数 $(N^{C2})^{C2}$ が N であることがわかるであろう（図も参照せよ）。

　2の補数表現（2's complement representation）を用いた固定小数点数では，符号絶対値表現の場合と同様，MSBが**符号ビット**で，それが1の場合は負の数を，0の場合は非負の数を表す。表現したい数 N が非負の数の場合，N を通常の2進数と同じように表すが，負の数の場合には，N の絶対値 $|N|$ の2の補数 $|N|^{C2}$ で表す。

　例えば，1バイトの2進整数 $N=(0101\ 0010)_2=82$ は正の数であるので，これを表すビット系列は（0101 0010）となるが，$-N=-82$ は負の数であるので，$N=(0101\ 0010)_2$ の2の補数 $N^{C2}=(1010\ 1110)_2$ を用いて表すことになる。本書では，ビット系列（1010 1110）が2の補数表現の2進数であることを示すため，右肩に2Cを書き，$-82=(1010\ 1110)_2^{2C}$ と書く。したがって，2の補数表現された1バイトの2進固定小数点数 M が，例えば，$(1010\ 1110)_2^{2C}$ であったならば，MSBが1であるので，M は負の数であり，その絶対値 $|M|$ は，$(1010\ 1110)_2$ の2の補数 $(0101\ 0010)_2=82$ を求めることによって知ることができる。

2.6 2の補数表現

⌘ $n+m$ ビットの2の補数表現された固定小数点数は，次式で表せる

(1) $N=(b_{n-1}\ b_{n-2}\ \cdots\ b_1\ b_0.b_{-1}\ b_{-2}\ \cdots\ b_{-m})_2^{2C} = -b_{n-1}\cdot 2^{n-1} + \sum_{i=-m}^{n-2} b_i \cdot 2^i$

⌘ 4ビットの固定小数点整数の表現の違い

10進数 N	S&M	2C	1C	bias8	bias7
8	XX	XX	XX	XX	1111
7	0111	0111	0111	1111	1110
6	0110	0110	0110	1110	1101
⋮	⋮	⋮	⋮	⋮	⋮
1	0001	0001	0001	1001	1000
0	0000	0000	0000	1000	0111
−0	1000	XX	1111	XX	XX
−1	1001	1111	1110	0111	0110
⋮	⋮	⋮	⋮	⋮	⋮
−6	1110	1010	1001	0010	0001
−7	1111	1001	1000	0001	0000
−8	XX	1000	XX	0000	XX

整数部および小数部がそれぞれ n ビットおよび m ビットの2の補数表現を用いた固定小数点数 $N=(b_{n-1}\cdots b_1\ b_0.b_{-1}\cdots b_{-m})_2^{2C}$ は，図の式(1)の値を示す．MSBが0（正の数）のときに，これが成り立つことは明らかであるから，MSB=1（負の数）の場合について考えると，$(b_{n-1}\cdots b_1\ b_0.b_{-1}\cdots b_{-m})_2$ は，$|N|$ の2の補数 $2^n-|N|$ になっているから，$(b_{n-1}\cdots b_1\ b_0.b_{-1}\cdots b_{-m})_2 = 2^n-|N|$ が成り立つ．したがって，次式より $b_{n-1}=1$ であるから，式(1)が導ける．

$N = -|N| = -2^n + (b_{n-1}\cdots b_1\ b_0.b_{-1}\cdots b_{-m})_2 = -2\cdot 2^{n-1} + b_{n-1}\cdot 2^{n-1} + \sum_{i=-m}^{n-2} b_i \cdot 2^i$

整数部および小数部が，それぞれ n ビットおよび m ビットの固定小数点数 N と N の2の補数 N^{C2} との間の $N+N^{C2}=2^n$ という関係は，最上位ビットの 2^n を無視すれば，$n+m$ ビットがすべて0の数になるということを意味するから，N^{C2} を $-N$ のように扱えることを示唆する．これにより，減算を2の補数を加算することにより実行することができる．そのため，固定小数点表示では2の補数表現を用いることが多い．

1の補数表現（1's complement representation）は2の補数表現と同じであるが，負の数を1の補数を用いて表す点が異なる．すなわち，MSBが符号ビットで，それが0の場合，非負の数が通常の2進数と同じように表される．しかしMSBが1の場合，数 N は負であり，$n+m$ ビットは表したい数 N の絶対値 $|N|$ の1の補数 $(2^n-1\cdot 2^{-m})-|N|$ になっている．すなわち，1の補数表現された固定小数点数 $N=(b_{n-1}\cdots b_1\ b_0.b_{-1}\cdots b_{-m})_2^{1C}$ は次の値を示す．

$b_{n-1}=0$ のとき，$N=(b_{n-1}\cdots b_1\ b_0.b_{-1}\cdots b_{-m})_2^{1C} = \sum_{i=-m}^{n-2} b_i \cdot 2^i$

$b_{n-1}=1$ のとき，$N=(b_{n-1}\cdots b_1\ b_0.b_{-1}\cdots b_{-m})_2^{1C} = -\sum_{i=-m}^{n-2} (1-b_i) \cdot 2^i$

1の補数表現を用いると，−0を表すビット系列 $(1\ 1\ \cdots\ 1)_2^{1C}$ が生じてしまう．この −0 は，符号絶対値表現を用いた場合にも生じる．

表に，4ビットの固定小数点整数における表現の違いを示す．表中のXXは，4ビットの場合には，10進整数 N を表すビット系列がないことを表す．

2.7 固定小数点数の加減算

⌘ 1バイトの2進正整数の加算と減算

```
  0001 1101      29        0001 1101      29
+) 0010 1001   +) 41     -) 0010 1001   -) 41
  0100 0110      70        1111 0100     -12
```

各桁 ($-m \leq k \leq n-1$) での加算

```
     c_k
     a_k
 +)  b_k
 c_{k+1} s_k
```

⌘ 2の補数表現を用いた固定小数点数の減算
△ $A - B = A + B^{C2} = A + B^{C1} +$ (LSBだけが1の数)

⌘ 実際に行う演算

		加算：$A+B$		減算：$A-B$	
$A \geq 0$	$B \geq 0$	$A+B$	I	$A + B^{C2} = A + (2^n - B)$	II
	$B < 0$	$A + \|B\|^{C2} = A + (2^n - \|B\|)$	II	$A + \{2^n - (2^n - \|B\|)\} = A + \|B\|$	I
$A < 0$	$B \geq 0$	$\|A\|^{C2} + B = (2^n - \|A\|) + B$	II	$(2^n - \|A\|) + (2^n - B) = 2^n + 2^n - (\|A\| + B)$ $= 2^n + (\|A\| + B)^{C2}$	III
	$B < 0$	$(2^n - \|A\|) + (2^n - \|B\|) = 2^n + 2^n - (\|A\| + \|B\|)$ $= 2^n + (\|A\| + \|B\|)^{C2}$	III	$(2^n - \|A\|) + \{2^n - (2^n - \|B\|)\}$ $= (2^n - \|A\|) + \|B\|$	II

　図に1バイトの2進正整数の加減算の例を示す。加算では，LSBから順に1ビットの数の加算を行うが，加算結果が2になると**桁上げ**（carry）が発生する。したがって，LSBより上の各桁kでは，桁上げc_kと加算すべき数の第k桁目のビットa_k, b_kの三つの1ビットの数の加算を行うことになる。これらの加算結果は，高々$(11)_2 = 3$であるので，第k桁目の加算結果s_kと第$k+1$桁目への桁上げc_{k+1}で表すことができる。

　減算ではLSBから順に1ビットの数の減算を行うが，0から1は引けないので，一つ上の桁から1を**借り**（borrow）る必要がある。したがって，LSBより上の各桁kでは，必要ならば上の桁からの借りz_{k+1}を発生させ，下からの借りz_kが存在するならばそれも考慮して，$2 \cdot z_{k+1} + a_k - b_k - z_k$なる演算を行うことになるが，借り$z_{k+1}$を発生させるか否かの場合分けは処理を複雑にする。そこで，減算を場合分けが不要な2の補数の加算に置き換える。

　整数部nビットで小数部mビットの2の補数表現を用いた2進固定小数点数AおよびBの加減算が，実際にどのような数の加算になるかを表に示す。これらの加算は，表のように，I～IIIの3通りに場合分けできる。

　Iの場合，演算結果は非負であり，2.8節で述べるあふれが生じていなければ，正しい加算結果が得られることは明らかであろう。同様にIIIの場合も，MSBからの桁上げ2^nを無視すれば，負の演算結果が2の補数として正しく得られることがわかる。

　IIの場合はどれも非負の数と負の数の加算になっている。いま，$A, B \geq 0$の場合の減算$A-B$を例に考える。このとき，$A + (2^n - B)$なる加算を行うが，この結果が非負（$A - B \geq 0$）のとき，$A + (2^n - B) = 2^n + (A - B)$より，MSBからの桁上げ$2^n$を無視すれば，$n+m$ビットに正しい結果$A-B$が得られることがわかる。一方，負（$A - B < 0$）のときには，$2^n + (A - B) = 2^n - |A - B|$は$|A - B|$の2の補数であるから，負の数$A-B$を表す2の補数表現の数になっており，このときにも正しい減算結果$A-B$が得られることがわかる。

2.8 あふれ

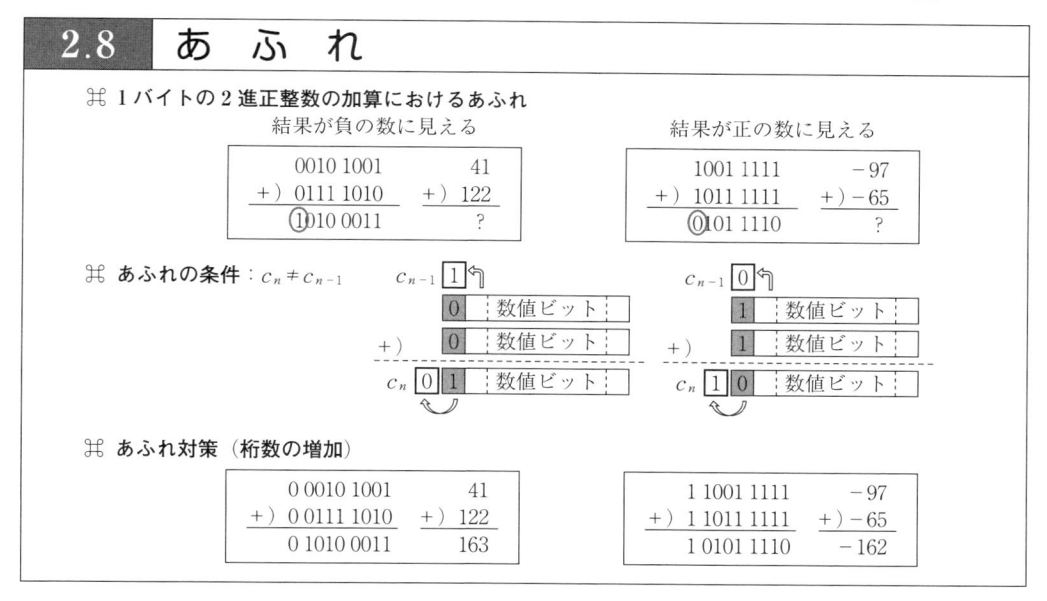

⌘ 1バイトの2進正整数の加算におけるあふれ

結果が負の数に見える

```
   0010 1001         41
+) 0111 1010      +) 122
  ⓛ010 0011          ?
```

結果が正の数に見える

```
   1001 1111         -97
+) 1011 1111      +) -65
  ⓪101 1110          ?
```

⌘ あふれの条件：$c_n \ne c_{n-1}$

c_{n-1} [1]↰
[0] 数値ビット
+) [0] 数値ビット
─────────────
c_n [0][1] 数値ビット

c_{n-1} [0]↰
[1] 数値ビット
+) [1] 数値ビット
─────────────
c_n [1][0] 数値ビット

⌘ あふれ対策（桁数の増加）

```
   0 0010 1001        41
+) 0 0111 1010     +) 122
   0 1010 0011       163
```

```
   1 1001 1111        -97
+) 1 1011 1111     +) -65
   1 0101 1110       -162
```

加算の結果が，与えられているビット数で表現可能な数の範囲を超えると，**あふれ**（オーバーフロー，overflow）が生じる．固定小数点数のあふれには，正の加算結果が負の数に見える場合と，負の加算結果が正の数に見える場合がある．

2の補数表現された数は，MSBが符号ビットであるので，残りを**数値ビット**と呼び，符号ビットへの桁上げをc_{n-1}，符号ビットからの桁上げをc_nと書く．そうすると，あふれは$c_{n-1} \ne c_n$のとき，かつそのときに限り生じることがわかる．すなわち，$c_{n-1} \ne c_n$はあふれの必要十分条件であり，この二つの桁上げの値を調べることにより，あふれが生じたか否かを判定することができる．以下に，加算する二つの数をAおよびBとして，これを示す．

(1) **十分性**：$c_{n-1} \ne c_n$とする．$c_{n-1} = 1$の場合に$c_n = 0$となるのは，AおよびBのMSBがともに0で，A, Bが非負の数の場合である．この場合，加算結果は非負の数であるが，$A + B$のMSBは1になり，負の数に見える．一方，$c_{n-1} = 0$の場合に$c_n = 1$となるのは，AおよびBのMSBがともに1で，A, Bが負の数の場合である．この場合，加算結果は負の数であるが，$A + B$のMSBは0になり，非負の数に見える．したがって，どちらの場合もあふれが生じている．

(2) **必要性**：あふれが生じるのは，加算結果が表現可能な数の範囲を超えたときであるから，2.7節の表の演算I（非負の数の加算）あるいはIII（負の数の加算）が実行されたときである．演算Iの場合，あふれが生じるのは，$c_{n-1} = 1$のときであり，このとき$c_n = 0$となっている．また，演算IIIの場合，あふれが生じるのは$c_{n-1} = 0$のときであり，このとき$c_n = 1$となっている．したがって，あふれが生じると，$c_{n-1} \ne c_n$となる．

あふれが生じないようにするには，表現できる数の範囲を広げなければならない．したがって，あふれ対策はビット数を増やすことである．図にその例を示す．

2の補数表現された数$(b_{n-1} \cdots b_0 \cdots b_{-m})_2^{2C}$のビット数を拡張する場合，拡張するビットに，もとの符号ビットと同じ値をコピーし，$(b_{n-1} \cdots b_{n-1} b_{n-1} \cdots b_0 \cdots b_{-m})_2^{2C}$とすればよい．

2.9 2進固定小数点数の乗算*

⌘ n ビットの2進整数 $A = (a_{n-1}\ a_{n-2} \cdots a_0)_2^{2C}$ と $B = (b_{n-1}\ b_{n-2} \cdots b_0)_2^{2C}$ の乗算

(1) $A \times B = A \cdot \left(-b_{n-1} \cdot 2^{n-1} + \sum_{i=0}^{n-2} b_i \cdot 2^i \right) = \sum_{i=0}^{n-2} A \cdot b_i \cdot 2^i - A \cdot b_{n-1} \cdot 2^{n-1}$

$\qquad\qquad = \sum_{i=0}^{n-2} (A \cdot 2^{n-1}) \cdot b_i \cdot 2^{i-(n-1)} - (A \cdot 2^{n-1}) \cdot b_{n-1}$

$\qquad\qquad = \{ \cdots \{ (A' \cdot b_0 \cdot 2^{-1} + A' \cdot b_1) \cdot 2^{-1} + A' \cdot b_2 \} \cdot 2^{-1} + \cdots + A' \cdot b_{n-2} \} \cdot 2^{-1} - A' \cdot b_{n-1}$

$\boxed{A' = A \cdot 2^{n-1} \text{とする}}$

⌘ 部分積 $P^{(i)}$ ($0 \le i \le n-1$) を導入し,以下の計算を行う
  ▫ $P^{(0)} = 0$ とする
  ▫ $1 \le i \le n-1$ なる i に対して,以下を繰り返す
   (2) $P^{(i)} = (P^{(i-1)} + A' \cdot b_{i-1}) \cdot 2^{-1}$
     すなわち,$b_{i-1} = 0$ であれば,$P^{(i)} = P^{(i-1)}$ を1ビット右シフト
         $b_{i-1} = 1$ であれば,$P^{(i)} = (P^{(i-1)} + A')$ を1ビット右シフト
  ▫ $b_{n-1} = 0$ であれば,$A \times B = P^{(n-1)}$
  ▫ $b_{n-1} = 1$ であれば,$A \times B = P^{(n-1)} - A'$

ここでは,2の補数表現された二つの整数 $A = (a_{n-1}\ a_{n-2} \cdots a_1\ a_0)$ と $B = (b_{n-1}\ b_{n-2} \cdots b_1\ b_0)$ の乗算 $A \times B$ を考える。**乗数**(multiplier)B は,$B = -b_{n-1} \cdot 2^{n-1} + \sum_{i=0}^{n-2} b_i \cdot 2^i$ と書けるから,乗算 $A \times B$ は式(1)の3行目のように展開することができる。ここで,A' は**被乗数**(multiplicand)A を左に $n-1$ 桁シフトした数 $A' = A \cdot 2^{n-1}$ である。この式および以下の記述からわかるように,乗算は加算と桁移動(シフト)の繰り返しで計算できる。

いま,**部分積**(partial product)$P^{(i)}$($0 \le i \le n-1$) を,$P^{(0)} = 0$, $P^{(i)} = (P^{(i-1)} + A' \cdot b_{i-1}) \cdot 2^{-1}$ ($1 \le i \le n-1$) と定義すると,式(1)より,$A \times B = P^{(n-1)} - A' \cdot 2^{n-1}$ が成り立つことがわかる。したがって,同じ計算の繰り返しで部分積 $P^{(n-1)}$ を求め,最後に引き算を行えば,積が計算できる。部分積 $P^{(i)}$ のビット数は n ビットの数の乗算であるので,$2n$ ビットとしておく。

部分積 $P^{(i)} = (P^{(i-1)} + A' \cdot b_{i-1}) \cdot 2^{-1}$ の計算では,b_{i-1} は 0 か 1 なので,$b_{i-1} = 0$ のときは何もせず,$b_{i-1} = 1$ の場合にのみ A' を加算する。その際,$A' = A \cdot 2^{n-1}$ の下位 $n-1$ ビットは全桁 0 であるから $P^{(i-1)}$ から変化しない。したがって計算を省くことができ,この計算用の回路($n-1$ ビット分)はつくる必要がない。ただし,$P^{(i-1)}$ に $A' = A \cdot 2^{n-1}$ の上位 n ビットを加算する際,あふれ対策のために,$n+1$ ビットにしておく必要がある。

部分積 $P^{(i)}$ の計算における 2^{-1} 倍の計算は,$(P^{(i-1)} + A' \cdot b_{i-1})$ を右に 1 桁シフトするだけでよい。その際,最上位ビット(MSB)には,$(P^{(i-1)} + A' \cdot b_{i-1})$ の MSB と同じ値を追加し,符号が変わらないようにしなければならない。

このような操作を $n-1$ 回繰り返し,部分積 $P^{(n-1)}$ が得られれば,$b_{n-1} = 0$ の場合には,$P^{(n-1)} = A \times B$ である。$b_{n-1} = 1$ の場合には,$P^{(n-1)}$ から,$A' = A \cdot 2^{n-1}$ を引き算しなければならないが,これは A' の 2 の補数を加算すればよい。すなわち,A' の 1 の補数を加算し,さらに最下位ビット(LSB)に 1 を加算すればよい。これにより乗算結果 $A \times B$ を得ることができる。2.10 節に 4 ビットの乗算例を示す。

2.10 4ビットの乗算例*

⌘ $A \times B$ の計算過程

	A		1011	$= -5$
	B	($\times$)	1101	$= -3$
0°	$P^{(0)}$		00000 000	
1-1°	$(A \cdot 2^3) \cdot b_0$	(+)	11011	
1-2°	S_1		11011	
1-3°	$P^{(1)} = S_1 \cdot 2^{-1}$		11101 100	
2-1°	$(A \cdot 2^3) \cdot b_1$	(+)	00000	
2-2°	S_2		11101	
2-3°	$P^{(2)} = S_2 \cdot 2^{-1}$		11110 110	
3-1°	$(A \cdot 2^3) \cdot b_2$	(+)	11011	
3-2°	S_3		11001	
3-3°	$P^{(3)} = S_3 \cdot 2^{-1}$		11100 111	
4-1°	$(A^{C1} \cdot 2^3) \cdot b_3$		00100	
4-2°	$(1) \cdot 2^3$	(+)	1	
4-3°	$S_4 = A \times B$		00001 111	$= 15$

図に,2の補数表現された4ビットの2進整数 $A = (1011)_2^{2C} = -5$ と $B = (1101)_2^{2C} = -3$ の乗算 $A \times B$ の例を示す。

まず,0°において,部分積 $P^{(0)}$ を0にしている。部分積は,8ビットである。次に,1-1°〜1-3°において,部分積 $P^{(1)} = \{P^{(0)} + (A \cdot 2^3) \cdot b_0\} \cdot 2^{-1}$ の計算を行っている。1-1°では,$A \cdot 2^3 \cdot b_0$ を計算しているが,これは A を左に3ビットシフトした数を8ビットに拡張したものである。拡張においては,MSBに A のMSBと同じ1を付加している。なお,この表示では,下3ビットは0なので書いておらず,$P^{(0)}$ に加算する際も,この下3ビットは計算していない。1-2°は,この加算結果 S_1 である。

部分積 $P^{(1)}$ を得るには,この S_1 を右に1ビットシフトすればよいので,その結果が,1-3°に書かれている。S_1 のMSBが1なので,$P^{(1)}$ のMSBには1が付加されている。

次に,2-1°〜2-3°において,部分積 $P^{(2)} = \{P^{(1)} + (A \cdot 2^3) \cdot b_1\} \cdot 2^{-1}$ の計算を行っている。このとき,$b_1 = 0$ なので,この計算は $P^{(1)}$ を右に1ビットシフトするだけである。3-1°〜3-3°は,部分積 $P^{(3)} = \{P^{(2)} + (A \cdot 2^3) \cdot b_2\} \cdot 2^{-1}$ の計算で,これらは1-1°〜1-3°と同じである。

最後に,4-1°〜4-3°において,$P^{(3)} - A \cdot 2^3 \cdot b_3$ を計算しているが,これは $A \cdot 2^3$ の2の補数を加算することにより行う。そのため,まず,4-1°において,$A \cdot 2^3$ の1の補数 $A^{C1} \cdot 2^3$ をとり,4-2°において,1を加算している。このとき,加算する1が部分積の最下位ビットでなく,実際に加算を計算する上位5ビットの最下位ビットになっているが,これでよいことは次のように確認できる。

$A \cdot 2^3$ は $(1011\ 000)_2$ であるので,これを8ビットに拡張すると $(11011\ 000)_2$ となり,これの1の補数は $(00100\ 111)_2$ である。2の補数は,このLSBに1を加算して,$(00101\ 000)_2$ となるが,これは,4-1°の $A^{C1} \cdot 2^3 = (00100\ 000)_2$ と 4-2°の $(1) \cdot 2^3 = (00001\ 000)_2$ の和になっている。したがって,4-1°,4-2°の操作で2の補数がつくられている。

2.11 2進固定小数点数の除算*

⌘ $2n$ ビットの2進正整数 A を n ビットの2進正整数 B で割る（$B \leq A < B \cdot 2^n$）
  ▷ 商（quotient）$Q = A/B = (q_{n-1} \cdots q_1 q_0)_2$ は n ビット以下、Z は剰余

  (1) $Z \cdot 2^n = A \cdot 2^n - \sum_{i=0}^{n-1}(B \cdot 2^n) \cdot q_i \cdot 2^i$ 　　$\boxed{B' = B \cdot 2^n \text{ とする}}$

  $= \{ \cdots \{(A \cdot 2 - B' \cdot q_{n-1}) \cdot 2 - B' \cdot q_{n-2}\} \cdot 2 - \cdots - B' \cdot q_1\} \cdot 2 - B' \cdot q_0$

⌘ 部分剰余 $Z^{(i)}$（$0 \leq i \leq n-1$）を導入する（$Z^{(0)} = A$ とする）
  ▷ $1 \leq i \leq n$ なる i に対して、以下を繰り返す
    ● $Z^{(i-1)} \cdot 2 - B' \geq 0$ であれば、$q_{n-i} = 1$ とし、$Z^{(i)} = Z^{(i-1)} \cdot 2 - B'$ とする
    ● $Z^{(i-1)} \cdot 2 - B' < 0$ であれば、$q_{n-i} = 0$ とし、$Z^{(i)} = Z^{(i-1)} \cdot 2$ とする
    こうして得られた $(q_{n-1} \cdots q_1 q_0)_2$ は、商 $Q = A/B$
  ▷ $Z^{(n)}$ は、余り Z を左に n ビットシフトした数 $Z \cdot 2^n$

⌘ 判別式 $D^{(i)}$ を利用する（$D^{(0)} = Z^{(0)} = A$，$D^{(1)} = D^{(0)} \cdot 2 - B'$ とする）
  ▷ $1 \leq i \leq n$ なる i に対して、以下を繰り返す
    ● $D^{(i)} \geq 0$ であれば、$q_{n-i} = 1$ とし、$D^{(i+1)} = D^{(i)} \cdot 2 - B'$ とする
    ● $D^{(i)} < 0$ であれば、$q_{n-i} = 0$ とし、$D^{(i+1)} = D^{(i)} \cdot 2 + B'$ とする

ここでは、$0 < B \leq A < B \cdot 2^n$ であるような $2n$ ビットの**被除数**（dividend）A を n ビットの**除数**（devisor）B で割る演算を考える。このとき、商 $Q = (q_{n-1} \cdots q_0)$ は n ビット以下である。そこで、剰余を Z と書くと、$A = (B \cdot \sum_{i=0}^{n-1} q_i \cdot 2^i) + Z = \sum_{i=0}^{n-1}(B \cdot q_i \cdot 2^i) + Z$ が成り立つから、図の式(1)を得る。ここで、B' は除数 B を左に n 桁シフトした数 $B' = B \cdot 2^n$ である。

式(1)において、括弧の一番深いところにある引き算 $A \cdot 2 - B' \cdot q_{n-1}$ は、q_{n-1} が 0 であれば $A \cdot 2$ となり、q_{n-1} が 1 であれば $A \cdot 2 - B' \geq 0$ となる。この引き算は、A を B で割ったとき、Q の最上位ビット q_{n-1} に 1 が立つか否かを桁合せをして調べる処理に相当し、10進数の割り算を筆算で行う場合の処理と同じである。すなわち、$A \cdot 2 - B' \geq 0$ であれば $q_{n-1} = 1$ とし、$A \cdot 2 - B' < 0$ であれば $q_{n-1} = 0$ とすることにより、商の最上位ビットの値が決まる。

そこで、**部分剰余**（partial remainder）$Z^{(i)}$ を考え、$Z^{(0)} = A$ とすると、式(1)は同じ形式 $Z^{(i)} = Z^{(i-1)} \cdot 2 - B' \cdot q_{n-i}$ の引き算の繰り返しになっているから、式(1)の下に示すように、$Z^{(i-1)} \cdot 2 - B'$ を計算することにより、q_{n-i} と $Z^{(i)}$ の値を決定していくことができる。

しかし、この手法では、$Z^{(i-1)} \cdot 2 - B'$ が負になった場合、$Z^{(i-1)} \cdot 2 - B'$ の値をそのまま $Z^{(i)}$ とすることができず、再度 B' を加算し、$Z^{(i)} = Z^{(i-1)} \cdot 2 - B' + B'$ とする必要がある。そこで、引き算をしてから、再度加算をするという手間を省くため、図に示す判別式 $D^{(i)}$ を考える。すなわち、$D^{(1)} = A \cdot 2 - B'$ とし、$D^{(i+1)}$（$1 < i \leq n$）は、$D^{(i)}$ から図のように計算する。そうすると、$i = 1$ では、$D^{(1)} = A \cdot 2 - B'$ の正負を見て、$q_{n-1} = 1$ か 0 かを判定できる。そこで、i までは $D^{(i)} = Z^{(i-1)} \cdot 2 - B'$ が成立し、$D^{(i)}$ を用いて q_{n-i} が正しく計算できたとし、$i+1$ のときを考える。2.12 節の最初の3行に示した式より、$D^{(i)} \geq 0$ のときも、$D^{(i)} < 0$ のときも、$D^{(i+1)} = Z^{(i)} \cdot 2 - B'$ が成り立つ。したがって、$i+1$ においても、$D^{(i+1)}$ を用いて、q_{n-i-1} の値を正しく計算できる。なお、$D^{(i)} \geq 0$ のときには、$q_{n-i} = 1$，$Z^{(i)} = Z^{(i-1)} \cdot 2 - B'$ であり、$D^{(i)} < 0$ のときには、$q_{n-i} = 0$，$Z^{(i)} = Z^{(i-1)} \cdot 2$ である。

2.12 正整数の除算例*

	$A = B \cdot Q + Z$				
	A		0010 1011		=43
	B	($\div$)	0110		=6
0°	$D^{(0)}$		0010 1011		
1-1°	$D^{(0)} \cdot 2$		00101 0110		
1-2°	$-B \cdot 2^4 = B^{C2} \cdot 2^4$	(+)	11010		
1-3°	$D^{(1)}$		11111 0110	<0 →	$q_3 = 0$
2-1°	$D^{(1)} \cdot 2$		11110 1100		
2-2°	$B \cdot 2^4$	(+)	00110		
2-3°	$D^{(2)}$		00100 1100	>0 →	$q_2 = 1$
3-1°	$D^{(2)} \cdot 2$		01001 1000		
3-2°	$-B \cdot 2^4 = B^{C2} \cdot 2^4$	(+)	11010		
3-3°	$D^{(3)}$		00011 1000	>0 →	$q_1 = 1$
4-1°	$D^{(3)} \cdot 2$		00111 0000		
4-2°	$-B \cdot 2^4 = B^{C2} \cdot 2^4$	(+)	11010		
4-3°	$D^{(4)} = Z \cdot 2^4$		00001 0000	>0 →	$q_0 = 1$

$D^{(i)} \geq 0$ のとき：$D^{(i+1)} = D^{(i)} \cdot 2 - B' = (Z^{(i-1)} \cdot 2 - B') \cdot 2 - B' = Z^{(i)} \cdot 2 - B'$

$D^{(i)} < 0$ のとき：$D^{(i+1)} = D^{(i)} \cdot 2 + B' = (Z^{(i-1)} \cdot 2 - B') \cdot 2 + B' = (Z^{(i-1)} \cdot 2) \cdot 2 - B'$
$= Z^{(i)} \cdot 2 - B'$

図に，8ビットの正整数$A=43$を4ビットの正整数$B=6$で除算する場合の計算過程を示す．まず，0°において，判別式$D^{(0)} = Z^{(0)} = A$を初期化している．次に，1-1°～1-3°において，判別式$D^{(1)} = D^{(0)} \cdot 2 - (B \cdot 2^4)$の計算を行っている．1-1°では，$D^{(0)}$を左に1ビットシフトし，LSBに0を付加することにより，$D^{(0)} \cdot 2$を求めている．このとき，1ビット左にシフトしたので，ビット数が9ビットに増加している．減算$D^{(0)} \cdot 2 - (B \cdot 2^4)$は，この上位5ビットにおいて，$B \cdot 2^4$の2の補数を加算することにより行う．5ビットを対象とするのは，あふれ対策である．

1-2°は，$B \cdot 2^4$の2の補数$B^{C2} \cdot 2^4$を5ビットに拡張したものである．乗算の最後の操作にあったように，$(0110)_2 \cdot 2^4$の1の補数は$(1001\ 1111)_2$となり，2の補数は$(1010\ 0000)_2$となる．したがって，下位4ビットはすべて0なので加算に影響せず計算から省ける．したがって，1-2°には書いていない．また，5ビットに拡張するためMSBには1が付加されている．

1-3°は得られた判別式$D^{(1)}$の結果である．このMSBが1なので，$D^{(1)} < 0$であるから，商のMSB $q_{4-1} = q_3$は0であることがわかり，次の判別式$D^{(2)}$は，$D^{(2)} = D^{(1)} \cdot 2 + (B \cdot 2^4)$で計算することになる．この計算が，2-1°～2-3°において行われている．

$D^{(2)}$のMSBは0なので，$D^{(2)} \geq 0$であるから，$q_{4-2} = q_2$は1であることがわかり，次の判別式$D^{(3)}$は，$D^{(3)} = D^{(2)} \cdot 2 - (B \cdot 2^4)$で計算することになる．このような操作を4-3°まで繰り返すと，商Qは$(q_3 q_2 q_1 q_0)_2 = (0111)_2 = 7$と得られる．余り$Z$は，$D^{(4)} \geq 0$であれば$Z \cdot 2^4 = D^{(4)}$から，$D^{(4)} < 0$であれば$Z \cdot 2^4 = D^{(4)} + B \cdot 2^4$から求められるので，$Z = (0001)_2 = 1$とわかる．乗除算に関しては多くの提案があるので，文献3) などを参照するとよい．

2.13 浮動小数点表示

⌘ $N = M \cdot 2^E$
- ☒ $N \neq 0$ のとき, $1/2 \leq |M| < 1$
- ☒ M：仮数（mantissa） $M = (s.f)_2^{2C}$
- ☒ E：指数（exponent） $E = (e)_2^{\text{bias}X}$
- ☒ 2：基数（radix）

| 指数部 e | s | 仮数部 f |

⌘ $N = (-1)^s \cdot |M| \cdot 2^E$
- ☒ $N \neq 0$ のとき, $1/2 \leq |M| = (0.f)_2 < 1$

| s | 指数部 e | 仮数部 f |

$$N = (-1)^s \cdot (0.f)_2 \cdot 2^{(e)_2 - X}$$

- ☒ f が 24 ビット, e が 7 ビット（バイアス $X = 64$）のとき
  - ☒ 表現可能な最大数：$\text{Max} = (-1)^0 \cdot (1 - 2^{-24}) \cdot 2^{127-64} = (1 - 2^{-24}) \cdot 2^{63}$
    これより大きい数を表そうとすると，オーバーフローが生じる
  - ☒ 表現可能な正の最小数：$\text{Min} = (-1)^0 \cdot (2^{-1}) \cdot 2^{-64} = 2^{-65}$
    これより小さい正の数を表そうとすると，アンダーフローが生じる

　固定小数点数より広範囲の数を表す方式として，**浮動小数点表示**があり，これを用いた数を**浮動小数点数**（floating point number）という。この方式は，数 N を**仮数** M，**基数** r，および**指数** E を用いて，$N = M \cdot r^E$ と表し，この M と E だけを固定小数点数として記憶しておくものである。通常，$r = 2$ とし，指数部 E は，大小の比較が簡単になるよう，バイアス方式の整数で表す。このような指数部を，**バイアス指数**（biased exponent）と呼ぶ。

　一般に，非零の数 N を $N = M \cdot r^E$ と表す場合，10 進数の例 $125 = 0.125 \times 10^3 = 1.25 \times 10^2$ からもわかるように，M と E の値には無限の組合せが存在する。そこで，表現が一つに定まるよう，ある約束を設けて**正規化**（normalize）する。そのような約束の一つに，$|M|$ を $1/2$ 以上 1 未満にするというものがある。図の一番上には，この約束のもとで，M を 2 の補数表現の小数として表した場合の例を示している。

　仮数部 M を符号絶対値表現で表し，符号 s を MSB に置くこともできる。このような場合，指数部および仮数部（小数）のビット系列をそれぞれ e および f とし，バイアス指数のバイアスを X とすると，これらで表現される数 N は，$N = (-1)^s \cdot (0.f)_2 \cdot 2^{(e)_2 - X}$ となる。

　いま，このような浮動小数点数において，仮数部 f が 24 ビットで，指数部 e が 7 ビット，そのバイアスが 64 の場合に，どのような数が表現可能か考えてみよう。

　表現可能な最大数 Max は，符号 s が 0 で，e および f がともに全ビット 1 の場合の数であるから，図に示す数になる。したがって，例えば，$2^{33} \times 2^{33}$ のような乗算を行うと，Max より大きい演算結果が生じ，**あふれ**（**オーバーフロー**，overflow）が生じる。

　また，表現可能な正の最小数は，符号 s および指数部 e がすべて 0 で，仮数部 f が $(0.1)_2$ のときの数であるから，図に示す数になる。したがって，例えば，$2^{-33} \times 2^{-33}$ のような乗算を行うと，絶対値が表現可能な最小数 Min より小さい数が生じ，正しく表示することができない。これを**アンダーフロー**（underflow）という。

2.14 浮動小数点数の精度

- ⌘ $N = (-1)^s \cdot |M| \cdot 2^E$
  - ☐ $N \neq 0$ のとき，$1/2 \leq |M| < 1$
  - ☐ f が 24 ビットのとき
    - ☒ $\Delta = N_\Delta - N = 2^{-24} \cdot 2^E$
    - ☒ 丸め誤差（round-off error）$= \Delta/2 = 2^{-25} \cdot 2^E$
    - ☒ 丸め誤差の相対誤差 $= (\Delta/2)/N = 2^{-25}/(0.f)_2 \leq 2^{-24} = 2^{-(f \text{のビット数})}$

  | s | 指数部 e | 仮数部 f |

  $N = (-1)^s \cdot (0.f)_2 \cdot 2^{(e)_2 - X}$

- ⌘ 16 進浮動小数点数 $N = (-1)^s \cdot |M| \cdot 16^E$
  - ☐ $N \neq 0$ のとき，$(16)^{-1} \leq (0.f)_{16} < 1$
  - ☐ e は 7 ビット，2 進表示（バイアス $X = 64$）
  - ☐ f は 24 ビット，16 進 6 桁
    - ☒ 2 進化 16 進表示
    - ☒ 16 進数の各桁を，2 進数 4 桁で表示（2 進表示と同じになる）
      例えば，$(0.2A7E05)_{16}$ は，$(0.0010\ 1010\ 0111\ 1110\ 0000\ 0101)_2$ と表される
  - ☐ 表現可能な最大数：$\text{Max} = (1 - 16^{-6}) \cdot 16^{63} = (1 - 2^{-24}) \cdot 2^{252}$
  - ☐ 表現可能な正の最小数：$\text{Min} = 16^{-1} \cdot 16^{-64} = 16^{-65} = 2^{-260}$
  - ☐ 丸め誤差の相対誤差 $= (\Delta/2)/N = 2^{-25}/(0.f)_{16} \leq 2^{-25} \cdot 16 = 2^{-21}$

  $N = (-1)^s \cdot (0.f)_2 \cdot 16^{(e)_2 - X}$

　1/2 以上 1 未満に正規化された 2 進浮動小数点数の仮数部 f が 24 ビットの場合，数 $N = (-1)^s \cdot (0.f)_2 \cdot 2^E$ の次に大きい数を N_Δ とすると，これは N の仮数部の LSB が 1 だけ変化したものと考えられるから，これらの差は $\Delta = N_\Delta - N = 2^{-24} \cdot 2^E$ となる。N と N_Δ の間の数は，これらのどちらかに丸めることになるから，四捨五入のように半分から上を N_Δ で，下を N で近似すると，**丸め誤差**は $\Delta/2 = 2^{-25} \cdot 2^E$ となる。したがって，この相対誤差 $R = (\Delta/2)/N = 2^{-25}/(0.f)_2$ は，$(0.f)_2 \geq 1/2$ より，$R \leq 2^{-24}$ となる。この指数部の 24 は，f のビット数であり，仮数部のビット数が数値精度を決めることがわかる。

　数値精度を上げるため f のビット数を増やすと，数全体のビット数に制限がある場合，指数部 e のビット数を減らさざるを得ない。そうすると，表現可能な最大数 Max が小さくなってしまう。このように，数値精度と表現可能な数の範囲との間には**トレードオフ**（trade-off）が存在する。

　次に，基数を 2 から 16 に変更すると，精度や数の表現範囲がどのように変わるかを考えてみよう。基数の 16 はデータとして保持しておらず，約束として覚えているだけである。

　この 16 進浮動小数点数 N は，図に示すように，指数部 e が 7 ビットの 2 進数で，仮数部 f が 24 ビットの 2 進化 16 進数で表されているものとする。ここで，2 進化 16 進数とは，16 進数の各桁を 2 進数 4 桁で表示したもので，ビット系列は 2 進数と同じになる。

　指数部 e は前に調べた 2 進浮動小数点数と同じバイアス指数であるので，指数部の範囲は $-64 \sim 63$ である。したがって，表現可能な最大数 Max および表現可能な正の最小数 Min は，それぞれ図に示す値に変わる。一方，小数部 f が 2 進化 16 進数であれば，2 進数 24 ビットと同じビット系列なので，数 $N = (-1)^s \cdot (0.f)_{16} \cdot 16^E$ と N の次に大きい数 N_Δ との差は $\Delta = N_\Delta - N = 2^{-24} \cdot 16^E$ となる。したがって，この相対誤差は，図に示すように，$R = (\Delta/2)/N \leq 2^{-21}$ となり，2 進浮動小数点数の場合より，2 進数 3 桁分悪くなる。

2.15 IEEE 方式の浮動小数点数

⌘ **IEEE 方式の 2 進浮動小数点表示**
- ☒ 単精度
  - ☒ 仮数部の小数部 f：23 bit
  - ☒ 指数部 e：8 bit（バイアス $X=127$）
- ☒ 倍精度
  - ☒ 仮数部の小数部 f：52 bit
  - ☒ 指数部 e：11 bit（バイアス $X=1023$）

| s | 指数部 e | 仮数部 f |

8 ビット　23 ビット　単精度
11 ビット　52 ビット　倍精度

e	f	数 N の値
全 bit 0	全 bit 0	$N=(-1)^s \cdot 0$
	全 bit 0 でない	$N=(-1)^s \cdot (0.f)_2 \cdot 2^{-(X-1)}$
e は 0 と 1 の両方を含む		$N=(-1)^s \cdot (1.f)_2 \cdot 2^{(e)_2 - X}$
全 bit 1	全 bit 0	$N=(-1)^s \cdot \infty$
	全 bit 0 でない	N は数でない（NaN：Not a Number）

　図に示す **IEEE 方式**の浮動小数点表示は，基数が 2 の 2 進浮動小数点表示であるが，これまでに紹介してきた浮動小数点表示の正規化（仮数部を 1/2 以上 1 未満にする）とは異なる正規化を行い，1 ビット分数値精度を高めている。ここで，IEEE とは，本部が米国にある Institute of Electrical and Electronics Engineers（電気電子学会）という電気電子工学関連の学会の略称である。

　図にその方式の概略を示す。**単精度**（single precision）および**倍精度**（double precision）は，それぞれ C 言語の float および double 型に対応しており，単精度の場合，全ビット数が 32 ビットで，指数部 e は 8 ビット，仮数部 f は 23 ビットで，小数部を表す。倍精度の場合，全ビット数が 64 ビットで，指数部 e は 11 ビット，仮数部 f は 52 ビットである。

　この方式では，指数部 e の値によって表す数が細かく分けられている。e の全ビットが 0 でも 1 でもなく，0 と 1 の両方を含む場合，非零の数を表しており，表に示す数を表す。すなわち，この場合，仮数部 $|M|$ は 1 以上 2 未満に正規化されており，整数部に現れる 1 以外の小数部だけを仮数部 f に記憶している。したがって，f は，単精度では 23 ビット，倍精度では 52 ビットあるが，仮数部自体はそれぞれ 24 ビットおよび 53 ビットの数値精度をもつことになる。指数部はバイアス指数で，そのバイアスは図に示す X である。

　指数部 e の全ビットが 0 の場合，仮数部 f の全ビットが 0 であると 0 を表すが，符号 s が 1 であると -0 を表すことになる。指数部 e の全ビットが 0 で，仮数部 f が 0 でない場合，仮数部 f が 1 以上あるいは 1/2 以上という条件がなくなり，表に示す数を表す。これにより，表現可能な正の最小数 Min が小さくなる。

　指数部 e の全ビットが 1 の場合，仮数部 f の全ビットが 0 であると，表に示すように，$\pm\infty$（無限大）を表す。また，仮数部 f の全ビットが 0 でない場合は，数でないこと（NaN：Not a Number）を表し，0 で割るような演算を行ったときに用いている。

2.16 符 号 化

⌘ **1バイト符号**
  ☒ ASCII（American Standard Code for Information Interchange）
  ☒ EBCDIC（Extended Binary Coded Decimal Interchange Code）
  ☒ JIS 8 単位符号（JIS：Japan Industrial Standard）

16進	\	下位4ビット（16進表示）														
		0	1	2	3	4	5	6	7	8	9	A	B	C	D	E	F
上位4ビット	0	NUL	SOH	STX	ETX	EOT	ENQ	ACK	BEL	BS	HT	LF	VT	FF	CR	SO	SI
	1	DLE	DC1	DC2	DC3	DC4	NAK	SYN	ETB	CAN	EM	SUB	ESC	FS	GS	RS	US
	2	SP	!	"	#	$	%	&	'	(	)	*	+	,	-	.	/
	3	0	1	2	3	4	5	6	7	8	9	:	;	<	=	>	?
	4	@	A	B	C	D	E	F	G	H	I	J	K	L	M	N	O
	5	P	Q	R	S	T	U	V	W	X	Y	Z	[	¥	]	^	_
	6	`	a	b	c	d	e	f	g	h	i	j	k	l	m	n	o
	7	p	q	r	s	t	u	v	w	x	y	z	{			}	~	DEL

⌘ **1バイト符号と2バイト符号の混在**

… ☐ ☐ ☐ SO ░2バイト符号░ SI ☐ ☐ …   SI：$(0F)_{16}$
                                        SO：$(0E)_{16}$

コンピュータで文字情報を扱うには，各種の文字や記号を**符号化**（coding, encode）しておく必要がある．英語で利用する文字や記号の個数は128を超えないので，ASCIIコードやEBCDICなどの1バイトの符号で表すことができる．図にJIS 8単位符号の例を示す．

これらの符号では，0～9の数字に対して，その数を表す4ビットの2進数を下位4ビットとし，上位4ビットに $(3)_{16}=(0011)_2$ を付加した符号を割り当てている．したがって，10進数の293を記憶しておく際，この上位4ビットを除去し，2, 9, 3を表す4ビットの2進数を順に並べ，(0010 1001 0011)として記憶しておくとメモリ量の節約になる．このような形式のデータを packed decimal（圧縮形式の10進数）という．

10進数字を4ビットの2進数で表したこのような符号は，BCD（Binary Coded Decimal）符号と呼ばれ，**2進化10進数**（BCD数）を表す際に用いられる．BCD数のビット系列は，packed decimal と同じで，293 は $(0010\ 1001\ 0011)_{BCD}$ と表す．本書では，このようなビット系列がBCD数であることを示すため，BCDという添字を付加する．なお，BCD符号では，0～9のほかに，$(C)_{16}$ および $(D)_{16}$ をそれぞれプラスおよびマイナスの記号を表すために用いている．また，BCD数を表すために，2.4節の3余り符号を用いることもできる．

漢字などの文字も符号化しようとすると，1バイトではできないので2バイト符号が必要となる．そのような符号には，JIS符号，シフトJIS符号，EUC（Extended UNIX Code）などがある．また，さらに多くの文字を統一的に扱おうとするUnicodeも考えられており，符号のビット数も増加している．

1バイト符号と2バイト符号が混在している場合，1バイト符号を2バイトに変換していたのではむだなビットが多くなる．そこで，どの符号にも，2バイト符号の開始および終了を意味する符号あるいは符号系列が準備されている．

符号の場合，数の桁に対応するビットの場所を**位置**と呼ぶ．

2.17 誤り検出・誤り訂正

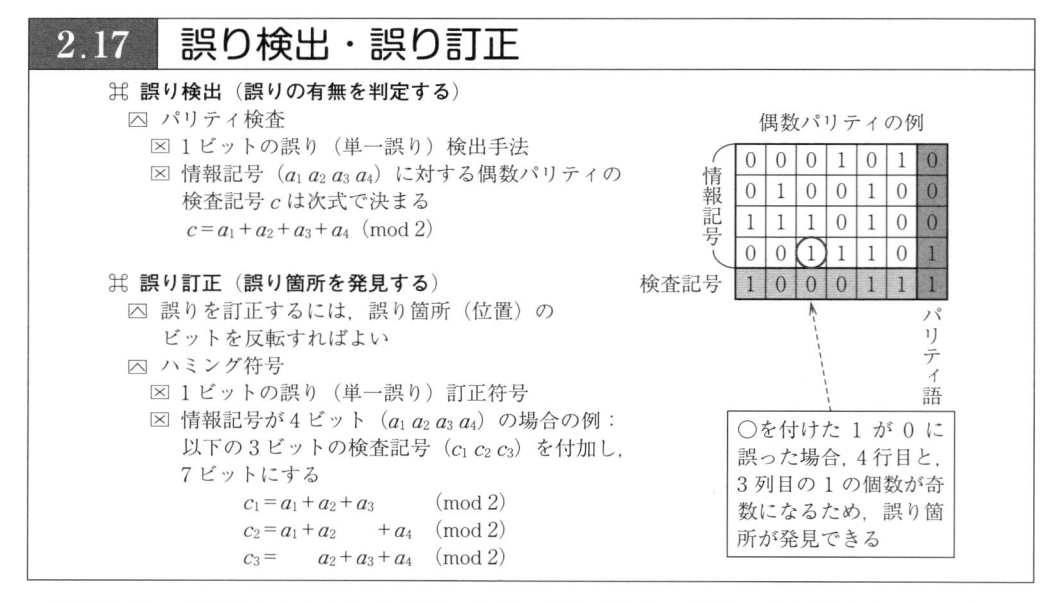

⌘ **誤り検出**（誤りの有無を判定する）
- パリティ検査
  - 1ビットの誤り（単一誤り）検出手法
  - 情報記号 $(a_1\ a_2\ a_3\ a_4)$ に対する偶数パリティの検査記号 c は次式で決まる
    $c = a_1 + a_2 + a_3 + a_4 \pmod{2}$

⌘ **誤り訂正**（誤り箇所を発見する）
- 誤りを訂正するには，誤り箇所（位置）のビットを反転すればよい
- ハミング符号
  - 1ビットの誤り（単一誤り）訂正符号
  - 情報記号が4ビット $(a_1\ a_2\ a_3\ a_4)$ の場合の例：以下の3ビットの検査記号 $(c_1\ c_2\ c_3)$ を付加し，7ビットにする
    $c_1 = a_1 + a_2 + a_3 \pmod{2}$
    $c_2 = a_1 + a_2\ \ \ \ \ \ + a_4 \pmod{2}$
    $c_3 = \ \ \ \ \ \ a_2 + a_3 + a_4 \pmod{2}$

偶数パリティの例

情報記号					検査記号	パリティ語
0	0	0	1	0	1	0
0	1	0	0	1	0	0
1	1	1	0	1	0	0
0	0	①	1	1	0	1
検査記号						
1	0	0	0	1	1	1

○を付けた1が0に誤った場合，4行目と，3列目の1の個数が奇数になるため，誤り箇所が発見できる

符号を用いて情報をやりとりする際，符号に改良を加え，通信の信頼性を高めることができる．この章の残りで，これについて触れておく．

誤り検出とは送られてきた符号に誤り（ビットの反転）があるか否かを調べる操作であり，**誤り訂正**とは誤りを検出し，正しい符号に戻す操作である．誤りの箇所がわかれば，訂正は誤ったビットを反転すればよいので，誤り訂正は，誤り箇所が発見できれば行える．

1ビットの誤り検出手法に，**パリティ検査**（parity check）がある．これは，送るべき**情報記号**に1ビットの**検査記号**（パリティビット）を加え，符号全体の1の個数を偶数あるいは奇数にする手法で，それぞれ**偶数パリティ**（even parity）あるいは**奇数パリティ**（odd parity）と呼ぶ．例えば，4ビットの情報記号 $(a_1\ a_2\ a_3\ a_4)$ に偶数パリティの検査記号 c を付加する場合，$c = a_1 + a_2 + a_3 + a_4 \pmod{2}$ と定めればよい．ここで，mod 2 は剰余演算を示し，加算結果を2で割った余りを c とすることを意味する．このように c を定めれば，$c + a_1 + a_2 + a_3 + a_4$ が偶数，すなわち5ビットの符号に含まれる1の個数が偶数となることがわかるであろう．

パリティビットは，7ビットのASCIIコードを1バイトにする際などに用いられており，1ビットの誤りが生じた場合，1の個数の奇偶が反転するため誤りが検出できる．図右には，4ビットの情報記号に偶数パリティの検査記号を付加し，5ビットの符号にした例を示す．さらに，ここでは，6個の符号ごとに，5ビットの偶数パリティの**パリティ語**を付加している．すなわち，図の各行における1の個数が偶数となるよう，パリティ語の各ビットを決めている．これにより，1ビットの誤りであれば，誤り箇所を発見することができる．

古典的な1ビットの誤り訂正符号に，**ハミング符号**（Hamming code）がある．これは，$2^m - 1 - m$ ビットの情報記号に，m ビット（$m \geq 3$）の検査記号を付加し，$2^m - 1$ ビットの符号にしたもので，$m = 3$ のとき，4ビットの情報記号 $(a_1\ a_2\ a_3\ a_4)$ に付加する3ビットの検査記号 $(c_1\ c_2\ c_3)$ の決め方の一つを図に示す．

2.18 ハミング符号*

⌘ 7ビットのハミング符号
◇ 三つの単一誤り検出符号 F_{123}, F_{124}, F_{234} の組合せ
  ◇ F_{123} は $(a_1\ a_2\ a_3\ c_1)$ の中の1の個数を調べる。奇数ならば誤り発生である。
  ◇ F_{124} は $(a_1\ a_2\ a_4\ c_2)$ の中の1の個数を調べる。奇数ならば誤り発生である。
  ◇ F_{234} は $(a_2\ a_3\ a_4\ c_3)$ の中の1の個数を調べる。奇数ならば誤り発生である。

$(a_1\ a_2\ a_3\ a_4\ c_1\ c_2\ c_3)$

	F_{123}	F_{124}	F_{234}
a_1	●	●	
a_2	●	●	●
a_3	●		●
a_4		●	●
c_1	●		
c_2		●	
c_3			●

$(c_3\ c_2\ a_4\ c_1\ a_3\ a_1\ a_2)$

	F_{123}	F_{124}	F_{234}
c_3			●
c_2		●	
a_4		●	●
c_1	●		
a_3	●		●
a_1	●	●	
a_2	●	●	●

2.17節の検査記号を付加して生成した7ビットのハミング符号 $(a_1\ a_2\ a_3\ a_4\ c_1\ c_2\ c_3)$ は，4ビットの情報記号の中から3ビットを選ぶ組合せのうち，$(a_1\ a_2\ a_3)$，$(a_1\ a_2\ a_4)$，および $(a_2\ a_3\ a_4)$ を選び，これらに対して，それぞれ偶数パリティ c_1, c_2, および c_3 を付加してできる単一（1ビット）誤り検出符号 $F_{123} = (a_1\ a_2\ a_3\ c_1)$，$F_{124} = (a_1\ a_2\ a_4\ c_2)$，および $F_{234} = (a_2\ a_3\ a_4\ c_3)$ を組み合わせたものになっている。したがって，F_{123}, F_{124}, F_{234} のいずれかにおいて，1の個数が奇数になると，誤りが生じていることがわかる。

いま，誤りが高々1ビット（単一誤り）であるとすると，a_1 が誤った場合，F_{123} および F_{124} において誤りを検出するが，F_{234} では誤りを検出しない。また，a_2 が誤った場合には，F_{123}, F_{124}, および F_{234} のすべてが誤りを検出する。その様子を表に示す。すなわち，ハミング符号の各ビットで誤りが生じた場合，黒丸の付いた単一誤り検出符号において誤りを検出し，付いていないものでは検出しない。逆に，黒丸の付いた単一誤り検出符号が誤りを検出し，付いていないものが検出しなかった場合，それと同じ黒丸のパターンをもったビットに誤りが生じたといえる。この黒丸のパターンがハミング符号の各ビットに対して異なることから，誤り箇所（位置）を特定することができる。

これに対して，F_{123}, F_{124}, および F_{234} のすべてにおいて，1の個数が偶数であれば，誤りは生じていないといえる。そこで，3ビットの2進数 $(f_{123}\ f_{124}\ f_{234})_2$ を考え，各ビットは，それぞれ単一誤り検出符号 F_{123}, F_{124}, F_{234} が誤りを検出した場合1に，そうでない場合0になるものとする。そうすると，誤りが生じなかった場合，$(f_{123}\ f_{124}\ f_{234})_2 = (0\ 0\ 0)_2$ となる。しかし，表からわかるように，誤りが生じるとその位置に応じて，$(0\ 0\ 1)_2$ から $(1\ 1\ 1)_2$ の値をとる。そこで，この $(f_{123}\ f_{124}\ f_{234})_2$ の値が誤り位置を示すようにしておくと便利である。それには，右表に示すように，情報記号と検査記号の各ビットの位置を変更し，7ビットのハミング符号を $(c_3\ c_2\ a_4\ c_1\ a_3\ a_1\ a_2)$ とするだけでよい。

2.19 ハミング距離

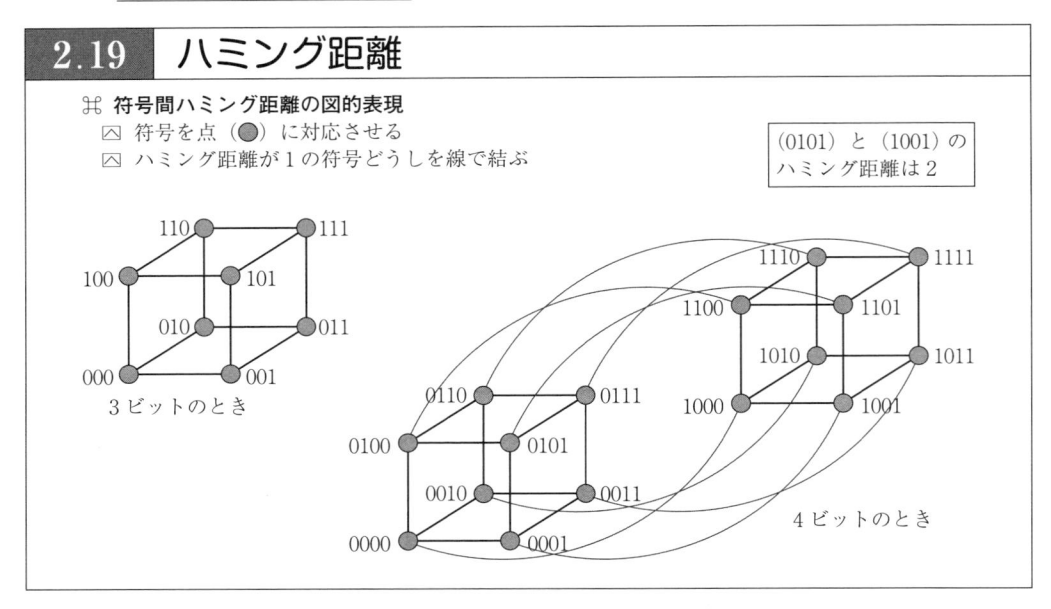

⌘ 符号間ハミング距離の図的表現
- 符号を点（●）に対応させる
- ハミング距離が1の符号どうしを線で結ぶ

(0101) と (1001) の
ハミング距離は2

3ビットのとき

4ビットのとき

　誤り検出や訂正ができるか否かを考えるため，**ハミング距離**（Hamming distance）を定義する。ビット数の等しい二つの符号のハミング距離とは，ビットが同じでない位置の個数である。したがって，ある符号が1ビット誤ると，ハミング距離が1の符号に変化する。また，nビットの符号において，ハミング距離がkの符号の個数は${}_nC_k$である。

　符号間のハミング距離は，図のように表現するとわかりやすい。例えば，3ビットの符号は立方体で表され，4ビットになると，右図に示すような超立方体で描ける。したがって，符号（0000）から符号（1111）には4本の線を通らないと到達できず，ハミング距離が4であることがわかる。

　いま，1ビットの情報記号aに3ビットを付加し，（0000）および（1111）とする場合を考える。すなわち，4ビットの符号において，この二つだけが正しいとする。このとき，これらの符号からハミング距離が1の符号の集合の中に正しい符号がないため，1ビットの誤りを検出可能であることがわかる。同様に，ハミング距離が2および3の符号の集合の中にも正しい符号がない。したがって，2ビットの誤りおよび3ビットの誤りを検出可能である。

　さらに，符号（0000）からのハミング距離が1であるような符号の集合と，符号（1111）からのハミング距離が1であるような符号の集合は，共通集合をもたない。したがって，1ビットの誤りをもつ符号であれば，どの正しい符号から誤ったものであるかわかり，誤り訂正ができる。例えば，（0010）という符号は誤りをもつ符号であるが，誤りが高々1ビットであるならば，正しい符号（0000）から誤ったものであることがわかる。

　これに対して，符号（0000）からのハミング距離が2の符号の集合と，符号（1111）からのハミング距離が2の符号の集合は，共通集合をもつ。そのため，2ビットの誤り訂正はできない。例えば，符号（0011）は，（0000）から誤ったものか，（1111）から誤ったものかを判別できないため，正しい符号に戻すことができない。

参 考 文 献

1) D. D. Gajski：Principles of Digital Design, Prentice Hall (1997)
2) D. A. Patterson, J. L. Hennessy 著，成田光彰 訳：コンピュータの構成と設計——ハードウエアとソフトウエアのインタフェース（上，下），日経BP社 (1999)
3) 髙木直史：算術演算のVLSIアルゴリズム，コロナ社 (2005)
4) 濱田　昇：情報理論と符号理論，共立出版 (2006)
5) 野村由司彦：図解 情報理論入門，コロナ社 (1998)

　コンピュータおよびディジタルシステムの基礎を学ぶには文献1), 2) などが，加減乗除の演算手法に関しては文献3) がよい．また，誤り検出，誤り訂正，およびハミング符号に関しては多くの本が出版されているが，ここでは文献4), 5) を挙げておく．

演 習 問 題

【1】 $0 \sim N-1$ までの N 個の整数を r 進数で表すために必要な桁の個数を n とし，r 進数 n 桁の任意の整数 $x = (d_{n-1}d_{n-2}\cdots d_0)_r$ を，r 行 n 列のランプを点灯して表示することを考える．すなわち，この $r \cdot n$ 個のランプの各列は整数 x の桁に，各行は各桁に現れる $0 \sim (r-1)$ のディジット記号に対応し，各列において点灯するランプはちょうど1個で，例えば，右から i 番目の列の上から j 番目のランプが点灯している場合には，x の第 i 桁のディジット d_{i-1} が $j-1$ であることを示す．このとき，N 個の整数を表示するのに必要なランプの総数 $C = r \cdot n$ を最小にする r を求めよ．

【2】 10進数 25.75 を2進数，8進数，および16進数で表せ．

【3】 10進数 11/15 を2進数に変換せよ．

【4】 9進数 $(35.42)_9$ を3進数で表せ．

【5】 10進整数 -8296 を以下の表現の2バイトの2進数で表せ．
　　（i） 符号絶対値表現
　　（ii） 2の補数表現
　　（iii） 1の補数表現
　　（iv） バイアスが 2^{15} のバイアス方式（2^{15} 余りコード）

【6】 16進表示で $(9B)_{16}$ と表される1バイトは，下4ビットが小数部であるような固定小数点表示の2の補数表現された2進数である．
　　（i） この数はどのような10進数か．
　　（ii） この数の整数部を6ビットの2進数に拡張したものを2進表示せよ．すなわち，整数部が6ビットで小数部が4ビットの2の補数表現された2進固定小数点数で表せ．

【7】 最上位ビットが符号，それに続く7ビットが指数部，下1バイトが仮数部の絶対値であるような2バイトの2進浮動小数点数において，指数部はバイアスが64のバイアス指数であり，仮数部の絶対値は1/2以上1未満に正規化されているとする．このとき，以下の問に答えよ．
　　（i） 10進整数 -8296 をこの2進浮動小数点表示したときの2バイトを2進表示せよ．
　　（ii） これを16進表示せよ．すなわち，この2バイトを2進整数と考え，それを16進4桁で表せ．

2. 情報の表現と演算

(iii) この2進浮動小数点数の最大数は10進数でいくらか。
(iv) この2進浮動小数点数の正の最小数は10進数でいくらか。
(v) この方式で表された数 $x = (1\ 000\ 1011\ 1010\ 1001)$ および $y = (0\ 100\ 1101\ 1001\ 1100)$ の和 $x+y$ を2進表示せよ。

【8】 IEEE方式で表された4バイトの浮動小数点数を16進表示すると $(478201C0)_{16}$ となった。これは10進でどのような数か。

【9】 2の補数表現された1バイトの2進数 x および y を加算すると，結果が10進で -58 になったが，オーバーフローが生じていた。このとき，下記の問に答えよ。
(i) x および y の正負はどのように推定できるか。
(ii) 正しい和 $x+y$ は10進でいくらか。

【10】 BCD符号を送信する際，各BCD符号に奇数パリティビットを，五つのBCD符号ごとに奇数パリティ語を付加した場合，下の五つのBCD符号はどのようなビット系列で送信されることになるか。

$(0010)_{BCD}$ $(0110)_{BCD}$ $(0011)_{BCD}$ $(1001)_{BCD}$ $(0111)_{BCD}$

【11】 4ビットの情報記号 $(a_1\ a_2\ a_3\ a_4)$ を下のような生成行列 H を用いて，7ビットのハミング符号 $(a_1\ a_2\ a_3\ a_4\ c_1\ c_2\ c_3) = (a_1\ a_2\ a_3\ a_4) \cdot H$ にして送信したところ，(0111101) が受信された。このとき，下記の問に答えよ。なお，この行列計算は mod 2 の演算を行うものとする。

$$H = \begin{pmatrix} 1 & 0 & 0 & 0 & 1 & 0 & 1 \\ 0 & 1 & 0 & 0 & 1 & 1 & 0 \\ 0 & 0 & 1 & 0 & 0 & 1 & 1 \\ 0 & 0 & 0 & 1 & 0 & 1 & 1 \end{pmatrix}$$

(i) この受信符号は正しい符号か否か。また，正しくないならば，どのような符号に復号（誤り訂正）すればよいか。
(ii) パリティ検査結果が，誤りの生じたビット位置を表すようにするには，この生成行列をどのように修正すればよいか。

【12】 n ビットの符号 c からハミング距離が $i(0 \leq i \leq n)$ 以下であるような符号の個数は何個か。

【13】 各ビットの誤りが生じる確率が p で，これらの誤りが独立に生起するとすれば，n ビットの符号が誤りを含む確率は，$\sum_{k=1}^{n} p^k \cdot {}_nC_k$ で与えられる。$p = 10^{-3}$ のとき，下記の問に答えよ。
(i) 1バイトの受信符号が誤りを含む確率を有効数字4桁で求めよ。
(ii) この1バイトの符号が7ビットの情報符号に1ビットのパリティ符号が付加されたものとすると，検出不可能な誤りが生じる確率を有効数字4桁で求めよ。

【14】 2の補数表現された1バイトの整数を考えたとき，4進表示で $(2130)_4$ となる1バイトからハミング距離3にある1バイトが表す整数の中で，最大のものを10進数で表せ。

【15】 最上位ビットが符号，それに続く7ビットが指数部，下1バイトが仮数部の絶対値であるような2バイトの2進浮動小数点数において，指数部はバイアスが63のバイアス指数であり，0でない数の仮数は1以上2未満に正規化され，下1バイトには仮数の小数部だけが格納されている。このような2バイトの2進浮動小数点数の8進表示が $(145031)_8$ となる最小の整数を10進数で表せ。ただし，この2進浮動小数点表示では，仮数の小数部1バイトに入らないビットは切り捨てられるものとする。

【16】 $(0.21\dot{1})_3$ と書ける3進循環小数を13進数で表せ。各桁の記号は16進数と同じものを用いよ。

3. 論理演算と論理関数

学習目標
(1) 命題演算，集合演算，論理演算の関係を理解し，論理演算ができるようになる。
(2) 論理関数の表現方法（真理値表，カルノー図，ベイチ図）を理解する。
(3) カルノー図（ベイチ図）と論理式の関係を理解する。
(4) 論理関数を表現する標準形（論理式）を理解する。

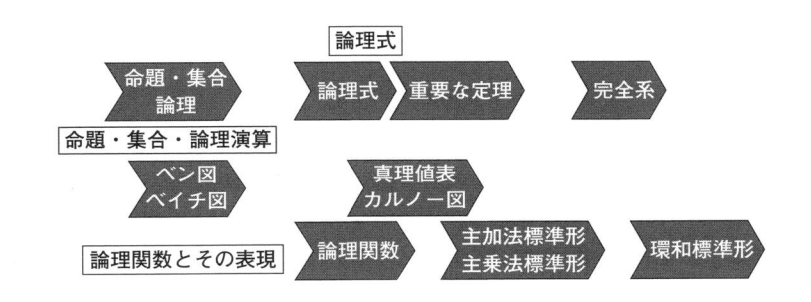

```
                        論理式
   命題・集合
      論理         論理式  重要な定理        完全系
命題・集合・論理演算
     ベン図           真理値表
     ベイチ図         カルノー図
論理関数とその表現                  主加法標準形
                     論理関数    主乗法標準形    環和標準形
```

　この章では，ディジタル回路設計の基礎となる論理演算，論理式，論理関数，および論理関数を表現する論理式について学ぶ。論理演算は，命題論理や集合演算を抽象化したものであるので，命題や集合の理解が必要となる。

内　容

— 命題と集合 —
3.1　命　　　題
3.2　集合と命題
3.3　ベン図とベイチ図

— 論理演算と論理式 —
3.4　論　理　演　算
3.5　論　　理　　式
3.6　重要な定理

— 論理関数とその表現 —
3.7　論　理　関　数
3.8　カルノー図と AND 項
3.9　シャノン展開
3.10　主加法標準形
3.11　主乗法標準形の導出
3.12　主乗法標準形

— 完　全　系 —
3.13　完　　全　　系
3.14　リードマラー展開*
3.15　環　和　標　準　形*

3.1 命題

- **命題**：内容の真偽が決定できる文（あるいは文章）
- **命題関数** $P(x)$：x が定まれば，真偽が決定できる命題
  - 対象領域 U：x がとり得る値の集合（関数 $P(x)$ の定義域）
  - 恒真命題：すべての $x \in U$ に対して真であるような命題 $P(x)$
  - 恒偽命題：すべての $x \in U$ に対して偽であるような命題 $P(x)$
- **複合命題**
  - 命題 P_1 および P_2 からできる複合命題とその真偽

命題 P_1 と P_2 の真偽	P_1	P_2	P_1 あるいは P_2 $P_1 \vee P_2$	P_1 かつ P_2 $P_1 \wedge P_2$	P_1 あるいは P_2 のいずれか $P_1 \oplus P_2$	P_1 ならば P_2 $P_1 \rightarrow P_2$	P_1 でない $\neg P_1$
	偽	偽	偽	偽	偽	真	真
	偽	真	真	偽	真	真	真
	真	偽	真	偽	真	偽	偽
	真	真	真	真	偽	真	偽

「山田君は数学が好きである」という文のように，真か偽かを判定できる文を**命題**（proposition, statement）という。また，「学生 x は数学が好きである」のように，変数 x を含み，x が定まれば真偽が決定できるような命題を**命題関数**といい，変数 x の定義域を命題関数の**対象領域**という。いま，この命題関数「学生 x は数学が好きである」を $P_1(x)$ と表すと，$P_1(x)$ の対象領域は学生の集合であり，値域は真と偽からなる集合 $B = \{\,$真, 偽$\,\}$ である。

「正整数 x は $x \leq x^2$ を満たす」のように，対象領域である全正整数 x に対して真となるような命題は**恒真命題**（tautology）といい，「正整数 x は $x > x^2$ を満たす」のように，すべての x に対して偽となるような命題は**恒偽命題**という。

いま，新たに「学生 x はコンピュータが好きである」という命題関数を考え，これを $P_2(x)$ と書くと，$P_1(x)$ と $P_2(x)$ とを，「あるいは」，「ならば」などの接続詞で結合したり，これらの最後に「でない」という否定の語を付けることにより，新たな命題をつくることができる。このような命題を**複合命題**という。例えば，「$P_1(x)$ あるいは $P_2(x)$」という複合命題は，「学生 x は数学が好きであるか，あるいはコンピュータが好きである」という文に，「$P_1(x)$ ならば $P_2(x)$」は，「学生 x は数学が好きであるならば，コンピュータが好きである」という文に，「$P_1(x)$ でない」は，「学生 x は数学が好きでない」という文に対応する。また，「$P_1(x)$ あるいは $P_2(x)$ のいずれかである」は，「学生 x は数学が好きか，あるいはコンピュータが好きかのいずれかである」という文に対応する。

このような複合命題の真偽は，$P_1(x)$ および $P_2(x)$ の真偽によって決まり，その値を表に示す。表には，このような複合命題をつくるときの記号も示す。$\vee$, $\wedge$, $\oplus$, および $\rightarrow$ は，それぞれ「あるいは」，「かつ」，「あるいは…のいずれか」，および「ならば」を示し，$\neg$ は「でない」を示す。

3.2　集合と命題

⌘ **集合**（set）
  ⊠ もの（あるいは事柄）の集まり
    ⊠ それぞれのもの（あるいは事柄）を要素（element）あるいは元という
  ⊠ 命題 $P(x)$ が真となる集合 $S = \{ x \in U \mid P(x) \} \subset U$
  ⊠ 普遍集合（universal set） U：x がとりうるものの集合（$P(x)$ の対象領域）

⌘ **命題と集合の対応表**
  ⊠ 普遍集合 U：恒真命題に対応，　　空集合 ϕ：恒偽命題に対応
  ⊠ $S_1 = \{ x \in U \mid P_1(x) \} \subset U$, $S_2 = \{ x \in U \mid P_2(x) \} \subset U$ とする
  ⊠ 下の表で，P_1 および P_2 はそれぞれ $P_1(x)$ および $P_2(x)$ を意味する

命題	P_1	P_2	$P_1 \vee P_2$	$P_1 \wedge P_2$	$P_1 \oplus P_2$	$P_1 \to P_2$	$\neg P_1$
P_1 と P_2 の真偽	偽	偽	偽	偽	偽	真	真
		真	真	偽	真	真	
	真	偽	真	偽	真	偽	偽
		真	真	真	偽	真	
集合	S_1	S_2	$S_1 \cup S_2$	$S_1 \cap S_2$	$(S_1 \cap \overline{S_2}) \cup (\overline{S_1} \cap S_2)$	$\overline{S_1} \cup (S_1 \cap S_2)$	$\overline{S_1} = U - S_1$

3.1節の表に示した複合命題の真偽は容易にわかるであろう。ただし，「$P_1(x) \to P_2(x)$」が，$P_1(x)$ が偽の場合，$P_2(x)$ の真偽に関わらず真となる点は，奇異に感じる人もいるかもしれない。「$P_1(x)$ ならば $P_2(x)$」という命題は，$P_1(x)$ が真の場合のことを述べたものであって，$P_1(x)$ が偽の場合のことは何もいっていないので，$P_1(x)$ が偽のときは $P_2(x)$ が真であろうと偽であろうと，真になると考えればよい。

さて，集合は，$B = \{ 真, 偽 \}$ のように，その要素を列挙して定義することもできるが，図に示すように，命題 $P(x)$ が真になるような要素 $x \in U$ の集まり S として定義することもできる。ここで，U は $P(x)$ の対象領域であり，集合ではこれを**普遍集合**あるいは**台集合**と呼ぶ。われわれがここで考える集合 S は，このような普遍集合が定義された集合，言い換えると普遍集合 U の部分集合 $S \subseteq U$ である。例えば，U を学生の集合，$P_1(x)$ を「学生 x は数学が好きである」という命題とすると，集合 $S_1 = \{ x \in U \mid P_1(x) \}$ は「数学が好きな学生の集合」である。

いま，命題 $P_1(x)$ が真となる要素 $x \in U$ の集合を S_1，命題 $P_2(x)$ が真となる要素 $x \in U$ の集合を S_2 としたとき，$P_1(x)$ および $P_2(x)$ からつくられる複合命題が真となる要素 $x \in U$ の集合が，S_1 および S_2 を用いてどのように表されるかを表に示す。

「$P_1(x)$ あるいは $P_2(x)$」が真となる要素の集合が**和集合** $S_1 \cup S_2$ に，「$P_1(x)$ かつ $P_2(x)$」が真となる要素の集合が**積集合** $S_1 \cap S_2$ になることは容易にわかるであろう。また，「$P_1(x)$ でない」という命題が真となる要素，すなわち $P_1(x)$ が偽となる要素の集合が，S_1 の**補集合** $\overline{S_1} = U - S_1$ になることもわかるであろう。

複合命題「$P_1(x)$ あるいは $P_2(x)$ のいずれか」が真になる要素の集合および「$P_1(x)$ ならば $P_2(x)$」が真になる要素の集合は，補集合，和集合，および積集合を得る演算を用いて表のように表せる。これらは各自確かめて欲しい。

3.3 ベン図とベイチ図

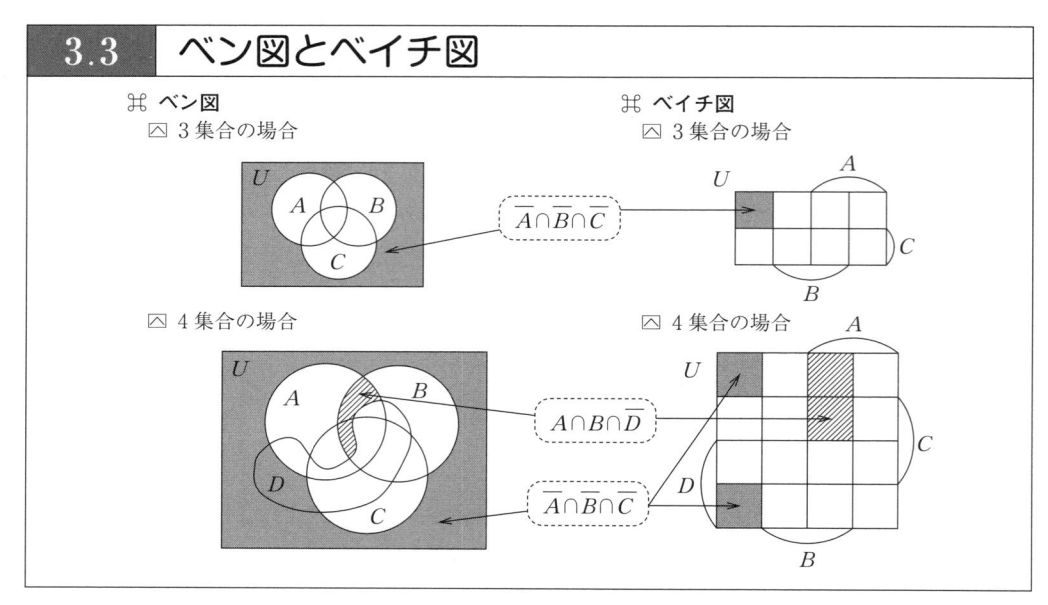

⌘ **ベン図**
図 3 集合の場合
図 4 集合の場合

⌘ **ベイチ図**
図 3 集合の場合
図 4 集合の場合

　集合の包含関係は**ベン図**（**ヴェン図**，Venn's diagram）で表すことができる。この図では，普遍集合 U の部分集合 A, B, C, および D をそれぞれ命題 P_A, P_B, P_C, および P_D が真となる要素の集合とすると，これらの命題がとり得る真偽の組合せすべてに対して，対応する集合が閉じた領域で表現される。したがって，A, B, C の 3 集合の場合，左上の図のように普遍集合 U を示す四角形が，A, B, C を表す円で $2^3 = 8$ 個の領域に分割され，見やすく表現できる。しかし，4 集合の場合には，U を示す四角形を $2^4 = 16$ 個に分割することになるが，左下の図のように，各集合 A, B, C を，P_D が真となる要素と偽となる要素に分割するため，集合 D の領域は複雑な形状になる。

　これに対して，**ベイチ図**（Veitch diagram）は集合（命題が真となる領域）を四角形で表す。右図は，3 集合および 4 集合の場合に，各命題がとり得る真偽の組合せのそれぞれが一つの最小四角形（以下ではこれを**マス**と呼ぶ）で表されたベイチ図である。例えば，3 集合の場合，P_A が偽，P_B が偽，かつ P_C が偽になる要素の集合 $\overline{A} \cap \overline{B} \cap \overline{C}$ は，左上隅の網掛けしたマスに対応する。ベン図では，各集合 A, B, C およびそれらの補集合 $\overline{A}, \overline{B}$, および $\overline{C}$ はいずれも閉領域で表されていたが，ベイチ図では，補集合 $\overline{B}$ は二つの領域に分割されてしまう。$\overline{B}$ が一つの閉領域になっていると考えるには，左右の端をつなげ，ベイチ図を円筒形に丸めてみるとよい。

　ベイチ図の一つのマスに対応する集合は，すべての集合名が現れる積集合で表現できる。例えば，4 集合の場合，右下隅のマスは積集合 $A \cap \overline{B} \cap \overline{C} \cap D$ に対応する。また，一つのマス以外のマスに対応する集合は和集合で表現できる。例えば，3 集合の場合，右上隅のマスは積集合 $A \cap \overline{B} \cap \overline{C}$ に対応するが，このマス以外のマスに対応する集合は，和集合 $\overline{A} \cup B \cup C$ に対応する。さらに，複数のマスを一つの積集合で表現できる。例えば，4 集合の場合，網掛けされた二つのマスは，集合 $\overline{A} \cap \overline{B} \cap \overline{C}$ に対応し，斜線の二つのマスは，集合 $A \cap B \cap \overline{D}$ に対応する。一つの積集合で表されるマスがどのようなものか，各自考えてみて欲しい。

3.4 論理演算

⌘ **命題や集合における演算に対応した下記の論理演算を考える**

命　題	集　合	論理演算
否　定（¬）「でない」	補集合（ ¯ ）	NOT（ ¯ ）
論理和（∨）「あるいは」	和集合（∪）	OR（＋）
論理積（∧）「かつ」	積集合（∩）	AND（・）

⌘ **論理演算とその演算子**
▱ $x_1, x_2 \in B = \{0, 1\}$

x_1	x_2	NOT $\overline{x_1}$	OR x_1+x_2	AND $x_1 \cdot x_2$	XOR $x_1 \oplus x_2$	NOR $\overline{x_1+x_2}$	NAND $\overline{x_1 \cdot x_2}$
0	0	1	0	0	0	1	1
0	1	1	1	0	1	0	1
1	0	0	1	0	1	0	1
1	1	0	1	1	0	0	0

　論理における真および偽をそれぞれ**論理値**（logical value）0 および 1 に対応させ，これらの論理値からなる集合 $B=\{0, 1\}$ の要素に対する**論理演算**（logical operation）として，NOT, OR, AND を考える。これらは，複合命題をつくるための演算や集合に対する演算を抽象化（モデル化）したもので，それぞれ図に示す対応関係がある。

　これらのうち，NOT 演算は**単項演算**（unary operation）で，一つの**被演算子**（operand）をもち，**演算子**（operator）を上付きの横棒 ¯ で表す。下表に，被演算子 $x_1 \in B$ に対する $\overline{x_1}$ の値を示す。x_1 の値 0，1 に対して，NOT 演算 $\overline{x_1}$ の結果が下表の値をとることは，NOT 演算が論理の否定あるいは補集合の演算に対応することから明らかであろう。

　これに対して，OR 演算および AND 演算は **2 項演算**（binary operation）で，二つの被演算子をもつ。本書では，これらの演算子をそれぞれ＋および・で表す。B の要素に対するこれらの演算結果が下表のようになることは，命題や集合との対応から明らかであろう。

　これらのほかに，論理における**排他的論理和**（exclusive or）「…あるいは…のいずれか」に対応した演算 **XOR** も考える。XOR 演算の演算子は，⊕（**環和演算子**，ring sum）を用いる。$x_1, x_2 \in B$ に対する XOR 演算 $x_1 \oplus x_2$ の結果は下表に示すが，これは $(x_1 \cdot \overline{x_2}) + (\overline{x_1} \cdot x_2)$ に等しい。すなわち，$\{x_1$ と（x_2 に NOT 演算を施した結果 $\overline{x_2}$）に，AND 演算を施した結果 $x_1 \cdot \overline{x_2}\}$ と，$\{(x_1$ に NOT 演算を施した結果 $\overline{x_1}$）と x_2 に，AND 演算を施した結果 $\overline{x_1} \cdot x_2\}$ に，OR 演算を施した結果に等しい。これは，x_1 および x_2 がとり得るすべての論理値の組に対して，$x_1 \oplus x_2$ と $(x_1 \cdot \overline{x_2}) + (\overline{x_1} \cdot x_2)$ が同じ結果になることを確かめればよい。下表は，このような論理値の組を列挙したものになっている。

　以下では，これら以外の 2 項演算として，OR 演算の結果に NOT 演算を施した結果を得る **NOR 演算**や，AND 演算の結果に NOT 演算を施した結果を得る **NAND 演算**を用いるが，これらに固有の演算子は導入せず，＋，・と ¯ の組合せで表現する。

3.5 論理式

⌘ 論理変数と論理値（定数）に，論理演算を任意の順序で任意の回数（0回でもよい）施して得られる式
  ▷ 括弧による指定がない場合，AND演算をOR演算やXOR演算より先に行う
  ▷ ANDの演算子（・）は省略することがある

⌘ 論理式 $F(x_1, x_2, \cdots, x_n)$ と $G(x_1, x_2, \cdots, x_n)$ が等価であるとは，論理変数の値の各組に対して二つの式が同じ値をとること
  ▷ $F(x_1, x_2, \cdots, x_n) = G(x_1, x_2, \cdots, x_n)$ と書く

⌘ 真理値表
  ▷ 下の表は，$x_1 \oplus x_2$ の真理値表に，$(x_1 \cdot \overline{x_2}) + (\overline{x_1} \cdot x_2)$ を求めるための真理値表を付加したもの

x_1	x_2	$x_1 \oplus x_2$	$\overline{x_1}$	$\overline{x_2}$	$x_1 \cdot \overline{x_2}$	$\overline{x_1} \cdot x_2$	$(x_1 \cdot \overline{x_2}) + (\overline{x_1} \cdot x_2)$
0	0	0	1	1	0	0	0
0	1	1	1	0	0	1	1
1	0	1	0	1	1	0	1
1	1	0	0	0	0	0	0

　論理値 0 あるいは 1 のどちらかの値をとる変数を（2値の）**論理変数**（logical variable）といい，論理変数 x に NOT 演算を施して得られる論理式 $\overline{x}$ を論理変数 x の否定形，x 自身を x の肯定形という。$x, \overline{x}$ を総称して**リテラル**（literal，文字）という。

　論理値（定数）および論理変数に 3.4 節で定義した論理演算を任意の順序で任意の回数施して得られる式を**論理式**（logical expression）という。例えば，$F(x_1, x_2, x_3) = x_1 \cdot (x_2 \oplus 1) \cdot x_3 + \overline{x_1} \cdot (\overline{x_2 + x_3})$ は論理式である。論理式の帰納的な定義を付録4に示しておく。論理式において，AND，OR，XOR の演算に対して括弧による順序の指定がない場合，AND を先に演算するものとし，AND の演算子・は省略することもある。また，OR と XOR の演算には優先順序はないので，括弧を用いて演算順序を明確にする。したがって，以下の論理式は同じ式を表している。

$$\{(x_1 \cdot \overline{x_2}) + (\overline{x_1} \cdot x_2)\} \oplus x_3 = (x_1 \cdot \overline{x_2} + \overline{x_1} \cdot x_2) \oplus x_3 = (x_1 \overline{x_2} + \overline{x_1} x_2) \oplus x_3$$

　n 個の論理変数 $x_1, x_2, \cdots, x_n$ からなる論理式 $F(x_1, x_2, \cdots, x_n)$ と $G(x_1, x_2, \cdots, x_n)$ が，論理変数の値の各組（全 2^n 個）に対して同じ値をとるとき，これらの論理式は**等価**（equivalent）であるといい，$F(x_1, x_2, \cdots, x_n) = G(x_1, x_2, \cdots, x_n)$ と書く。3.4 節で述べたように，$F(x_1, x_2) = x_1 \oplus x_2$ と $G(x_1, x_2) = (x_1 \cdot \overline{x_2}) + (\overline{x_1} \cdot x_2)$ は等価であり，$x_1 \oplus x_2 = (x_1 \cdot \overline{x_2}) + (\overline{x_1} \cdot x_2)$ が成り立つ。

　二つの式が等価であることを確認するには，論理変数の値の組すべてに対して，式の値を記載した**真理値表**（truth table）を用いればよい。図には，$x_1 \oplus x_2$ の真理値表と，$(x_1 \cdot \overline{x_2}) + (\overline{x_1} \cdot x_2)$ の真理値表を一つにまとめて示している。また，$(x_1 \cdot \overline{x_2}) + (\overline{x_1} \cdot x_2)$ の値を計算しやすいように，$\overline{x_1}, \overline{x_2}, x_1 \cdot \overline{x_2}$，および $\overline{x_1} \cdot x_2$ の真理値表もまとめて示している。$x_1 \cdot \overline{x_2}$ および $\overline{x_1} \cdot x_2$ が，x_1, x_2 の値の各組に対して真理値表に示す値をとり，したがって $(x_1 \cdot \overline{x_2}) + (\overline{x_1} \cdot x_2)$ の値が表に示すようになることがわかるであろう。

　x_1, x_2 の値の組すべてに対して，$(x_1 \cdot \overline{x_2}) + (\overline{x_1} \cdot x_2)$ と，$x_1 \oplus x_2$ とが同じ値をとることから，二つの式が等価であることがわかる。

3.6 重要な定理

⌘ 交 換 律 :	$x+y=y+x,$	$x \cdot y = y \cdot x$
⌘ 分 配 律 :	$x \cdot (y+z) = (x \cdot y) + (x \cdot z),$	$x+(y \cdot z) = (x+y) \cdot (x+z)$
⌘ 相 補 律 :	$x + \overline{x} = 1,$	$x \cdot \overline{x} = 0$
⌘ 巾 等 律 :	$x+x=x,$	$x \cdot x = x$
⌘ 二重否定 :	$\overline{\overline{x}} = x$	
⌘ 結 合 律 :	$(x+y)+z = x+(y+z),$	$(x \cdot y) \cdot z = x \cdot (y \cdot z)$
⌘ 吸 収 律 :	$x+(x \cdot y) = x,$	$x \cdot (x+y) = x$
⌘ 0, 1 の性質 :	$x+1=1,$	$x \cdot 0 = 0$
	$x+0=x,$	$x \cdot 1 = x$
⌘ ド・モルガン 　の定理 :	$\overline{x+y} = \overline{x} \cdot \overline{y},$	$\overline{x \cdot y} = \overline{x} + \overline{y}$

　論理演算 NOT, OR, AND は図に示す定理を満たす。これらの定理は，論理値 0 および 1 がそれぞれ空集合 ϕ および普遍集合 U に，論理変数が U の部分集合に対応し，NOT 演算が補集合をとる演算に，OR 演算および AND 演算がそれぞれ和集合および積集合をとる演算に対応していることに気が付けば容易に類推できるであろう。分配律 $x+(y \cdot z) = (x+y) \cdot (x+z)$ からもわかるように，算術演算とは異なることに注意する必要がある。

　ド・モルガンの定理（DeMorgan's Theorem）はよく利用するので，3.5 節に示したような真理値表を作成し，この二つの式が成り立つことを各自確認しておいて欲しい。

　結合律からわかるように，n 個のリテラル $x_1, x_2, \cdots, x_n$ に対して OR 演算を施して得られる項 $x_1+x_2+\cdots+x_n$ は，どの順序で演算してもよいことがわかる。このような項を **OR 項**（あるいは**和項**あるいは**節**，clause）と呼ぶ。OR 項 $x_1+x_2+\cdots+x_n$ は，すべてのリテラルの値が 0 のとき 0 になり，どれか一つでも 1 であれば 1 になる。

　また，n 個のリテラルに対して AND 演算を施して得られる項 $x_1 \cdot x_2 \cdots x_n$ は，**AND 項**（あるいは**積項**）と呼ばれ，すべてのリテラルの値が 1 のとき 1 になり，どれか一つでも 0 であれば 0 になる。

　さらに，結合律を繰り返し用いることにより，n 個のリテラル $x_1, x_2, \cdots, x_n$ をもつ OR 項および AND 項に対するド・モルガンの定理を導くことができ，次式を得る。

$$\overline{x_1+x_2+\cdots+x_n} = \overline{x_1} \cdot \overline{x_2} \cdots \overline{x_n}, \qquad \overline{x_1 \cdot x_2 \cdots x_n} = \overline{x_1} + \overline{x_2} + \cdots + \overline{x_n}$$

　最後に，n 個のリテラルに対して XOR 演算を施して得られる項 $x_1 \oplus x_2 \oplus \cdots \oplus x_n$ について考える。このような XOR 項は，1 の値をとるリテラルの個数が奇数のとき 1 になり，偶数のとき 0 となる。これは，$x_1 \oplus x_2$ がこの条件を満たすこと，ならびに $x \oplus 0 = x$（0 が演算されても値が変わらない）および $x \oplus 1 = \overline{x}$（1 が演算されると値が反転する）が成り立つことより，容易にわかるであろう。

3.7 論理関数

⌘ 写像 $f: B^n \to B$ （$B = \{0, 1\}$）
- B^n：論理値の n 次元ベクトル
- $B^n = \{(b_1, b_2, \cdots, b_n) \mid b_i \in B, 1 \leq i \leq n\}$
- n 変数の論理関数の個数：2^{2^n} 個

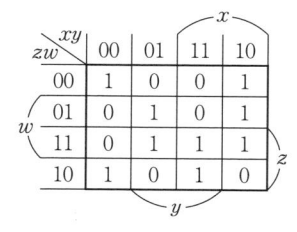

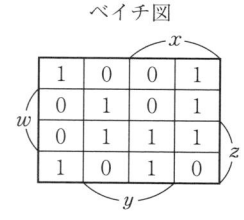

⌘ カルノー図

カルノー図

$zw \backslash xy$	00	01	11	10
00	1	0	0	1
01	0	1	0	1
11	0	1	1	1
10	1	0	1	0

ベイチ図

1	0	0	1
0	1	0	1
0	1	1	1
1	0	1	0

真理値表

x	y	z	w	f	x	y	z	w	f
0	0	0	0	1	1	0	0	0	1
0	0	0	1	0	1	0	0	1	1
0	0	1	0	1	1	0	1	0	0
0	0	1	1	1	1	0	1	1	1
0	1	0	0	0	1	1	0	0	0
0	1	0	1	1	1	1	0	1	0
0	1	1	0	0	1	1	1	0	1
0	1	1	1	1	1	1	1	1	1

　各要素 $b_i \in B = \{0, 1\} (1 \leq i \leq n)$ が論理値であるような n 次元ベクトル $(b_1 b_2 \cdots b_n)$ の集合を B^n としたとき，B^n から B への写像 $f: B^n \to B$ を**論理関数**（logic function）という。B^n の各要素 $\boldsymbol{b} \in B^n$ は，n 個の論理変数 $x_1, x_2, \cdots, x_n$ を用いて，$(x_1 x_2 \cdots x_n)$ と表現できるので，論理関数 $f: B^n \to B$ を n 変数の論理関数といい，$\boldsymbol{b} = (b_1 b_2 \cdots b_n)$ を論理変数 $x_1, x_2, \cdots, x_n$ の値の組という。B^n には 2^n 個の要素があり，各 $\boldsymbol{b}$ に対して 0 あるいは 1 の割当てが可能であるから，n 変数の論理関数の個数は 2^{2^n} 個存在する。ただし，この中には B^n の全要素に対して 0 を割り当てるような意味のない論理関数も含まれている。

　論理関数 f を定義するには，各要素 $\boldsymbol{b} \in B^n$ に対する関数の値 $f(\boldsymbol{b})$ を定めればよいから，真理値表を与えればよい。真理値表と同様，B^n の全要素に対する関数値を表すものとして，**カルノー図**（Karnaugh map）がある。これは図に示すように，ベイチ図の左辺と上辺に論理変数の値を書き，各マスに関数の値を書き込んだものである。図の真理値表で与えられるような 4 変数 x, y, z, w の論理関数 $f(x, y, z, w)$ を例に，その作成法を示す。

　まず，ベイチ図と同様，全体の四角形の中に，各論理変数が 1 になる領域を四角形で作成する。4 変数の場合なので，全体は 16 個のマスに区切られ，図では，$y = 0$ となる領域および $w = 0$ となる領域は閉領域にはならず，二つの領域に分かれている。

　各行に対して，論理変数 z, w の値が一意に定まるので，これらを左辺に書く。例えば，上から 3 行目は $z = 1$ かつ $w = 1$ の領域に当たるので，zw の値は 11 であり，一番下の行は $z = 1$ かつ $w = 0$ の領域なので，zw の値は 10 である。同様に，各列に対して，論理変数 xy の値を上辺に書く。16 個の各マスは，論理変数 x, y, z, w の値の組（真理値表の 1 行）に対応しているので，真理値表で定められた関数 $f(x, y, z, w)$ の値を対応するマスに書き込む。

　ベイチ図の各マスに関数の値を書き込めば，カルノー図と同様な図を得ることができる。以下では，関数値を書き込んだベイチ図も単にベイチ図と呼び，利用する。

3.8 カルノー図と AND 項

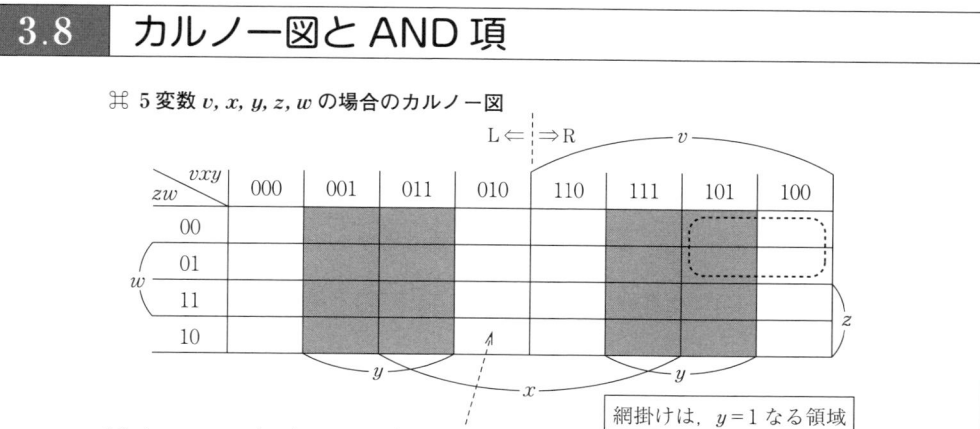

⌘ 5変数 v, x, y, z, w の場合のカルノー図

網掛けは，$y=1$ なる領域

⌘ $(v\ x\ y\ z\ w) = (0\ 1\ 0\ 1\ 0)$ なるマス
- AND 項 $\bar{v}\cdot x\cdot\bar{y}\cdot z\cdot\bar{w}$ に対応する
- この AND 項では，値が 0 の変数は否定形，値が 1 の変数は肯定形となる
- $(v\ x\ y\ z\ w) = (0\ 1\ 0\ 1\ 0)$ は，この AND 項を 1 にする

変数の個数が 5 の場合，カルノー図は次のように描くとよい．いま，4 変数 x, y, z, w に，新たな論理変数 v が追加されたと考える．まず，これら 4 変数のカルノー図 L を 3.7 節のように作成し，同時に，これを左右反転したもの R も作成する．L を $v=0$ の領域に，R を $v=1$ の領域に対応させ，L の右に R を接続すると，図に示すカルノー図（ただし，関数の値は書かれていない）が得られる．これにより，$x=1$ の領域は閉領域となる．しかし，5 変数以上になると，$y=1$ の領域のように，値が 1 となる領域も閉領域にならない．6 変数の場合には，同様な操作を上下に繰り返せばよいが，変数の個数が増えるにつれてカルノー図は複雑になり，論理変数の値の組すべてに対して，関数の値を表すことが困難になる．

カルノー図の一つのマスはベイチ図の一つのマスと同じであり，ベイチ図の一つのマスは一つの積集合に対応していた．したがって，積集合を得る演算と AND 演算が対応することから，カルノー図の各マスは一つの AND 項に対応する．この AND 項は，すべての論理変数がちょうど 1 回現れる AND 項で，各論理変数にそのマスに対応する値を代入すると，1 となる．

例えば図において，論理変数 v, x, y, z, w が 1 になる領域（集合）をそれぞれ V, X, Y, Z, W とすると，矢印で示したマスは，ベイチ図における積集合 $\bar{V}\cap X\cap \bar{Y}\cap Z\cap \bar{W}$ であり，$\bar{v}=1$，$x=1$，$\bar{y}=1$，$z=1$，かつ $\bar{w}=1$ なる領域（集合）に対応する．したがって，AND 項 $\bar{v}\cdot x\cdot\bar{y}\cdot z\cdot\bar{w}$ に対応する．明らかに，このマスに対応する各論理変数の値 $(v\ x\ y\ z\ w)=(0\ 1\ 0\ 1\ 0)$ を，この AND 項に代入すると，AND 項は $\bar{v}\cdot x\cdot\bar{y}\cdot z\cdot\bar{w}=1$ となる．

ベイチ図において複数（2 のべき乗）個のマスの集合を一つの積集合で表現できたように，カルノー図あるいはベイチ図において，複数個のマスに対応する AND 項を考えることができる．例えば，図のカルノー図において，右上隅の点線で囲まれた四つのマスは，AND 項 $v\cdot\bar{x}\cdot\bar{z}$ に対応する．ただし，一つの積集合が閉領域になるとは限らないように，一つの AND 項がいつも閉領域に対応するわけではない．

3.9 シャノン展開

> ⌘ **シャノン展開**
> ⊠ n 変数の論理式 $F(x_1, x_2, \cdots, x_n)$ に対して，次式が成り立つ
> (1)　$F(x_1, x_2, \cdots, x_n) = \overline{x_1} \cdot F(0, x_2, \cdots, x_n) + x_1 \cdot F(1, x_2, \cdots, x_n)$
> ⊠ 式(1) の ＋(OR) を $\oplus$(XOR) に変えた式も成り立つ
> ⊠ $x_1 = 0$ あるいは $x_1 = 1$ を代入して確かめることができる
>
> ⌘ **すべての論理変数 $x_1, x_2, \cdots, x_n$ に対して繰り返すと次式を得る**
> (2)　$F(x_1, x_2, \cdots, x_n) = \overline{x_1} \cdot \overline{x_2} \cdot \cdots \cdot \overline{x_{n-1}} \cdot \overline{x_n} \cdot F(0, 0, \cdots, 0, 0)$
> 　　　　　　　　　　　　　$+ \overline{x_1} \cdot \overline{x_2} \cdot \cdots \cdot \overline{x_{n-1}} \cdot x_n \cdot F(0, 0, \cdots, 0, 1)$
> 　　　　　　　　　　　　　$+ \overline{x_1} \cdot \overline{x_2} \cdot \cdots \cdot x_{n-1} \cdot \overline{x_n} \cdot F(0, 0, \cdots, 1, 0)$
> 　　　　　　　　　　　　　　　　　　　　　　$\vdots$
> 　　　　　　　　　　　　　$+ x_1 \cdot x_2 \cdot \cdots \cdot x_{n-1} \cdot \overline{x_n} \cdot F(1, 1, \cdots, 1, 0)$
> 　　　　　　　　　　　　　$+ x_1 \cdot x_2 \cdot \cdots \cdot x_{n-1} \cdot x_n \cdot F(1, 1, \cdots, 1, 1)$
> ⊠ **論理最小項**：全論理変数がちょうど1回現れる AND 項

n 個の論理変数 $x_1, x_2, \cdots, x_n$ をもつ論理式 $F(x_1, x_2, \cdots, x_n)$ に対して，図に示す**シャノン展開**（Shannon expansion）と呼ばれる式(1) が成立する。ここで，$F(0, x_2, \cdots, x_n)$ は論理式 $F(x_1, x_2, \cdots, x_n)$ において x_1 を 0 に，$F(1, x_2, \cdots, x_n)$ は x_1 を 1 に置き換えて得られる式である。式(1) が成り立つことは，両辺に $x_1 = 0$ あるいは $x_1 = 1$ を代入すれば，ただちにわかる。例えば，$x_1 = 0$ を代入すると，左辺は $F(0, x_2, \cdots, x_n)$ となり，右辺は $1 \cdot F(0, x_2, \cdots, x_n) + 0 \cdot F(1, x_2, \cdots, x_n) = F(0, x_2, \cdots, x_n) + 0 = F(0, x_2, \cdots, x_n)$ となるから，両辺が同じ式となる。$x_1 = 1$ の場合も同様である。

そこで，式(1) の右辺の論理式 $F(0, x_2, \cdots, x_n)$ および $F(1, x_2, \cdots, x_n)$ において，変数 x_2 に対してシャノン展開を行うと次式を得る。

$$F(x_1, x_2, \cdots, x_n) = \overline{x_1} \cdot \overline{x_2} \cdot F(0, 0, x_3, \cdots, x_n) + \overline{x_1} \cdot x_2 \cdot F(0, 1, x_3, \cdots, x_n)$$
$$+ x_1 \cdot \overline{x_2} \cdot F(1, 0, x_3, \cdots, x_n) + x_1 \cdot x_2 \cdot F(1, 1, x_3, \cdots, x_n)$$

したがって，すべての変数に対してシャノン展開を繰り返すと図の式(2) を得る。この式(2) には論理変数の値の組 $\boldsymbol{b} \in B^n$ に対応した 2^n 個の AND 項があり，各 AND 項は，全論理変数がちょうど 1 回現れるような AND 項である**論理最小項**（minterm）と，$\boldsymbol{b}$ を論理式 $F(x_1, x_2, \cdots, x_n)$ に代入したときの値 $F(\boldsymbol{b})$ の AND になっている。また，$\boldsymbol{b} \in B^n$ に対応した AND 項にある論理最小項は，各論理変数に $\boldsymbol{b}$ の値を代入すると 1 になる。

いま，与えられた n 変数の論理関数 $f(x_1, x_2, \cdots, x_n)$ が論理式 $F(x_1, x_2, \cdots, x_n)$ で表されていたとすると，$F(\boldsymbol{b}) = f(\boldsymbol{b})$ であるから，式(2) は，任意の n 変数の論理関数 $f(x_1, x_2, \cdots, x_n)$ が NOT 演算，AND 演算，および OR 演算を用いて表現できることを示している。

この式(2) において，$F(\boldsymbol{b}) = f(\boldsymbol{b}) = 0$ となる AND 項は，$x \cdot 0 = 0$，$x + 0 = x$ であるから，（項全体を）この式から取り除くことができる。さらに，$F(\boldsymbol{b}) = f(\boldsymbol{b}) = 1$ であるような $F(\boldsymbol{b})$ は，$x \cdot 1 = x$ であるから，AND 項から取り除くことができる。その結果，式(2) は，$f(\boldsymbol{b}) = 1$ であるような値の組 $\boldsymbol{b} \in B^n$ に対して 1 となる論理最小項だけが残る。

3.10　主加法標準形

⌘ **論理関数** $f(x_1, x_2, \cdots, x_n)$ **を表す積和形（AND–OR 型）の論理式** F
　☑ 論理最小項の和（OR 項）になっている
　☑ F の各論理最小項は，$f(\boldsymbol{b})=1$ となる値の組 $\boldsymbol{b} \in B^n$ に対応し，$\boldsymbol{b}$ に対してのみ 1 になる
　☑ $f(\boldsymbol{b})=0$ となる値の組 $\boldsymbol{b} \in B^n$ に対しては，F のどの論理最小項の値も 0 となる

⌘ 積和形（AND–OR 型）の論理式とは，積項（AND 項）の和（OR）の形式の論理式である

⌘ 例：下記の関数 $f(x, y, z)$ の主加法標準形
　☑ これ以降，カルノー図では 0 を書かないことが多い

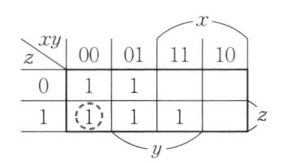

xy\\z	00	01	11	10
0		1	1	
1	(1)	1	1	

$x\ y\ z$	f
0 0 0	1
0 0 1	(1)
0 1 0	1
0 1 1	1
1 0 0	0
1 0 1	0
1 1 0	0
1 1 1	1

$f(x, y, z) = \overline{x} \cdot \overline{y} \cdot \overline{z} + \overline{x} \cdot \overline{y} \cdot z + \overline{x} \cdot y \cdot \overline{z} + \overline{x} \cdot y \cdot z + x \cdot y \cdot z$

　論理関数 $f(x_1, x_2, \cdots, x_n)$ を，$f(\boldsymbol{b})=1$ なる値の組 $\boldsymbol{b}$ に対して 1 となる論理最小項の和（OR 項）で表した論理式 $F(x_1, x_2, \cdots, x_n)$ を**主加法標準形**（principal disjunctive canonical form）という。主加法標準形を求めるには，次のようにすればよい。

1°：　与えられた論理関数の値が 1 になる値の組を求める。
2°：　1° で求めた各組に対して，値が 1 となる論理最小項を求める。
3°：　2° で求めた論理最小項の OR（和）をとる（この形式の論理式を積和形という）。

　例えば，図に示した論理関数 $f(x, y, z)$ の場合，$f(x, y, z)=1$ となる変数の値の組は，$(x\ y\ z)=(0\ 0\ 0), (0\ 0\ 1), (0\ 1\ 0), (0\ 1\ 1), (1\ 1\ 1)$ であるから，これらに対して値が 1 となる論理最小項は，変数の値が 0 であれば否定形の，1 であれば肯定形の AND をとればよいので，それぞれ $\overline{x} \cdot \overline{y} \cdot \overline{z},\ \overline{x} \cdot \overline{y} \cdot z,\ \overline{x} \cdot y \cdot \overline{z},\ \overline{x} \cdot y \cdot z,\ x \cdot y \cdot z$ となる。これらの OR をとれば，図の式が得られる。

　図には，$(x\ y\ z)=(0\ 0\ 1)$ に対応する真理値表の 1 行，カルノー図の 1 マス，および論理最小項を，点線の円で囲んで示してある。論理最小項が 1 となるのは，対応する値の組に対してだけであるから，論理関数 $f(x, y, z)=0$ となるような値の組（例えば，$(x\ y\ z)=(1\ 1\ 0)$）に対しては，主加法標準形に現れるすべての論理最小項が 0 になる。したがって，主加法標準形では，$f(\boldsymbol{b})=1$ となるような論理変数の値の組 $\boldsymbol{b}$ に対して，論理最小項の一つが 1 になり，$f(\boldsymbol{b})=0$ となるような組 $\boldsymbol{b}$ に対して，すべての論理最小項が 0 になる。

　3.8 節で述べたように，カルノー図における複数個のマスに対応する AND 項が存在する。例えば，図で点線の円で囲まれたマス（論理最小項 $\overline{x} \cdot \overline{y} \cdot z$ に対応）と右下隅のマスからなる領域（2 マスの集合）は，$\overline{y}=1$ かつ $z=1$ の領域であるから，AND 項 $\overline{y} \cdot z$ に対応する。同様に，下の行に対応した領域（4 マスの集合）は，$z=1$ の領域であるから，AND 項 z に対応する。このように，論理最小項（1 マスに対応）からリテラルが 1 個減るごとに，AND 項に対応するマスの個数は 2 倍になる。

3.11 主乗法標準形の導出

⌘ n 変数の論理式 $F(x_1, x_2, \cdots, x_n)$ の否定 $\overline{F(x_1, x_2, \cdots, x_n)}$ をシャノン展開し，その否定 $F(x_1, x_2, \cdots, x_n)$ にド・モルガンの定理を適用すると次式を得る

(1) $F(x_1, x_2, \cdots, x_n) = \overline{\overline{F(x_1, x_2, \cdots, x_n)}}$
$= (x_1 + x_2 + \cdots + x_{n-1} + x_n + F(0, 0, \cdots, 0, 0))$
$\cdot (x_1 + x_2 + \cdots + x_{n-1} + \overline{x_n} + F(0, 0, \cdots, 0, 1))$
$\cdot (x_1 + x_2 + \cdots + \overline{x_{n-1}} + x_n + F(0, 0, \cdots, 1, 0))$
$\vdots$
$\cdot (\overline{x_1} + \overline{x_2} + \cdots + \overline{x_{n-1}} + x_n + F(1, 1, \cdots, 1, 0))$
$\cdot (\overline{x_1} + \overline{x_2} + \cdots + \overline{x_{n-1}} + \overline{x_n} + F(1, 1, \cdots, 1, 1))$

☒ **論理最大項**：全論理変数がちょうど1回現れるOR項

⌘ 式（1）より，論理関数 $f(x_1, x_2, \cdots, x_n)$ の主乗法標準形を得る

---

n 変数の論理式 $F(x_1, x_2, \cdots, x_n)$ の否定 $\overline{F(x_1, x_2, \cdots, x_n)}$ をすべての論理変数に関してシャノン展開すると次式を得る。

$\overline{F(x_1, x_2, \cdots, x_n)} = \overline{x_1} \cdot \overline{x_2} \cdot \cdots \cdot \overline{x_{n-1}} \cdot \overline{x_n} \cdot \overline{F(0, 0, \cdots, 0, 0)} + \overline{x_1} \cdot \overline{x_2} \cdot \cdots \cdot \overline{x_{n-1}} \cdot x_n \cdot \overline{F(0, 0, \cdots, 0, 1)}$
$+ \overline{x_1} \cdot \overline{x_2} \cdot \cdots \cdot x_{n-1} \cdot \overline{x_n} \cdot \overline{F(0, 0, \cdots, 1, 0)} + \cdots$
$+ x_1 \cdot x_2 \cdot \cdots \cdot x_{n-1} \cdot \overline{x_n} \cdot \overline{F(1, 1, \cdots, 1, 0)} + x_1 \cdot x_2 \cdot \cdots \cdot x_{n-1} \cdot x_n \cdot \overline{F(1, 1, \cdots, 1, 1)}$

したがって，この否定 $\overline{F(x_1, x_2, \cdots, x_n)}$ の右辺にド・モルガンの定理を繰り返し適用すると図の式(1)を得る。この式は，論理変数の値の組 $\boldsymbol{b} \in B^n$ に対応した 2^n 個のOR項の積（AND項）になっている。各論理変数が（その肯定形あるいは否定形のいずれかで）ちょうど1回現れているこのようなOR項（節）を，**論理最大項**（maxterm）と呼ぶ。式(1)において，値の組 $\boldsymbol{b}$ に対応した各OR項は，論理最大項と $\boldsymbol{b}$ を代入したときの論理式の値 $F(\boldsymbol{b})$ からなり，論理最大項における各論理変数 $x_i (1 \leq i \leq n)$ は，$\boldsymbol{b}$ において x_i の値が0であれば肯定形に，1であれば否定形になっている。したがって，$\boldsymbol{b}$ の値を各論理変数に代入すると，論理最大項は0になり，$0 + F(\boldsymbol{b}) = F(\boldsymbol{b})$ であるから，各OR項は $F(\boldsymbol{b})$ だけになる。

いま，与えられた n 変数の論理関数 $f(x_1, x_2, \cdots, x_n)$ が論理式 $F(x_1, x_2, \cdots, x_n)$ で表されていたとすると，$F(\boldsymbol{b}) = f(\boldsymbol{b})$ であるから，$f(x_1, x_2, \cdots, x_n)$ を表す式として，式(1)において，各 $F(\boldsymbol{b})$ を対応する論理関数の値 $f(\boldsymbol{b})$ で置き換えたものを得る。その式において，論理関数の値が $f(\boldsymbol{b}) = 1$ であるようなOR項は，$x + 1 = 1$，$x \cdot 1 = x$ であるから，OR項全体を取り除くことができる。そうすると，$f(\boldsymbol{b}) = 0$ に対応したOR項だけの式になるが，$x + 0 = x$ であるから，そのOR項から $f(\boldsymbol{b})$ も取り除くことができる。したがって，論理関数 $f(x_1, x_2, \cdots, x_n)$ を表す式として，$f(\boldsymbol{b}) = 0$ に対応した論理最大項の積（AND項）の式を得る。論理関数を表すこのような形式の論理式を**主乗法標準形**（principal conjunctive canonical form）という。

3.12　主乗法標準形

⌘ 論理関数 $f(x_1, x_2, \cdots, x_n)$ を表す和積形（OR-AND 型）の論理式 F
  ☑ 論理最大項の積（AND 項）になっている
  ☑ F の各論理最大項は，$f(\boldsymbol{b}) = 0$ となる値の組 $\boldsymbol{b} \in B^n$ に対応し，$\boldsymbol{b}$ に対してのみ 0 になる
  ☑ $f(\boldsymbol{b}) = 1$ となる値の組 $\boldsymbol{b} \in B^n$ に対しては，F のどの論理最大項の値も 1 になる

⌘ 和積形（OR-AND 型）の論理式とは，和項（OR 項）の積（AND）の形式の論理式である

⌘ 例：下記の関数 $f(x, y, z)$ の主乗法標準形
  ☑ 論理最大項 $\overline{x} + \overline{y} + z = \overline{x \cdot y \cdot \overline{z}}$ は，論理最小項 $x \cdot y \cdot \overline{z}$ の否定

xy\z	00	01	11	10
0	1	1	(0)	0
1	1	1	1	0

x	y	z	f
0	0	0	1
0	0	1	1
0	1	0	1
0	1	1	1
1	0	0	0
1	0	1	0
1	1	0	(0)
1	1	1	1

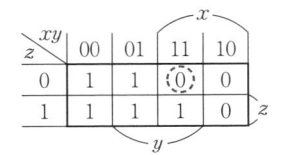

$$f(x, y, z) = (\overline{x} + y + z) \cdot (\overline{x} + y + \overline{z}) \cdot (\overline{x} + \overline{y} + z)$$

　論理関数 $f(x_1, x_2, \cdots, x_n)$ の主乗法標準形は，$f(\boldsymbol{b}) = 0$ なる値の組 $\boldsymbol{b}$ に対して 0 となる論理最大項の積（AND 項）の論理式 $F(x_1, x_2, \cdots, x_n)$ であるから，次のようにして得られる。

1°：　与えられた論理関数の値が 0 になる値の組を求める。
2°：　1° で求めた各組に対して，値が 0 となる論理最大項を求める。
3°：　2° で求めた論理最大項の AND（積）をとる（この形式の論理式を**和積形**という）。

　例えば，図の論理関数 $f(x, y, z)$ の場合，$f(x, y, z) = 0$ となる値の組は，$(x\, y\, z) = (1\, 0\, 0)$，$(1\, 0\, 1)$，$(1\, 1\, 0)$ であるから，これらに対して値が 0 となる論理最大項は，変数の値が 0 であれば肯定形の，1 であれば否定形の OR をとればよいので，それぞれ $\overline{x} + y + z$，$\overline{x} + y + \overline{z}$，$\overline{x} + \overline{y} + z$ となる。したがって，これらの AND をとることにより，図の式を得る。

　論理関数 $f(x_1, x_2, \cdots, x_n)$ の否定の論理関数 $\overline{f(x_1, x_2, \cdots, x_n)}$ を，$f(x_1, x_2, \cdots, x_n) = 0$ であれば，$\overline{f(x_1, x_2, \cdots, x_n)} = 1$，$f(x_1, x_2, \cdots, x_n) = 1$ であれば $\overline{f(x_1, x_2, \cdots, x_n)} = 0$ であるような論理関数とすると，3.11 節の導出過程からわかるように，主乗法標準形は次の操作で求めることもできる。

1°：　論理関数 f の否定の論理関数 $\overline{f}$ の主加法標準形 $G(x_1, x_2, \cdots, x_n)$ を求める。
2°：　$G(x_1, x_2, \cdots, x_n)$ の否定 $\overline{G(x_1, x_2, \cdots, x_n)}$ に繰り返しド・モルガンの定理を適用し，主乗法標準形 $F(x_1, x_2, \cdots, x_n)$ を求める。

　ド・モルガンの定理 $\overline{x_1 \cdot x_2 \cdot \cdots \cdot x_n} = \overline{x_1} + \overline{x_2} + \cdots + \overline{x_n}$ からわかるように，論理最小項の否定は論理最大項となる。したがって，論理最小項がカルノー図の 1 マスに対応していたように，論理最大項はカルノー図において 1 マス以外のすべてのマスに対応する。例えば，図のカルノー図で点線の円で囲んだマスは，論理最小項 $x \cdot y \cdot \overline{z}$ および論理変数の値の組 $(x\, y\, z) = (1\, 1\, 0)$ に対応するが，この否定 $\overline{x \cdot y \cdot \overline{z}} = \overline{x} + \overline{y} + z$ の論理最大項は，点線の円で囲んだマス以外のすべてのマスに対応する。また，この論理最小項 $x \cdot y \cdot \overline{z}$ を 1 にする値の組 $(x\, y\, z) = (1\, 1\, 0)$ は，論理最大項 $\overline{x} + \overline{y} + z$ の値を 0 にする。

3.13 完 全 系

- ⌘ 任意の論理関数を表すのに必要となる演算（や論理値）の極小集合
  - ◻ 集合 S が極小集合（minimal set）であるとは，S の真の部分集合に，条件（任意の論理関数を表現できるという条件）を満たすものがないこと
    - ⊠ ちなみに，ある条件を満たす集合 S が極大集合（maximal set）であるとは，S を真に含む集合にその条件を満たすものがないこと
- ⌘ **NOT, OR, AND** があれば，任意の論理関数が表せる（主加法・主乗法標準形）
- ⌘ **NOT, OR, AND** 単独では，任意の論理関数が表せない
- ⌘ 完全系の例
  - ◻ {NOT, OR}，{NOT, AND}
  - ◻ {NOR}，{NAND}
    - ⊠ NOR だけ，あるいは NAND だけを用いた論理式で，任意の論理関数を表せる。したがって，NOR あるいは NAND だけで，任意の論理回路をつくれる（4 章参照）
  - ◻ {AND, XOR, 1}
    - ⊠ リードマラー標準形

　主加法標準形のところで述べたように，任意の論理関数は，NOT，OR，および AND 演算を用いた論理式で表現できる。しかし，下の式からわかるように，OR 演算は NOT 演算と AND 演算に，AND 演算は NOT 演算と OR 演算に置き換えることができる。

$$x+y=\overline{\overline{x+y}}=\overline{\overline{x}\cdot\overline{y}}, \qquad x\cdot y=\overline{\overline{x\cdot y}}=\overline{\overline{x}+\overline{y}}$$

したがって，任意の論理関数を表すために，これら三つの演算すべてが必要なわけではない。

　任意の論理関数を表すために必要となる演算の**極小**（minimal）な集合を**完全系**という。ここで，ある条件を満たす集合 S が極小であるとは，S の真の部分集合（S の部分集合で，要素の個数が S より小さいもの）にその条件を満たすものがないことを意味する。ちなみに，ある条件を満たす集合 S が**極大**（maximal）であるとは，S を真の部分集合として含む集合にその条件を満たすものがないことである。

　NOT，OR，あるいは AND 演算は，いずれもそれ単独では，任意の論理関数を表すことができず，上に示した式からわかるように，{NOT, OR} あるいは {NOT, AND} の演算の組によって，NOT，OR，および AND 演算すべてを表すことができるため，演算の集合 {NOT, OR} および {NOT, AND} はどちらも完全系である。

　また，{NOT, OR} が完全系であり，$\overline{x}=\overline{x+x}$ および $x+y=\overline{\overline{(x+y)}+\overline{(x+y)}}$ より，NOT 演算および OR 演算を NOR 演算に置き換えることができるから，NOR 演算は単独で完全系をなすことがわかる。これは，4 章で述べる論理回路を，NOR 演算を実行する回路だけで構成できることを意味している。同様に，$\overline{x}=\overline{x\cdot x}$ および $x\cdot y=\overline{\overline{(x\cdot y)}\cdot\overline{(x\cdot y)}}$ より，NAND 演算は単独で完全系をなす。

　さらに，{AND, XOR, 1} のどの要素が欠けても，表現できない論理関数が生まれ，$\overline{x}=x\oplus 1$ および $x+y=x\oplus y\oplus x\cdot y$ が成り立つので，{AND, XOR, 1} も完全系であることがわかる。以下では，この完全系を用いた環和標準形を紹介する。

3.14 リードマラー展開*

⌘ ブール微分

(1) $\dfrac{\partial F(x_1,x_2,\cdots,x_n)}{\partial x_1} = F(0,x_2,\cdots,x_n) \oplus F(1,x_2,\cdots,x_n)$

(2) $\dfrac{\partial^2 F(x_1,x_2,\cdots,x_n)}{\partial x_1 \partial x_2} = F(0,0,x_3,\cdots,x_n) \oplus F(0,1,x_3,\cdots,x_n) \oplus F(1,0,x_3,\cdots,x_n) \oplus F(1,1,x_3,\cdots,x_n)$

(3) $\dfrac{\partial^3 F(x_1,x_2,x_3,\cdots,x_n)}{\partial x_1 \partial x_2 \partial x_3} = F(0,0,0,x_4,\cdots,x_n) \oplus F(0,0,1,x_4,\cdots,x_n) \oplus \cdots \oplus F(1,1,1,x_4,\cdots,x_n)$

⌘ リードマラー展開

(4) $F(x_1,x_2,\cdots,x_n) = F(0,x_2,\cdots,x_n) \oplus x_1 \cdot \dfrac{\partial F(x_1,x_2,\cdots,x_n)}{\partial x_1}$

(5) $x_1 \cdot \dfrac{\partial F(x_1,x_2,\cdots,x_n)}{\partial x_1} = x_1 \cdot \dfrac{\partial F(x_1,0,\cdots,x_n)}{\partial x_1} \oplus x_1 \cdot x_2 \cdot \dfrac{\partial^2 F(x_1,x_2,\cdots,x_n)}{\partial x_1 \partial x_2}$

(6) $F(x_1,x_2,x_3,\cdots,x_n) = F(0,0,x_3,\cdots,x_n) \oplus x_1 \cdot \dfrac{\partial F(x_1,0,x_3,\cdots,x_n)}{\partial x_1} \oplus x_2 \cdot \dfrac{\partial F(0,x_2,x_3,\cdots,x_n)}{\partial x_2}$
$\oplus x_1 \cdot x_2 \cdot \dfrac{\partial^2 F(x_1,x_2,x_3,\cdots,x_n)}{\partial x_1 \partial x_2}$

AND, XOR 演算と論理値 1 を用いて論理関数を表すには，**リードマラー展開**を用いるとよい。リードマラー展開は，ブール微分を用いて表すとわかりやすい。

n 変数の論理式 $F(x_1, x_2, \cdots, x_n)$ に対する変数 x_1 に関する**ブール微分**（Boolean derivation）は，式(1) に示すように，x_1 を 0 に置き換えた式 $F(0, x_2, \cdots, x_n)$ と x_1 を 1 に置き換えた式 $F(1, x_2, \cdots, x_n)$ との XOR 演算で得られる。XOR 演算は交換律 $x \oplus y = y \oplus x$ を満たすので，どちらを先に書いてもよい。さらに，式(1) の $F(0, x_2, \cdots, x_n)$ および $F(1, x_2, \cdots, x_n)$ を x_2 に関して微分すると，2 回微分が得られるが，XOR 演算は結合律 $x \oplus (y \oplus z) = (x \oplus y) \oplus z$ も満たすので，微分を行う変数の順序に依存せず，式(2) のような XOR 項で書ける。同様に，3 回微分は，式(3) のように，微分を行った三つの論理変数に，$2^3 = 8$ 通りの値の組すべてを代入して得られる論理式 $F(0, 0, 0, x_4, \cdots, x_n) \sim F(1, 1, 1, x_4, \cdots, x_n)$ からなる XOR 項になる。

リードマラー（Reed-Muller）**展開**は，論理式 $F(x_1, x_2, \cdots, x_n)$ を次式のように展開するもので，ブール微分を用いると，式(4) のように書ける。

$$F(x_1, x_2, x_3, \cdots, x_n) = F(0, x_2, x_3, \cdots, x_n) \oplus x_1 \cdot \{F(0, x_2, x_3, \cdots, x_n) \oplus F(1, x_2, x_3, \cdots, x_n)\}$$

この式が成り立つことは，3.9 節と同様，x_1 に 0 および 1 を代入することにより証明できる。まず，x_1 に 0 を代入すると，明らかに両辺は同じ式になる。そこで x_1 に 1 を代入すると，右辺は $F(0, x_2, x_3, \cdots, x_n) \oplus \{F(0, x_2, x_3, \cdots, x_n) \oplus F(1, x_2, x_3, \cdots, x_n)\}$ となる。XOR 演算は結合律を満たすので，$\{F(0, x_2, x_3, \cdots, x_n) \oplus F(0, x_2, x_3, \cdots, x_n)\} \oplus F(1, x_2, x_3, \cdots, x_n)$ と変形でき，さらに，$x \oplus x = 0$ および $x \oplus 0 = x$ なる性質も満たすので，右辺は $F(1, x_2, \cdots, x_n)$ となる。したがって，x_1 が 0 の場合も，1 の場合も，両辺が同じ式になることがわかる。

式(4)の右辺第 2 項に対して x_2 に関するリードマラー展開を行うと，式(5)を得る。そこで第 1 項もリードマラー展開し，これに式(5)を結合して項の順序を変えると，式(6)を得る。

3.15 環和標準形*

⌘ 3変数の論理式 $F(x_1,x_2,x_3)$ は，次式のようにリードマラー展開できる

(7) $F(x_1,x_2,x_3) = F(0,0,0) \oplus x_1 \cdot \dfrac{\partial F(x_1,0,0)}{\partial x_1} \oplus x_2 \cdot \dfrac{\partial F(0,x_2,0)}{\partial x_2} \oplus x_3 \cdot \dfrac{\partial F(0,0,x_3)}{\partial x_3}$

$\oplus x_1 \cdot x_2 \cdot \dfrac{\partial^2 F(x_1,x_2,0)}{\partial x_1 \partial x_2} \oplus x_2 \cdot x_3 \cdot \dfrac{\partial^2 F(0,x_2,x_3)}{\partial x_2 \partial x_3} \oplus x_3 \cdot x_1 \cdot \dfrac{\partial^2 F(x_1,0,x_3)}{\partial x_3 \partial x_1}$

$\oplus x_1 \cdot x_2 \cdot x_3 \cdot \dfrac{\partial^3 F(x_1,x_2,x_3)}{\partial x_1 \partial x_2 \partial x_3}$

▽ 各ブール微分は XOR 項で，全変数の値が定まっているので，0か1に決まる

⌘ **環和標準形**（**リードマラー標準形**）
  ▽ 論理関数をリードマラー展開によって得られた論理式で表したもの

⌘ 2変数の論理関数 $f(x,y)$ の環和標準形の例

(8) $f(x,y) = f(0,0) \oplus x \cdot b(*,0) \oplus y \cdot b(0,*) \oplus x \cdot y \cdot b(*,*)$
    $= 1 \oplus x \oplus x \cdot y$

x y	f
0 0	1
0 1	1
1 0	0
1 1	1

3変数の論理式 $F(x_1,x_2,x_3)$ は，3.14節の式(6)の各項に対して，変数 x_3 に関するリードマラー展開を行うことにより，図の式(7)のようになる。各自確かめられたい。

この式に現れているブール微分は，いずれも全論理変数に0あるいは1の値を代入したものになっている。例えば，次式のようなものである。

$$\dfrac{\partial F(0,x_2,0)}{\partial x_2} = F(0,0,0) \oplus F(0,1,0),$$

$$\dfrac{\partial^2 F(x_1,0,x_3)}{\partial x_3 \partial x_1} = F(0,0,0) \oplus F(0,0,1) \oplus F(1,0,0) \oplus F(1,0,1)$$

したがって，3変数の論理関数 $f(x_1,x_2,x_3)$ が論理式 $F(x_1,x_2,x_3)$ で表されているとすると，論理変数の値の組 $\boldsymbol{b} \in B^3$ に対して $F(\boldsymbol{b}) = f(\boldsymbol{b})$ であるから，これらのブール微分は関数 f によって定められる0あるいは1の値をとる。したがって，$f(x_1,x_2,x_3)$ を表す式として次のような形の式を得る。これを**環和標準形**（あるいは**リードマラー標準形**）という。

$f(x_1,x_2,x_3) = f(0,0,0) \oplus x_1 \cdot b(*,0,0) \oplus x_2 \cdot b(0,*,0) \oplus x_3 \cdot b(0,0,*)$
$\oplus x_1 \cdot x_2 \cdot b(*,*,0) \oplus x_2 \cdot x_3 \cdot b(0,*,*) \oplus x_3 \cdot x_1 \cdot b(*,0,*) \oplus x_1 \cdot x_2 \cdot x_3 \cdot b(*,*,*)$

ここで，各 $b(\bullet,\bullet,\bullet)$ はブール微分の変数に値を代入し計算したものである。

図の真理値表で与えられた論理関数 $f(x,y)$ の環和標準形を求めてみよう。2変数の論理式 $F(x,y)$ をリードマラー展開し，ブール微分に論理関数の値を代入すると式(8)のような式になる。ここで，$f(0,0) = 1$ であり，$b(*,0)$，$b(0,*)$，$b(*,*)$ は次の値である。

$b(*,0) = \dfrac{\partial F(x,0)}{\partial x} = f(0,0) \oplus f(1,0) = 1 \oplus 0 = 1, \quad b(0,*) = \dfrac{\partial F(0,y)}{\partial y} = f(0,0) \oplus f(0,1) = 1 \oplus 1 = 0$

$b(*,*) = \dfrac{\partial^2 F(x,y)}{\partial x \partial y} = f(0,0) \oplus f(0,1) \oplus f(1,0) \oplus f(1,1) = 1 \oplus 1 \oplus 0 \oplus 1 = 1$

XOR 項が1となるのは，1の個数が奇数個のときであることに気が付けば，これらの計算は容易であろう。これより，環和標準形 $f(x,y) = 1 \oplus x \oplus x \cdot y$ を得る。

XOR 演算は，パリティ検査などによく用いられている（4章演習問題【9】参照）。

参 考 文 献

1) 山田輝彦：論理回路理論，森北出版（1990）
2) 笹尾　勤：論理設計—スイッチング回路理論，近代科学社（1995）
3) D. D. Gajski：Principles of Digital Design, Prentice Hall（1997）
4) 藤原秀雄：コンピュータの設計とテスト，工学図書（1990）

演 習 問 題

【1】「命題Pが成り立つための必要十分条件は，条件Cが成り立つことである」という定理は，「条件Cが成り立つときかつそのときに限り命題Pが成り立つ」とも書ける。この定理の条件Cが「集合AおよびBのどちらも空でないこと」である場合に関して，以下の問に答えよ。

（ⅰ）条件Cが十分条件であることを示すには，「条件Cが成り立つとき命題Pが成り立つ」ことを示さねばならず，必要条件であることを示すには，「条件Cが成り立つときに限り命題Pが成り立つ」ことを示さねばならない。条件Cが必要条件であることを示すための命題を，命題Pを主語として，「命題Pが成り立つ…」という書き出しで書け。

（ⅱ）条件Cの否定を書け。

（ⅲ）（ⅰ）で示した条件Cが必要条件であることを示す命題の対偶を，集合AおよびBを用いて書け。

【2】図3.1（a）および（b）のベイチ図において，斜線の付いた領域で定義される集合を，∩，∪，および否定を用いてできるだけ簡単な式で表せ。また，網掛けされた領域で定義される集合についても表せ。ただし，「簡単さ」を自分で定義してから表すこと。

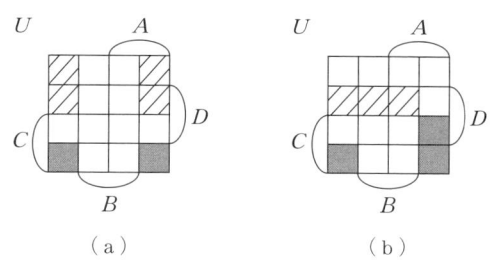

図3.1

【3】$f(x, y, z, v) = \bar{x} \cdot y \cdot \bar{z} + x \cdot \bar{v} + \bar{y} \cdot z$ と表される論理関数 $f(x, y, z, v)$ のカルノー図と真理値表を書け。

【4】真理値表を用いて，以下の式が成り立つことを確かめよ。これより，NANDそれ一つで完全系であることがわかる。

（ⅰ）$\bar{x} = \overline{x \cdot x}$

（ⅱ）$x \cdot y = \overline{\overline{x \cdot y}} = \overline{\overline{x \cdot y} \cdot \overline{x \cdot y}}$

（ⅲ）$x + y = \overline{\overline{x + y}} = \overline{\bar{x} \cdot \bar{y}} = \overline{\overline{x \cdot x} \cdot \overline{y \cdot y}}$

【5】本章3.6節に示した「重要な定理」を用いて，以下の式が成り立つことを確かめよ。これより，NORそれ一つで完全系であることがわかる。

(ⅰ) $\overline{x}=\overline{x}+\overline{x}$　　(ⅱ) $x \cdot y = \overline{\overline{x} \cdot \overline{y}} = \overline{\overline{x}+\overline{y}} = \overline{\overline{x+x}+\overline{y+y}}$　　(ⅲ) $x+y = \overline{\overline{x}+\overline{y}} = \overline{\overline{x+y}+\overline{x+y}}$

【6】真理値表を用いて以下の式が成り立つことを確かめよ。ただし，・は$\oplus$より先に演算するものとする。これらの式および $\{1, \cdot, \oplus\}$ の中のどの要素が欠けても表現できない論理関数が生じることより，$\{1, \cdot, \oplus\}$ なる組が完全系であることがわかる。

(ⅰ) $\overline{x}=1 \oplus x$　　(ⅱ) $x+y = x \oplus y \oplus x \cdot y$

【7】本章3.7節に示した論理関数 f の主加法標準形と主乗法標準形を書け。

【8】論理式 $G(x,y,z,w) = (x+\overline{z}) \cdot (\overline{y}+z+w) \cdot (\overline{x}+y+\overline{w})$ が，$G(x,y,z,w)=0$ となるような論理変数 x, y, z, w の値の組はどのようなものか，カルノー図の対応するマスに0を書け。

【9】論理式 $G(x,y,z,w) = (x+\overline{z}) \cdot (\overline{y}+z+w) \cdot (\overline{x}+y+\overline{w})$ が，$G(x,y,z,w)=1$ となるような論理変数 x, y, z, w の値の組はどのようなものか，カルノー図の対応するマスに1を書け。

【10】有限集合 X，その部分集合 Y および Z の要素数がそれぞれ，$|X|=100, |Y|=60, |Z|=70$ であるとき，Y および Z の共通集合 $Y \cap Z$ の要素数 $|Y \cap Z|$ の下限が30であることは，$|X| \geq |Y|+|Z|-|Y \cap Z|$ より明らかであろう。このことを利用して，以下の（ⅰ）～（ⅲ）に答えよ。

本学科の学生150名のスポーツの嗜好に関する調査結果が下記のように出た。

① 野球の好きな学生は130名
② 水泳の好きな学生は90名
③ 野球も水泳もどちらも嫌いな学生は15名
④ サッカーの好きな学生は100名
⑤ テニスの好きな学生は70名
⑥ これらのどのスポーツも嫌いな学生は5名
⑦ 野球が好きな学生は全員テニスかサッカーが好きである
⑧ 水泳が好きだが，野球が嫌いな学生は，全員サッカーが好きである

(ⅰ) 野球とテニスの両方が好きな学生は少なくとも何名いるか。
(ⅱ) 野球，サッカー，テニスの三つすべてが好きな学生は少なくとも何名いるか。
(ⅲ) 野球，サッカー，テニスの三つすべてが好きな学生数が，(ⅱ)で求めた最少人数であった場合，水泳と野球のどちらも嫌いな学生の嗜好に関してどのようなことがいえるか。

【11】日本人の10％が感染している病原菌Vの感染を判定する検査法Cの真陽性確率（感度）および真陰性確率（特異度）はともに98％である。このとき，日本人の私が検査法Cで陽性（感染の可能性有り）と診断されたとき，実際にVに感染している確率はいくらか。ここで，真陽性確率（感度）とは，実際に感染している人を検査で陽性と判定する確率であり，真陰性確率（特異度）とは，感染していない人を検査で陰性（感染の可能性なし）と判定する確率である。

【12】論理関数 $f(x,y,z,w)$ が図3.1のカルノー図で与えられたとき，論理式 $F(x,y,z,w) \cdot (x+\overline{y})$ および $\overline{F(x,y,z,w) \oplus 1}$ のカルノー図を描け。ここで，$F(x,y,z,w)$ は $f(x,y,z,w)=F(x,y,z,w)$ なる論理式である。

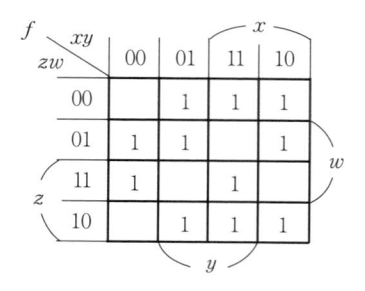

f　　xy zw	00	01	11	10
00		1	1	1
01	1	1		1
11	1			
10		1	1	1

図3.1

4. 組合せ回路の設計

学習目標
(1) 論理式と組合せ回路の関係を理解する。
(2) 積和形・和積形論理式の簡単化の意味を理解する。
(3) ドントケアの意味とその扱いを理解する。
(4) 多段・多出力回路の設計を理解する。

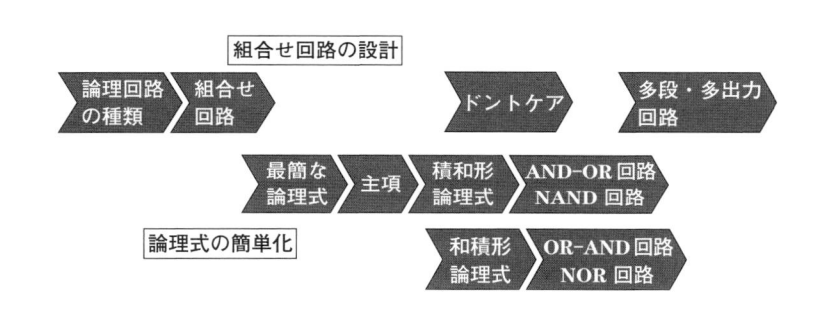

組合せ回路の設計

論理回路の種類 → 組合せ回路　　ドントケア　　多段・多出力回路

論理式の簡単化
最簡な論理式 → 主項 → 積和形論理式 → AND-OR 回路 NAND 回路
　　　　　　　　　　　和積形論理式 → OR-AND 回路 NOR 回路

この章では，論理回路の一つである組合せ回路の設計について学ぶ。まず，前章までで学んだ論理関数および論理式と，組合せ回路との関係を理解し，論理式の簡単化の意味と2段回路の構成法を学ぶ。その後，ドントケアの概念とそれを設計にどのように生かすかを学び，一般の多段・多出力回路の設計を学ぶ。

内　容

— 論理回路 —
4.1　論理回路
4.2　論理ゲート
4.3　論理式と組合せ回路

— 論理式の簡単化 —
4.4　積和形論理式の簡単化
4.5　AND-OR（NAND）2段回路
4.6　和積形論理式の簡単化
4.7　OR-AND（NOR）2段回路

— ドントケアとその利用 —
4.8　ドントケアと主項
4.9　ドントケアを考慮した簡単化

— 多段，多出力回路 —
4.10　多段論理回路*
4.11　多出力回路の設計*

— 正論理と負論理 —
4.12　正論理と負論理

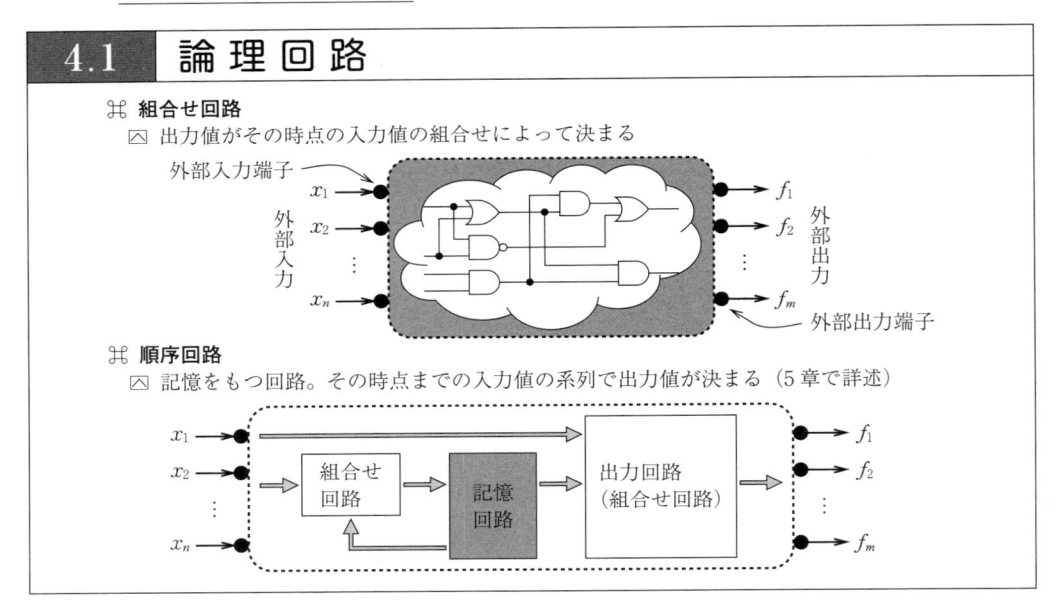

4.1 論理回路

⌘ **組合せ回路**
　☒ 出力値がその時点の入力値の組合せによって決まる

外部入力端子 → $x_1, x_2, \ldots, x_n$（外部入力）
$f_1, f_2, \ldots, f_m$（外部出力）← 外部出力端子

⌘ **順序回路**
　☒ 記憶をもつ回路。その時点までの入力値の系列で出力値が決まる（5章で詳述）

[図：組合せ回路 → 記憶回路 → 出力回路（組合せ回路）]

　1章で述べたディジタル回路は，2章で述べた2進数や符号化された情報を扱うため，3章で述べた論理演算を実行する回路として実現できる。このような論理演算を実行する回路を，**論理回路**（logic circuit）あるいは**スイッチング回路**（switching circuit）と呼ぶ。

　論理回路は図に示すように，組合せ回路と順序回路の2種類に分類できる。**組合せ回路**（combinatorial circuit）は，出力（外部出力）の値がその時点の入力（外部入力）の値によって一意に決まるような論理回路である。これに対して**順序回路**（sequential circuit）は，記憶をもつ回路で，出力の値はその時点の入力の値だけでは決まらず，その時点までの入力の値の系列（sequence）によって決まる。したがって，その動作を記述するには，時間の概念を導入する必要がある。これについては5章で詳細に述べる。

　組合せ回路の機能（動作）を指定するには，入力 x_i ($1 \leq i \leq n$) の値の組に対する各出力 f_j ($1 \leq j \leq m$) の値を定めればよい。すなわち，これらの値は論理値であるから，出力 f_j および各入力 x_i を論理変数とすれば，設計したい組合せ回路の各出力 f_j は，n 変数の論理関数 $f_j(x_1, x_2, \cdots, x_n)$ として与えられる。したがって，各 $f_j(x_1, x_2, \cdots, x_n)$ の真理値表を与えれば，組合せ回路の仕様を指定したことになる。しかし，n が大きくなると真理値表全体を与えることは困難になるため，その一部だけが指定されるようになる。

　各出力 f_j の論理関数は論理式で表現でき，論理式から組合せ回路を構成できる。しかし，同じ論理関数を表すいくつかの等価な論理式が存在するため，同じ機能をもった複数の回路が存在し，これらは回路規模や動作速度などにおいて異なる性能をもつ。この章では，最適な組合せ回路を構成するために，どのような論理式を導けばよいかを考える。なお，以下で考える論理回路（組合せ回路）は，3章で述べた AND, OR などの論理演算を実行する回路を単位回路とし，これらを配線で接続してできる回路である。このような単位回路を**論理ゲート**と呼ぶ。本書で用いる論理ゲートを 4.2 節に示す。

4.2 論理ゲート

⌘ 代表的な論理ゲートとそのシンボル

名称	シンボル	論理演算	Tr数	名称	シンボル	論理演算	Tr数
NOT（インバータ）		$z=\overline{x}$	2	NAND		$z=\overline{x \cdot y}$	4 (*1)
AND		$z=x \cdot y$	6 (*1)	NOR		$z=\overline{x+y}$	4 (*1)
OR		$z=x+y$	6 (*1)	XOR		$z=x \oplus y$	8 (*2)

⌘ 論理ゲートの制御値

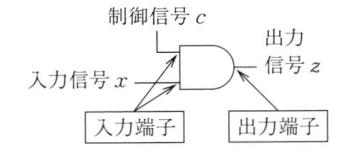

Tr数：トランジスタの個数
(*1) 入力が一つ増えるごとに，Tr数は2増える
(*2) 入力が一つ増えるごとに，Tr数は4増える

・cが制御値であれば，出力zの値はxに関係なく，cだけで決まる
・cが非制御値であれば，$z=x$となる

　本書で扱う**論理ゲート**（logic gate）の名称，**論理回路図**を描く際に用いるシンボル，実行する論理演算，およびトランジスタ回路として実現する際に必要となるMOSトランジスタの個数（Tr数）を表に示す。

　例えば，NOT演算を行う論理ゲートはインバータとも呼ばれ，シンボルは三角形の出力部に白丸を付けたものである。この白丸は否定をとるNOT演算を意味し，そのためNANDゲートおよびNORゲートのシンボルは，それぞれANDゲートおよびORゲートのシンボルの出力部に白丸を付けたものになっている。また，2入力ANDゲートは，入力x, yに対して出力$z=x \cdot y$を生成するが，そのトランジスタ回路は，NANDゲートの回路の出力部にインバータを付けた構造$\overline{\overline{x \cdot y}}$になっている。4.12節にNANDゲートのトランジスタ回路を示すが，その図からわかるように，2入力NANDゲートでは，PMOSおよびNMOSをそれぞれ2個ずつ用いているため，そのTr数は4である。インバータはTr数2で構成できるため，2入力ANDゲートのTr数は合計6となる。ORゲートとNORゲートの関係も同じである。

　ANDゲートやORゲート，同様にNANDゲートやNORゲートは，一つの入力（制御信号）cにある論理値が入力されると，出力zが他の入力xの値に関係なく決まるという値をもつ。このような値を，その論理ゲートの**制御値**（control value）という。例えば，ANDゲートにおける論理値0は，$c=0$であれば，$z=0 \cdot x=0$となるから制御値である。一方，ANDゲートにおける1は，$c=1$であれば，$z=1 \cdot x=x$となり，出力zは他の入力xに依存して決まるので，論理値1はANDゲートの**非制御値**（non-control value）である。

　ORゲートの1，NANDゲートの0，NORゲートの1は制御値であり，これらの反転は非制御値である。しかし，XORゲートでは，0も1もそれ単独では出力を決定できないため，ともに非制御値であり，XORゲートは制御値をもたない。

4.3 論理式と組合せ回路

⌘ **論理関数** $f(x_1, x_2, x_3)$

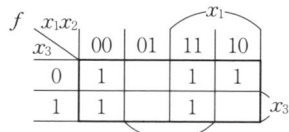

f x_1x_2 x_3	00	01	11	10
0	1		1	1
1	1		1	

⌘ **論理式**

(1) $f = x_1 \cdot x_2 + \overline{x_1} \cdot \overline{x_2} + x_1 \cdot \overline{x_3}$

  ☐ 項数:4,リテラル数:6
  OR項: $f = A_1 + A_2 + A_3$
  AND項: $\begin{cases} A_1 = x_1 \cdot x_2 \\ A_2 = \overline{x_1} \cdot \overline{x_2} \\ A_3 = x_1 \cdot \overline{x_3} \end{cases}$

⌘ **論理回路(組合せ回路)**

  ☐ ゲート数(入力部のインバータを除く):$n_G = 4$
  ☐ 配線数(入力部のインバータを除く):$n_R = 9$
  (論理ゲートの入力端子の総数を表す)

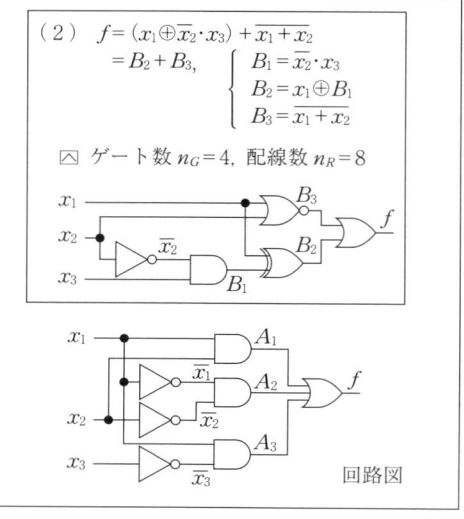

(2) $f = (x_1 \oplus \overline{x_2} \cdot x_3) + \overline{x_1 + x_2}$
  $= B_2 + B_3$, $\begin{cases} B_1 = \overline{x_2} \cdot x_3 \\ B_2 = x_1 \oplus B_1 \\ B_3 = \overline{x_1 + x_2} \end{cases}$

  ☐ ゲート数 $n_G = 4$,配線数 $n_R = 8$

回路図

 左上のカルノー図で表される論理関数 $f(x_1, x_2, x_3)$ は,その下の積和形論理式(1)だけでなく,その右の論理式(2)でも表すことができる。これらが等価で関数 $f(x_1, x_2, x_3)$ を表すことは,各式の真理値表を作成すればわかる。ここで式(1)には,三つの AND 項とそれらからなる OR 項があり,各 AND 項に現れるリテラルの個数の総和(これをこの式のリテラル数 n_L と呼ぶ)は6である。一方,式(2)には,AND 項,XOR 項,NOR 項(OR 項の否定となっている論理式),および OR 項の四つの項があり,リテラル数 n_L は5である。

 いま,式(1)の下に示すように,各 AND 項に対して新たな論理変数 $A_1 \sim A_3$ を導入し,これらの値を生成する三つの AND ゲートを用意する。また,3入力 OR ゲートを用意し,この入力に,各 AND ゲートの出力を接続すると,求める論理関数 $f(x_1, x_2, x_3)$ の値 f を出力する組合せ回路が,図右下の回路図のように構成できる。同様に,式(2)に対して,論理変数 $B_1 \sim B_3$ を導入すると,式(2)の下に示される組合せ回路を得る。

 このように,各項に対して新たな論理変数を導入し,設計したい論理関数を表す論理式をこれらの変数を用いて書き換えれば,書き換えた論理式に従って,各項の演算を行う論理ゲートの入出力端子を接続することにより,所望の組合せ回路を構成できる。

 このようにして得られた組合せ回路において,元の論理変数 $x_1 \sim x_3$ の否定を生成するインバータは,そのような否定が外部から入力される可能性もあることから除外して考えると,必要となる論理ゲートの個数(**ゲート数**)n_G は論理式の項数に等しいことがわかる。また,積和形論理式(1)から得られる回路では,出力 f は AND ゲートと OR ゲートの2段のゲートで生成され,論理ゲートの入力端子の総数 n_R は,リテラル数 n_L およびゲート数 n_G と,$n_R = n_L + n_G - 1$ なる関係があることがわかる。この n_R は,各論理ゲートの入力端子への配線の総数を表すので**配線数**と呼ぶ。一方,式(2)の回路では最大3段のゲート(AND,XOR,OR の各ゲート)で出力 f が生成され,ゲート数 n_G は4,配線数 n_R は8である。

4.4 積和形論理式の簡単化

⌘ **論理関数 $f(x,y,z)$ のカルノー図**

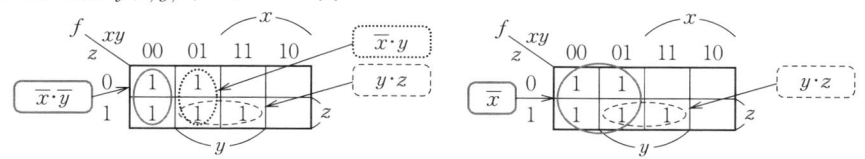

[カルノー図: 左側は $\overline{x}\cdot\overline{y}$, $\overline{x}\cdot y$, $y\cdot z$ の三つの AND 項で被覆。右側は $\overline{x}$ と $y\cdot z$ の二つの主項で被覆]

すべての 1 を，三つの AND 項で被覆　　　　すべての 1 を，二つの主項で被覆

(1) $\quad f(x,y,z)=\overline{x}\cdot\overline{y}+\overline{x}\cdot y+y\cdot z=\overline{x}+y\cdot z \leftarrow$ 主項

⌘ **論理関数 f の主項**
- 次の二つの条件を満たす AND 項 P
- implicant 条件：P が 1 になる値の組 $\boldsymbol{b}$ すべてに対して，関数の値 $f(\boldsymbol{b})$ が 1 である
- カルノー図上の極大性：P からリテラルを取り除いてできるどのような AND 項も，
  その AND 項に対応するカルノー図上の領域は 0 のマスを含む

⌘ **最小個数の主項で，$f(\boldsymbol{b})=1$ となる値の組 $\boldsymbol{b}$ をすべて被覆する**
- 被覆とは，$f(\boldsymbol{b})=1$ なる値の組 $\boldsymbol{b}$ に対して，$P(\boldsymbol{b})=1$ となる主項 P が存在すること
- カルノー図上では，1 を含むマスすべてが，選ばれた主項で覆われていることである

カルノー図で表される論理関数 $f(x,y,z)$ は図の積和形論理式 (1) で表現できる。すなわち，関数 f が 1 になるときかつそのときに限り論理式が 1 になる。これは，各 AND 項 $\overline{x}\cdot\overline{y}$, $\overline{x}\cdot y$, $y\cdot z$ を 1 にするどのような値の組 $\boldsymbol{b}\in B^3$ に対しても，関数 $f(\boldsymbol{b})$ は 1 となり，逆に，f が 1 となる値の組のすべてに対して，これらの AND 項の少なくとも一つが 1 となることからわかる。このとき，これらの AND 項は関数 f のすべての 1 を**被覆**（cover）しているという。被覆の意味は，カルノー図上で考えると理解できる。すなわち，図左上のカルノー図において，各 AND 項に対応した領域を○で囲むと，○で囲まれた領域全体（積和形論理式に対応した領域）R は，1 のマスだけを含み（0 のマスを含まず），1 を含むマス（関数が 1 になるマス）すべてが，この領域 R に含まれている。したがって，領域 R がすべての 1 を被覆する様子がわかる。

この論理関数 f は，さらに $f=\overline{x}+y\cdot z$ とも書け，二つの AND 項 $\overline{x}$, $y\cdot z$ で f のすべての 1 を被覆（すなわち，関数 f を表現）できる。この式のほうが項数およびリテラル数が少ないから，論理ゲート数および配線数の少ない，より小規模な回路を構成できる。このような項数最小でリテラル数も最小の積和形論理式を，関数を表す**最簡な積和形論理式**と呼ぶ。

最簡な積和形論理式を求めるため，図に定義した**主項**（prime implicant）を考える。主項は，与えられた論理関数 f に対して，図の implicant 条件を満たすリテラルの個数が少ない AND 項であるから，f のすべての 1 を被覆する最小個数の主項を求めれば，それらの主項の OR をとることにより，f を表す最簡な積和形論理式を得ることができる。

例えば，図の論理関数 f において，$y\cdot z$ は，implicant 条件を満たす AND 項で，カルノー図上の極大性も満たす。なぜなら，$y\cdot z$ から y あるいは z のどちらを取り除いても，残ったリテラルからできる AND 項（y あるいは z）に対応した領域は，f のカルノー図において 0 のマスを含んでしまう。同様に，$\overline{x}$ も f の主項で，これら二つの主項によって f のすべての 1 を被覆できるので，これらを用いて f の最簡な積和形論理式 $f=\overline{x}+y\cdot z$ がつくれる。

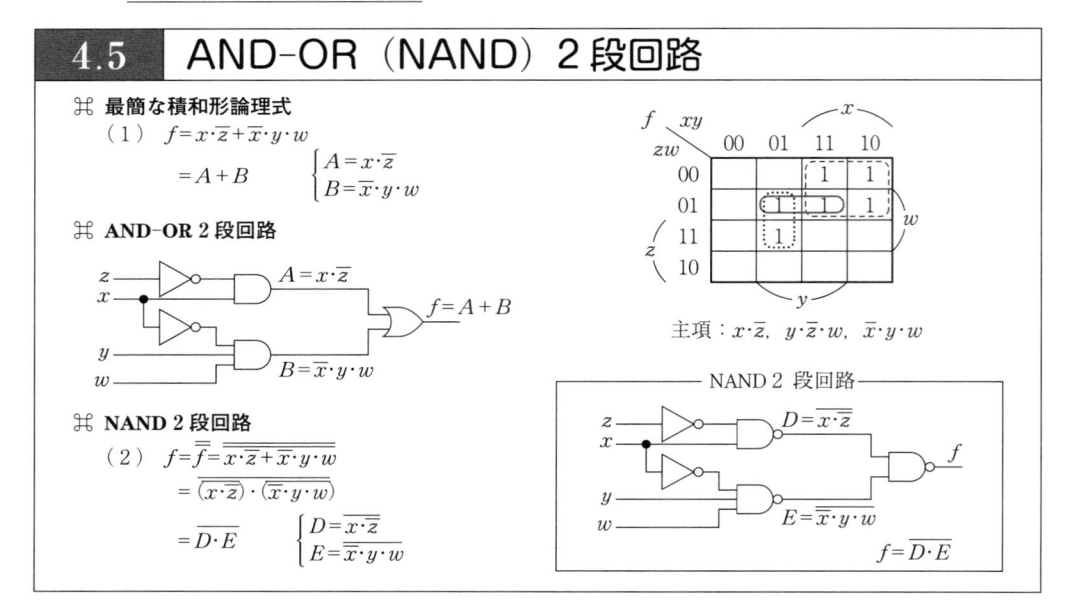

4.5 AND-OR（NAND）2段回路

⌘ 最簡な積和形論理式

(1) $f = x \cdot \bar{z} + \bar{x} \cdot y \cdot w$
$= A + B$ $\begin{cases} A = x \cdot \bar{z} \\ B = \bar{x} \cdot y \cdot w \end{cases}$

⌘ AND-OR 2段回路

主項：$x \cdot \bar{z},\ y \cdot \bar{z} \cdot w,\ \bar{x} \cdot y \cdot w$

⌘ NAND 2段回路

(2) $f = \bar{\bar{f}} = \overline{\overline{x \cdot \bar{z} + \bar{x} \cdot y \cdot w}}$
$= \overline{\overline{(x \cdot \bar{z})} \cdot \overline{(\bar{x} \cdot y \cdot w)}}$
$= \overline{D \cdot E}$ $\begin{cases} D = \overline{x \cdot \bar{z}} \\ E = \overline{\bar{x} \cdot y \cdot w} \end{cases}$

　積和形論理式が得られると，AND-OR 2段回路および NAND 2段回路が得られる。いま，論理関数 $f(x, y, z, w)$ のカルノー図が右上のように与えられたとすると，その下に書かれた三つの主項が見つかる。すなわち，この三つの AND 項に対応した領域のいずれも，1のマスだけを含み，その AND 項の中から一つでもリテラルを取り除くと，残った AND 項に対応した領域は，0のマスを含んでしまう。

　そこで，これらの中から $x \cdot \bar{z}$ と $\bar{x} \cdot y \cdot w$ を選ぶと，これらは1のマスすべてを被覆し，最小個数であるから，f の最簡な積和形論理式が，式(1)のように得られる。この積和形論理式(1)の各 AND 項に対して AND ゲートを用意し，これらの AND ゲートの出力を OR ゲートに入力すると，左図に示す **AND-OR 2段回路** を得る。ここで，段数は入力部の（論理変数 x, z の否定をとる）インバータを無視して考えている。この回路のゲート数 n_G および配線数 n_R はそれぞれ3および7である。

　積和形論理式 $F(x, y, z, w)$ は，その2重否定をとり，最初の否定（内側の否定）に対してド・モルガンの定理を用いると，式(2)に示すように，NAND だけを用いた論理式に変形できる。この論理式 $f = F(x, y, z, w) = \overline{\overline{F(x, y, z, w)}}$ において，各 NAND 項（AND 項の否定となっている論理式）$\overline{x \cdot \bar{z}}$ および $\overline{\bar{x} \cdot y \cdot w}$ に対して，それぞれ新たな論理変数 D および E を導入すると，$f = \overline{D \cdot E}$ と変形でき，この論理式も一つの NAND 項になっている。したがって，これらの論理式から **NAND 2段回路** を得ることができる。その回路を右下に示す。ここで，$D = \bar{A}$，$E = \bar{B}$，$f = \overline{D \cdot E} = \overline{\bar{A} \cdot \bar{B}} = A + B$ であることに気が付けば，NAND 2段回路における論理ゲートの接続構造が AND-OR 2段回路と同じであることが理解できるであろう。

　AND ゲートおよび OR ゲートのトランジスタ数は，それぞれ NAND ゲートおよび NOR ゲートのトランジスタ数より2だけ多いから，トランジスタ回路のレベルになると，NAND 2段回路のほうが AND-OR 2段回路より小規模であるといえる。

4.6 和積形論理式の簡単化

⌘ 論理関数 f の最簡な和積形論理式の求め方

☒ 1°: f の否定の論理関数の最簡な積和形論理式 F を求める
　☒ 下の論理関数 f の否定の論理関数 $\overline{f}$ のカルノー図は右下のようになる

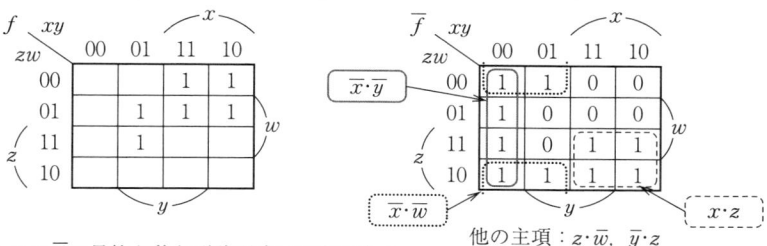

f xy	00	01	11	10
zw 00			1	1
01		1	1	1
11		1		
10				

$\overline{f}$ xy	00	01	11	10
zw 00	1	1	0	0
01	1	0	0	0
11	1	0	1	1
10	1	1	1	1

主項: $\overline{x}\cdot\overline{y}$, $\overline{x}\cdot\overline{w}$, $x\cdot z$
他の主項: $z\cdot\overline{w}$, $\overline{y}\cdot z$

　☒ この $\overline{f}$ の最簡な積和形論理式は下記である
　　(1)　$\overline{f} = F(x,y,z,w) = \overline{x}\cdot\overline{y} + \overline{x}\cdot\overline{w} + x\cdot z$

☒ 2°: F の否定の論理式 $\overline{F}$ にド・モルガンの定理を適用し，和積形論理式に変換する
　　(2)　$f = \overline{\overline{f}} = \overline{F(x,y,z,w)} = \overline{\overline{x}\cdot\overline{y} + \overline{x}\cdot\overline{w} + x\cdot z} = \overline{(\overline{x}\cdot\overline{y})}\cdot\overline{(\overline{x}\cdot\overline{w})}\cdot\overline{(x\cdot z)}$
　　　　$= (x+y)\cdot(x+w)\cdot(\overline{x}+\overline{z})$ ← 和積形論理式

　積和形論理式の簡単化では，論理ゲート数および配線数をできるだけ少なくするため，最簡な積和形論理式を求めた。主項の個数（AND ゲート数）が同じ二つの積和形論理式がある場合，リテラル数が少ないほうが配線数が少なくなるので，厳密には，最簡な積和形論理式は，AND 項の個数が最小の積和形論理式の中でリテラル数が最小のものと定義される。同様に，**最簡な和積形論理式**を，OR 項の個数が最小の和積形論理式の中でリテラル数が最小のものと定義する。

　このような最簡な論理式を求めるには，3.11 節において主乗法標準形を導出するために用いた手法が利用できる。すなわち，次のようにすればよい。

1°: 与えられた論理関数 f の否定の論理関数 $\overline{f}$ を表す最簡な積和形論理式 F を，4.5 節に示した方法で求める。

2°: $f = \overline{\overline{f}} = \overline{F}$ にド・モルガンの定理を適用し，f の和積形論理式に変換する。

　例えば，左上のカルノー図で与えられる論理関数 f の否定の論理関数 $\overline{f}$ は，$f=1$ のとき $\overline{f}=0$，$f=0$ のとき $\overline{f}=1$ となる関数であるから，そのカルノー図は，右上のように，f のカルノー図の 0 と 1 を入れ替えたものになる。そこで，$\overline{f}$ の主項を求めると，カルノー図内に○で囲んで示した三つと，その下に示した二つの合計五つの主項が見つかる。そこで，すべての 1 を被覆する最小個数の主項としてカルノー図中に示した三つを選ぶと，式(1)に示す最簡な積和形論理式 $\overline{f} = F(x,y,z,w)$ が得られる。

　そこで，f の和積形論理式を求めるため，この $F(x,y,z,w)$ の否定をとり，それに対してド・モルガンの定理を 2 回適用すると，式(2)が得られる。

　こうして得られた和積形論理式の項数およびリテラル数は，それぞれ $\overline{f}$ の最簡な積和形論理式の項数およびリテラル数に等しい。したがって，この和積形論理式は，最簡な和積形論理式になっている。

4.7　OR-AND（NOR）2段回路

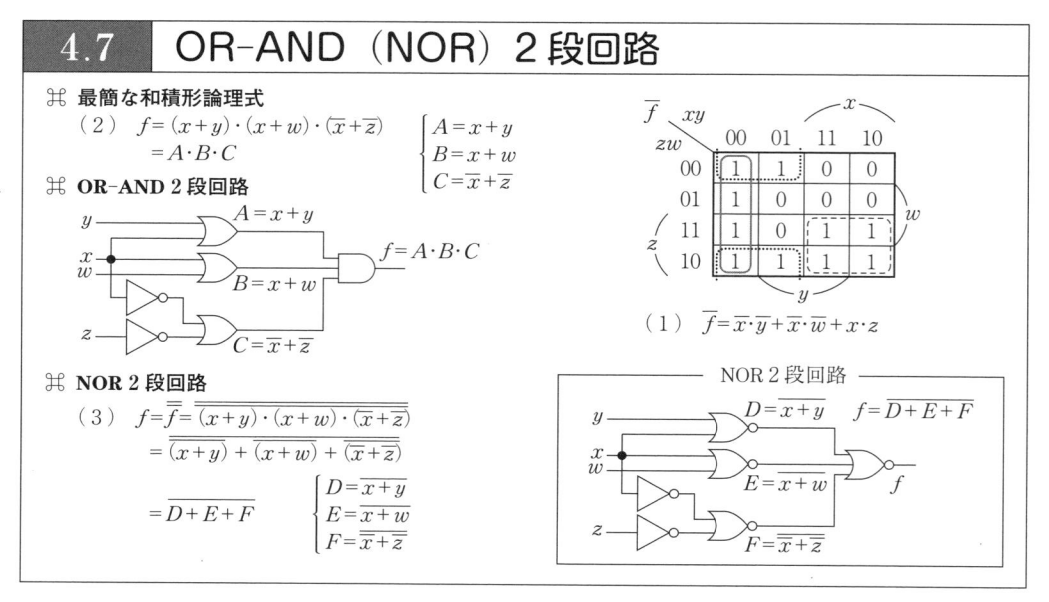

⌘ **最簡な和積形論理式**

(2) $f = (x+y) \cdot (x+w) \cdot (\overline{x}+\overline{z})$
$= A \cdot B \cdot C$

$\begin{cases} A = x+y \\ B = x+w \\ C = \overline{x}+\overline{z} \end{cases}$

⌘ **OR-AND 2段回路**

⌘ **NOR 2段回路**

(3) $f = \overline{\overline{f}} = \overline{\overline{(x+y) \cdot (x+w) \cdot (\overline{x}+\overline{z})}}$
$= \overline{\overline{(x+y)} + \overline{(x+w)} + \overline{(\overline{x}+\overline{z})}}$
$= \overline{D+E+F}$

$\begin{cases} D = \overline{x+y} \\ E = \overline{x+w} \\ F = \overline{\overline{x}+\overline{z}} \end{cases}$

(1) $\overline{f} = \overline{x} \cdot \overline{y} + \overline{x} \cdot \overline{w} + x \cdot z$

　和積形論理式が得られると，OR-AND 2段回路および NOR 2段回路が得られる。いま，論理関数 f の否定の論理関数 $\overline{f}$ のカルノー図が右上のように与えられたとすると，4.6節に示した方法によって，$\overline{f}$ の最簡な積和形論理式がその下の式(1)のように得られ，この積和形論理式(1)の否定をとった式に，2回ド・モルガンの定理を適用すると，式(2)で表される最簡な和積形論理式が得られる。

　そこで，この和積形論理式の各 OR 項に対して，新たな論理変数 A, B, および C を導入し，これらの論理変数の値を出力する OR ゲートを用意する。さらに，これらの OR ゲートの出力を入力とする 3 入力の AND ゲートを用意すれば，左図に示す **OR-AND 2段回路** が得られる。ここでも，外部入力の否定をとるインバータを無視してゲート段数を数える。この回路のゲート数 n_G および配線数 n_R はそれぞれ 4 および 9 である。この回路は，4.5節の AND-OR 2段回路と同じ機能をもっているが，ゲート数も配線数も増え，規模が大きくなっている。しかし，OR-AND 回路のほうが AND-OR 回路より小さくなることもあるので，どちらを選択するかは，二つの回路を比較して決める必要がある。

　和積形論理式 $F(x, y, z, w)$ は，その 2 重否定をとり，最初の否定（内側の否定）に対してド・モルガンの定理を用いると，式(3)に示すように，NOR だけを用いた論理式に変形できる。この論理式 $f = F(x, y, z, w) = \overline{\overline{F(x, y, z, w)}}$ において，各 NOR 項 $\overline{x+y}$, $\overline{x+w}$, $\overline{\overline{x}+\overline{z}}$ に対して，新たな論理変数 D, E, F を導入すると，$f = \overline{D+E+F}$ となり，この論理式も一つの NOR 項になっている。したがって，これらの論理式から **NOR 2段回路** が得られる。その回路を右下に示す。ここで，$D = \overline{A}$, $E = \overline{B}$, $F = \overline{C}$, $f = \overline{D+E+F} = \overline{\overline{A}+\overline{B}+\overline{C}} = A \cdot B \cdot C$ であることに気が付けば，NOR 2段回路の接続構造が OR-AND 2段回路と同じであることがわかる。

　AND-OR 回路と NAND 回路の関係と同様，トランジスタ回路のレベルでは，NOR 2段回路のほうが OR-AND 2段回路より小規模である。

4.8 ドントケアと主項

- ⌘ **ドントケアとは，出力値が 0 でも 1 でもよいような入力値の組**
  - ☒ 決して生じない入力値の組
  - ☒ 出力が無視されるような入力値の組
- ⌘ **例**：入力：(x_3, x_2, x_1, x_0) ／ 出力：y ｝の組合せ回路において
  - ☒ 例 1：(x_3, x_2, x_1, x_0) が BCD 符号の 0 ～ 9 の数のとき，$(A)_{16} \sim (F)_{16}$ の符号に対応する入力値の組。すなわち
    $(x_3, x_2, x_1, x_0) = (1, 0, 1, 0) \sim (1, 1, 1, 1)$
  - ☒ 例 2：右上の回路における $(x_1, x_0) = (0, 0)$ を含む入力値の組
- ⌘ **ドントケアを含む主項 P**
  - ☒ AND 項 P が 1 になる値の組 $\boldsymbol{b}$ すべてに対して，関数の値 $f(\boldsymbol{b})$ が 0 でなく，少なくとも一つの組に対して値が 1 である
  - ☒ カルノー図上での極大性がある
  - ☒ 右の関数 $f(x_3, x_2, x_1, x_0)$ では，$x_1 \cdot x_2$　$\overline{x_0} \cdot x_3$

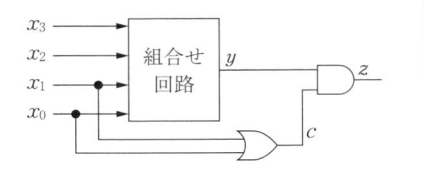

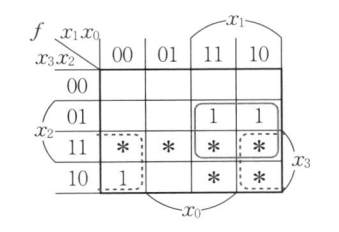

いま，4 ビットの入力 x_3, x_2, x_1, x_0 に，2 進化 10 進符号（BCD 符号）の 0 ～ 9 までの数値が入力される回路を考えると，2 進数 $(1010)_2$ から $(1111)_2$ に対応する値の組がこの回路に入力されることはない。また，図に示す回路において，4 ビットの入力 x_3, x_2, x_1, x_0 に，$x_1 = x_0 = 0$ であるような値の組が入力されたときには，出力 y の値が何であっても AND ゲートの出力 z は 0 となるから，y の値は 0 でも 1 でもよい。すなわち，$(x_3, x_2, x_1, x_0) = (0, 0, 0, 0), (0, 1, 0, 0), (1, 0, 0, 0), (1, 1, 0, 0)$ なる入力に対する出力は 0 でも 1 でもよい。

このような入力として生じることのない値の組や，出力が 0 でも 1 でもよいような値の組を**ドントケア**（don't care）と呼び，ドントケアをもつ論理関数を**不完全記述関数**（imcompletely specified function），そうでない関数を**完全記述関数**（completely specified function）という。10 変数の完全記述関数を定義する場合，$2^{10} = 1024$ 通りの値の組すべてに対して，出力の値を定めなければならず，現実的ではない。したがって，実際の回路設計において，与えられる関数は不完全記述関数になっていることが多い。

ドントケアに対する関数の値が 0 でも 1 でもよいことを，∗ を用いて表すことにする。したがって，0 ～ 9 までの BCD 符号が x_3, x_2, x_1, x_0 に入力される回路における論理関数のカルノー図は，右下に示すように，$(A)_{16} \sim (F)_{16}$ の数に対応する入力の値のマスに ∗ をもつ。例えば，$(x_3, x_2, x_1, x_0) = (1, 0, 1, 0)$ に対応する右下隅のマスは ∗ をもつ。

不完全記述関数の最簡な積和形論理式を求めるため，主項の定義における implicant 条件を次のように変更する。すなわち，implicant 条件は，「その AND 項を 1 とする論理変数の値の組に対して，f の値が 1 あるいは ∗ で，少なくとも一つの 1 となる値の組がある」とする。すなわち，カルノー図上において，不完全記述関数の主項が対応する領域は，少なくとも一つの 1 のマスを含み，0 のマスを含まない極大な領域である。例えば，図のカルノー図で表される論理関数 f は，図に示す二つの主項をもつ。

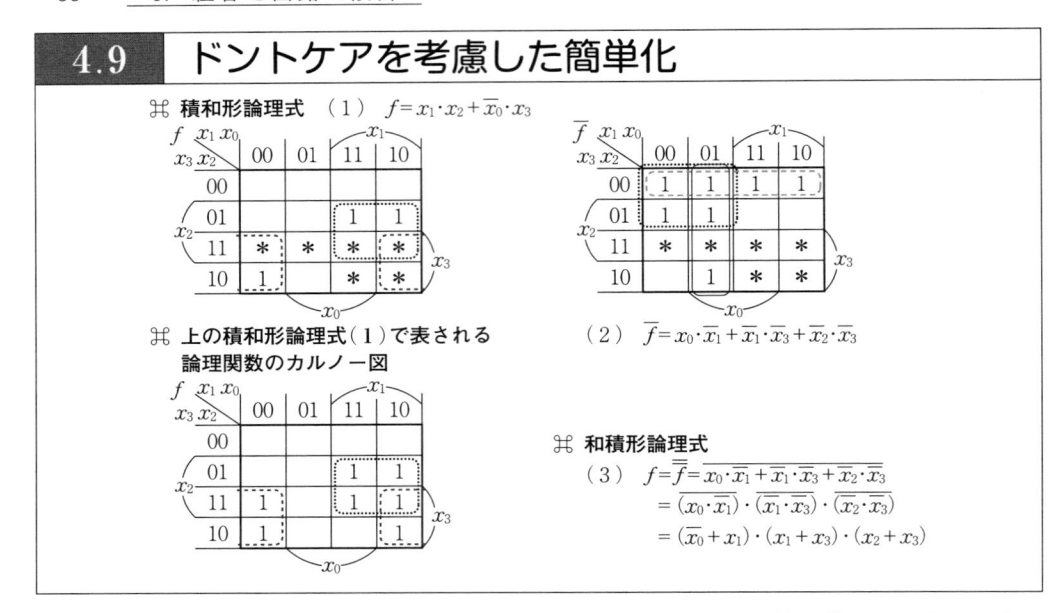

4.9 ドントケアを考慮した簡単化

⌘ 積和形論理式　（1）$f = x_1 \cdot x_2 + \overline{x_0} \cdot x_3$

⌘ 上の積和形論理式（1）で表される論理関数のカルノー図

（2）$\overline{f} = x_0 \cdot \overline{x_1} + \overline{x_1} \cdot \overline{x_3} + \overline{x_2} \cdot \overline{x_3}$

⌘ 和積形論理式

（3）$f = \overline{\overline{f}} = \overline{x_0 \cdot \overline{x_1} + \overline{x_1} \cdot \overline{x_3} + \overline{x_2} \cdot \overline{x_3}}$
$= \overline{(x_0 \cdot \overline{x_1})} \cdot \overline{(\overline{x_1} \cdot \overline{x_3})} \cdot \overline{(\overline{x_2} \cdot \overline{x_3})}$
$= (\overline{x_0} + x_1) \cdot (x_1 + x_3) \cdot (x_2 + x_3)$

　不完全記述関数を表す論理式を求める際，ドントケアに対する関数の値は0でも1でもよいので，論理式が簡単になるように定めることができる．以下にその手法を示すが，求める最簡な論理式は，項数が最小の論理式の中でリテラル数が最小のものである．

　最簡な積和形論理式を求めるため，4.8節で定義した主項を利用する．すなわち，与えられた不完全記述関数fの主項をすべて求め，それらの中からfのすべての1を被覆する最小個の主項を選ぶ．その際，最小個の主項からなる異なる組がともにfのすべての1を被覆するならば，リテラル数が少ないほうを選ぶ．このようにして得られた主項の和で論理式をつくる．

　例えば，左上のカルノー図で与えられる論理関数fの主項は，$x_1 \cdot x_2$と$\overline{x_0} \cdot x_3$であり，これらを用いてfの1をすべて被覆でき，fの1をすべて被覆するには二つとも必要であるから，これらは最小個数である．したがって，式(1)は最簡な積和形論理式である．左下に，この積和形論理式が表す関数のカルノー図を示す．これより，論理式(1)を得るため，関数fのドントケアに対して，出力の値がどのように定められたかがわかる．

　不完全記述関数fの最簡な和積形論理式を直接求めるよい手法は知られていないが，完全記述関数の場合と同様，fの否定の論理関数$\overline{f}$の最簡な積和形論理式を求め，その否定にド・モルガンの定理を適用して，和積形論理式を求めることができる．

　例えば，左上のカルノー図で示される論理関数fの否定は，右上のように得られるから，これの主項を求めると，$x_0 \cdot \overline{x_1}$, $x_0 \cdot \overline{x_2}$, $x_0 \cdot x_3$, $x_1 \cdot \overline{x_2}$, $\overline{x_1} \cdot x_2$, $\overline{x_1} \cdot \overline{x_3}$, $\overline{x_2} \cdot \overline{x_3}$の七つが得られる．そこで，これらの中から図に示した三つの主項を選び，最簡な積和形論理式を求めると，式(2)を得る．この式の否定にド・モルガンの定理を2回適用すると，式(3)に示す和積形論理式が得られる．

　最簡な和積形論理式Fの否定の論理式$\overline{F}$は積和形で，最簡でもあるから，この手法が利用できる．

4.10 多段論理回路*

⌘ 2入力ゲートへの変換

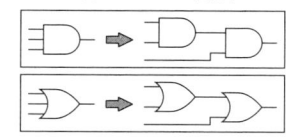

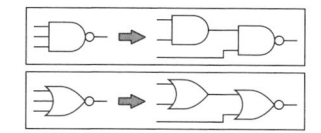

⌘ AND-OR 2段回路
- ゲート数：$n_G = 4$, 配線数：$n_R = 11$
- (1) $f = y \cdot w + \overline{x} \cdot \overline{z} \cdot w + \overline{x} \cdot y \cdot \overline{z}$

⌘ 2入力ゲートの単純利用の例（図1）
- ゲート段数：4
- ゲート数：$n_G = 7$, 配線数：$n_R = 14$
- (2) $f = y \cdot w + \{(\overline{x} \cdot \overline{z}) \cdot w + (\overline{x} \cdot y) \cdot \overline{z}\} = A + B$

(3) $\begin{cases} A = y \cdot w \\ B = C + D \end{cases}$ $\begin{cases} C = E \cdot w \\ D = F \cdot \overline{z} \end{cases}$ $\begin{cases} E = \overline{x} \cdot \overline{z} \\ F = \overline{x} \cdot y \end{cases}$

図1

⌘ カーネルを利用した多段化（図2）
- ゲート段数：3
- ゲート数：$n_G = 5$, 配線数：$n_R = 10$
- (4) $f = y \cdot w + (\overline{x} \cdot \overline{z}) \cdot w + (\overline{x} \cdot \overline{z}) \cdot y$
  $= y \cdot w + (\overline{x} \cdot \overline{z}) \cdot (y + w) = A + G$

$\begin{cases} G = E \cdot H \\ H = y + w \end{cases}$

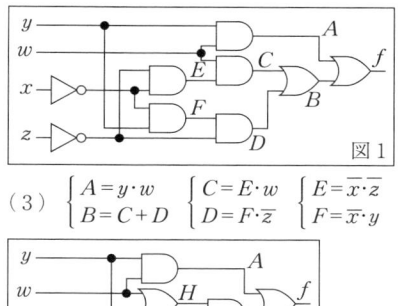

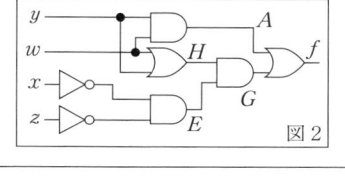

図2

　論理ゲートの入力数は，トランジスタ回路における電気的な制約から制限されることが多く，通常，任意の入力数の論理ゲートを自由に使うことができない。このような場合，入力数の大きな論理ゲートを入力数の小さな論理ゲートに置き換える必要が生じる。例えば，2入力ゲートしか使えない場合，AND および OR 演算は，結合律 $x_1 \cdot x_2 \cdot x_3 = (x_1 \cdot x_2) \cdot x_3$ および $x_1 + x_2 + x_3 = (x_1 + x_2) + x_3$ を満たすので，3入力 AND および OR ゲートは，左上に示すように，2入力ゲートに置き換えることができる。同様に，3入力 NAND および NOR ゲートも，それぞれ AND 演算および OR 演算に対して結合律を適用することにより，右上のように置き換えることができる。このように論理ゲートの入力数に制限がある場合や，より少ないゲート数の回路を構成したい場合など，**多段論理回路**が用いられる。

　いま，2入力ゲートしか使えないとし，図の積和形論理式(1) を，式(2) および式(3) のように変形し，これらから回路を構成すると，図1に示すように，ゲート段数は 4，ゲート数は 7，配線数は 14 となる。このとき，積和形論理式(1)の後ろの二つの AND 項に共通の AND 項 $\overline{x} \cdot \overline{z} = E$ に着目し，式(4)に示すように論理式を変形すれば，これより，図2に示した組合せ回路を導くことができる。この回路のゲート数は 5 で，配線数は 10 であるから，図1の回路より小規模で，ゲート段数も少ない回路になっている。ただし，出力が生成されるまでのゲート段数は 3 で，2段回路の場合よりは増加する。

　このような回路の小規模化が実現できたのは，式(1) の AND 項の中に共通に含まれる部分項 $\overline{x} \cdot \overline{z}$ を見いだせたからである。このような共通の論理式を**カーネル**（kernel）と呼ぶ。多段化によって回路規模を縮小できるか否かは，このような適切なカーネルを見いだせるか否かに依存する。4.11 節では，これを多出力回路に対して適用する。

4.11 多出力回路の設計*

⌘ 4入力, 2出力回路の例
（1） $f(x,y,z,w) = y \cdot w + \overline{x} \cdot \overline{z} \cdot w + \overline{x} \cdot y \cdot \overline{z}$
（2） $g(x,y,z,w) = y \cdot \overline{w} + \overline{x} \cdot \overline{z} \cdot \overline{w}$

☒ カーネル（kernel）を見いだす
（3） $f(x,y,z,w) = (y + \overline{x} \cdot \overline{z}) \cdot w + \overline{x} \cdot y \cdot \overline{z}$
（4） $g(x,y,z,w) = (y + \overline{x} \cdot \overline{z}) \cdot \overline{w}$

☒ カーネル（共通式）：$K = y + \overline{x} \cdot \overline{z}$
☒ カーネル（共通項）：$A = \overline{x} \cdot \overline{z}$

分配律：$x \cdot (y + z) = x \cdot y + x \cdot z$

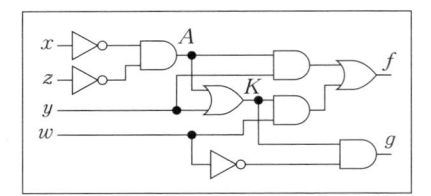

⌘ 以下の式を得る
（5） $f = K \cdot w + A \cdot y$
（6） $g = K \cdot \overline{w}$

$$\begin{cases} K = y + A \\ A = \overline{x} \cdot \overline{z} \end{cases}$$

☒ ゲート段数：4
☒ ゲート数：$n_G = 6$
☒ 配線数：$n_R = 12$

　組合せ回路の多くは，複数の外部入力に対して複数の外部出力（多出力）を生成する。したがって，このような組合せ回路の論理ゲート数 n_G および配線数 n_R を少なくするには，複数の論理式を同時に考慮し，簡単化する必要がある。

　いま，出力 f および g に対して，図に示す二つの最簡な積和形論理式(1)および(2)が得られたとしよう。この式に従って，f および g を出力する AND-OR 2段回路を個別に構成すると，これらのゲート数はそれぞれ4および3，配線数はそれぞれ11および7であるから，全体としてゲート数および配線数はそれぞれ $n_G = 7$ および $n_R = 18$ となる。

　そこで，これらを削減するため，4.10節で述べたカーネルを見いだし，回路の共有化を図る。式(1)および(2)の第1項および第2項に対して，3.6節で示した分配律を適用すると，式(3)および(4)を得るから，この二つの式に共通の式 $y + \overline{x} \cdot \overline{z}$ を見いだすことができる。このような共通式がカーネルである。

　さらに，カーネル $K = y + \overline{x} \cdot \overline{z}$ および式(3)には，別のカーネル（共通項）$A = \overline{x} \cdot \overline{z}$ も存在する。そこで，これらのカーネルを用いて，二つの積和形論理式を書き換えると，式(5)および(6)を得る。これらの式に従って回路を構成すると，右下の回路が得られる。この回路のゲート数は6，配線数は12であり，3入力ゲートも用いていないので，f および g の AND-OR 2段回路を個別に作成した場合の回路より小規模になっている。これは，カーネルに対応する回路を共有化したためである。ただし，論理ゲート段数は2段から4段に増加している。

　6章で述べるが，このような外部入力から外部出力までのゲート段数の最大値は，出力が生成されるまでの時間（遅延）に影響し，遅延は論理回路の動作速度に影響する。8章で述べるように，回路の設計においては，論理ゲート数や配線数などの規模だけでなく，いくつかの目標が設定され，動作速度は一つの重要な設計評価指標である。

4.12 正論理と負論理

⌘ **CMOS 回路**
　☒ PMOS と NMOS の両方を用いた回路
⌘ **右下の CMOS 回路は，下表に示す出力を出す**
　☒ 入力：x, y
　☒ 出力：z

x	y	z
L	L	H
L	H	H
H	L	H
H	H	L

⌘ **MOS トランジスタ**
　☒ PMOS：端子 G が低電位(L)になると，端子 S と端子 D が導通する
　☒ NMOS：端子 G が高電位(H)になると，端子 S と端子 D が導通する

電位	正論理	負論理
H (High)	1	0
L (Low)	0	1

左の CMOS 回路は，
正論理では NAND ゲート，
負論理では NOR ゲートとなる

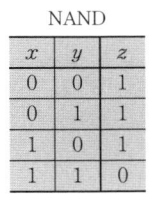

NAND

x	y	z
0	0	1
0	1	1
1	0	1
1	1	0

NOR

x	y	z
1	1	0
1	0	0
0	1	0
0	0	1

論理ゲートを集積回路上に実現するには，MOS トランジスタの回路を設計する必要がある。中央に示すような PMOS と NMOS の両方を用いた回路を **CMOS**（complementary MOS）**回路**という。この回路において，V_{dd} は電源の高電位側（High あるいは H で示す）を，V_{ss} は低電位側（Low あるいは L で示す）を表し，PMOS が並列に，NMOS が直列に接続されている。

この CMOS 回路は，入力 x, y に対して，左表に示すような出力 z を出す。これは，図下に示す PMOS および NMOS の性質からわかる。例えば，入力の少なくとも一方が低電位(L)の場合，並列接続された PMOS の少なくとも一つは導通し，直列接続された NMOS の少なくとも一方は遮断しているから，出力 z は V_{dd} と接続し，V_{ss} とは遮断されている。したがって，z に高電位(H)が出力される。しかし x, y がともに H になると，PMOS は両方遮断し，NMOS は両方導通するので，z は V_{ss} と接続し，V_{dd} から遮断される。したがって，z に低電位(L)が出力される。

このようなトランジスタの回路における高電位および低電位を論理値に対応付ける際，右上に示す2通りの対応付けがある。一つは，高電位を 1 に，低電位を 0 に対応付けるもので，**正論理**（positive logic あるいは active high）と呼ばれ，もう一方は，高電位を 0 に，低電位を 1 に対応付けるもので，**負論理**（negative logic あるいは active low）と呼ばれる。

中央に示した CMOS 回路は，正論理では NAND ゲートに，負論理では NOR ゲートとなる。これは，左表の L および H をそれぞれ論理値に変換すればわかる。右下には，NAND および NOR の真理値表を示すので比較されたい。

正論理と負論理の入れ替えは 0 と 1 の反転と同じであるから，正論理の NAND ゲート $F(x, y) = \overline{x \cdot y}$ を負論理でみると，入力と出力にインバータを入れたことに相当するので，$\overline{F(\overline{v}, \overline{w})} = \overline{(\overline{v} \cdot \overline{w})} = \overline{\overline{v}} + \overline{\overline{w}} = v + w = G(v, w)$ となり，NOR ゲート $G(v, w)$ となる。同様に，正論理の NOR ゲート $G(v, w)$ は，負論理では NAND ゲートになる。

参　考　文　献

1) 山田輝彦：論理回路理論，森北出版（1990）
2) D. D. Gajski：Principles of Digital Design, Prentice Hall（1997）
3) R. K. Brayton, G. D. Hachtel, C. McMullen, A. L. Sangiovanni-Vincentelli：Logic Minimization Algorithms for VLSI Synthesis, Kluwer（1984）
4) T. Sasao：Switching Theory for Logic Synthesis, Springer（1999）
5) S. Devadas, A. Ghosh, K. Keutzer：Logic Synthesis, McGraw-Hill Professional（1994）
6) 佐々木元，森野明彦，鈴木敏夫：LSI設計入門，近代科学社（1987）
7) 寺井秀一，福井正博：LSIとは何だろうか―半導体のしくみからつくり方まで，森北出版（2006）
8) D. A. Hodges, H. G. Jackson, R. A. Saleh：Analysis and Design of Digital Integrated Circuits：In Deep Submicron Technolog, McGraw-Hill（2003）
9) R. K. Brayton, C. T. McMullen："The decomposition and factorization of boolean expressions," ISCAS-82, pp. 49-54（1982）
10) T. Sasao, M. Fujita：Representations of Discrete Functions, Springer（1996）
11) R. E. Bryant："Graph based algorithm for Boolean function manipulation," IEEE Trans. Computer, C-35, 8, pp. 677-691, Aug（1986）

　本章では，論理式を簡単にすることの意味については説明したが，実際にどのような手法で簡単にするのかについては詳しく述べていない。これらについて学ぶには，文献1)〜5)を読むとよい。特に，文献3)はコンピュータを用いて簡単化する手法について述べている。また，LSIの設計，製造，並びにトランジスタ回路について学ぶには文献6)〜8)を，カーネルを詳しく知るには文献9)を読むとよい。なお，本書では触れていないが，文献10), 11)には論理関数の図的表現法が紹介されている。

演　習　問　題

【1】　図4.1に示したベイチ図で与えられる論理関数 $f(x, y, z, w)$ の最簡な積和形論理式と最簡な和積形論理式を求めよ。

0	0	0	1
1	1	0	0
1	0	1	1
1	0	1	1

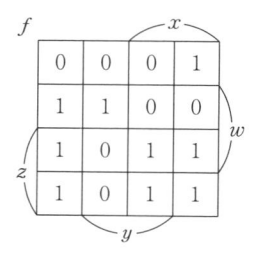

図 4.1

【2】　入力 r が1の場合，出力 z が1になり，入力 r が0の場合，出力 z にはもう一方の入力 x と同じ値が出力されるような2入力1出力の論理回路をつくれ。また，この回路をNANDゲートだけでつくれ。

【3】　図4.2（a）に示す組合せ回路において，GがORゲート，ANDゲート，NORゲート，

NANDゲートのいずれの場合に，出力zの真理値表が図（b）のようになるか，理由を示して答えよ。

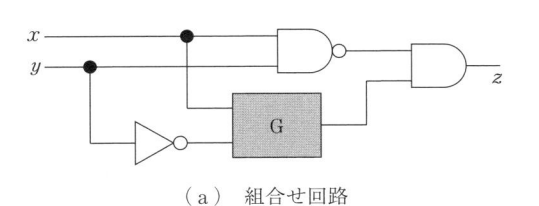

(a) 組合せ回路　　　　　　(b) 真理値表

図 4.2

【4】 図4.3に示す回路の出力zを入力x, yの論理式で表せ。

〈ヒント〉　zの真理値表を作成せよ．そのため，まず，ANDゲートの出力をS, ORゲートの出力をRとし，SおよびRがとる値の組合せを考えよ．その後，SあるいはRが入力されるNORゲートにおいて，制御値が入力されるゲートから論理値を決定していけばよい．なお，SおよびRが入力される回路はラッチと呼ばれ，論理値を記憶するために用いられる（6.6節参照）．

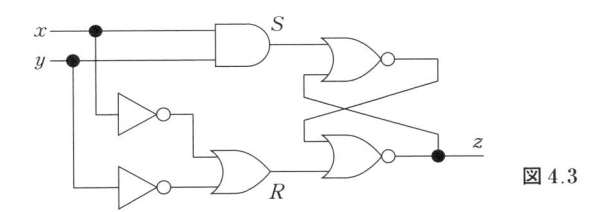

図 4.3

【5】 論理変数x, y, z, vに対する重みがそれぞれ$w_x=1, w_y=2, w_z=3, w_v=2$で，しきい値$T=5$のしきい値関数$f(x, y, z, v)$を実現するAND-OR 2段回路とOR-AND 2段回路をつくれ．ここで，しきい値関数$f(x, y, z, v)$とは，下の式が成立するときかつそのときに限り$f(x, y, z, v)=1$となる論理関数である．ただし，この式では，x, y, z, vの値0, 1を整数とみなし，・および+はそれぞれ算術演算の乗算および加算とする．

$$w_x \cdot x + w_y \cdot y + w_z \cdot z + w_v \cdot v \geq T$$

【6】 表4.1（a）および（b）の真理値表で与えられる関数$f(x, y, z)$および$g(x, y, z)$の最簡な積和形論理式と和積形論理式を求めよ．

表 4.1

x	y	z	$f(x,y,z)$
0	0	0	*
0	0	1	*
0	1	0	0
0	1	1	1
1	0	0	1
1	0	1	*
1	1	0	1
1	1	1	0

(a)

x	y	z	$g(x,y,z)$
0	0	0	0
0	0	1	1
0	1	0	*
0	1	1	*
1	0	0	0
1	0	1	1
1	1	0	*
1	1	1	0

(b)

【7】 $G(x,y,z,w) = (x+\bar{z})\cdot(y+w) = 0$ となるような論理変数 x,y,z,w の値の組合せが決して生じないとき，$f(x,y,z,w) = x\cdot y\cdot z\cdot w + x\cdot \bar{y}\cdot z\cdot w + x\cdot y\cdot z\cdot \bar{w}$ と表される論理関数 f の最簡な積和形論理式と和積形論理式を求めよ．

【8】 3ビットの情報記号 $(a_2\,a_1\,a_0)$ に偶数パリティビット c を付加してできる4ビットの符号 $(c\,a_2\,a_1\,a_0)$ のうち，正しい符号だけが入力される論理回路においては，1の個数が奇数の入力はドントケアである．このような回路において，情報記号 $(0\,0\,1)$ あるいは $(0\,1\,0)$ が入力されたときかつそのときに限り1を出力する関数 $h(c,a_2,a_1,a_0)$ を NOR ゲートだけを用いて実現せよ．

【9】 4ビットの情報記号 $(a_1\,a_2\,a_3\,a_4)$ が入力されたとき，下のような生成行列 G によって生成される7ビットのハミング符号 $(c_3\,c_2\,a_4\,c_1\,a_1\,a_2\,a_3)$ を出力する組合せ回路を，2入力の XOR ゲートだけを用いて実現せよ．また，2入力 XOR ゲートを2入力 NAND ゲートだけを用いて実現し，それを使って，7ビットのハミング符号を出力する組合せ回路を2入力の NAND ゲートだけで実現せよ．なお，mod 2 の演算に関しては，2.17 節を参照せよ．

$$(c_3\,c_2\,a_4\,c_1\,a_1\,a_2\,a_3) = (a_1\,a_2\,a_3\,a_4)\cdot G \pmod 2$$

$$G = \begin{pmatrix} 1 & 0 & 0 & 1 & 1 & 0 & 0 \\ 0 & 1 & 0 & 1 & 0 & 1 & 0 \\ 1 & 1 & 0 & 1 & 0 & 0 & 1 \\ 1 & 1 & 1 & 0 & 0 & 0 & 0 \end{pmatrix}$$

【10】 入力 c, x, y と出力 z を持つある組合せ回路は，$c=0$ の場合，z には $\bar{x}$ と同じ値が出力され，$c=1$ の場合，z には $\overline{x\cdot y}$ と同じ値が出力される．このような3入力1出力の組合せ回路を NOR ゲートだけを用いて構成せよ．

【11】 図 4.4（a）に示す回路が同図（b）の真理値表に示す値 z を出力するように，部分回路 CC を NAND ゲートとインバータを用いて構成せよ．

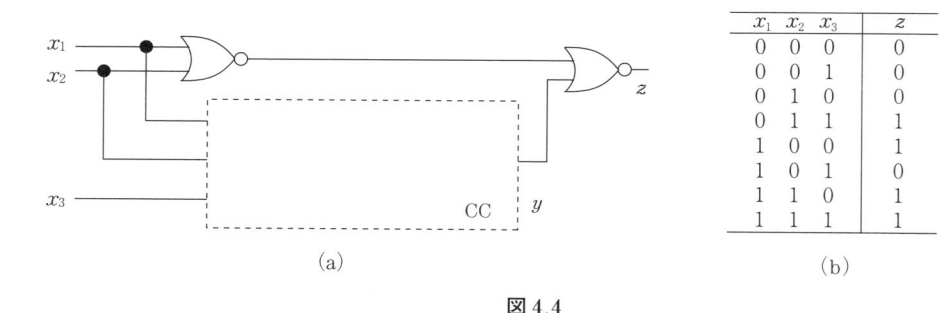

x_1	x_2	x_3	z
0	0	0	0
0	0	1	0
0	1	0	0
0	1	1	1
1	0	0	1
1	0	1	0
1	1	0	1
1	1	1	1

(a)　　　　　　　　　　　　　(b)

図 4.4

【12】 論理関数 $f(x,y,z)$ および $g(x,y,z)$ は，それぞれ $f(0,0,1)=1$ および $g(0,0,1)=0$ であり，$(x,y,z)=(0,0,1)$ 以外の値の組合せに対しては，積和形論理式 $F(x,y,z)$ および和積形論理式 $G(x,y,z)$ を用いて，それぞれ $f(x,y,z)=F(x,y,z)$ および $g(x,y,z)=G(x,y,z)$ と書ける．いま，論理式 $F(x,y,z)$ および $G(x,y,z)$ を実現した回路をそれぞれ CF および CG としたとき，これらに適切な論理回路を付け加えて，論理関数 $f(x,y,z)$ および $g(x,y,z)$ を実現せよ．ただし，回路図を描く際，回路 CF および CG は図 4.4（a）の部分回路 CC のように四角い箱で表せ．

5. 順序回路の設計

学習目標
(1) 組合せ回路と順序回路の違いを理解する。
(2) 同期式順序回路における時刻，状態，および状態遷移の概念を理解する。
(3) 順序回路の設計手順を理解する。
(4) ミーリ型順序回路とムーア型順序回路の特徴を理解する。

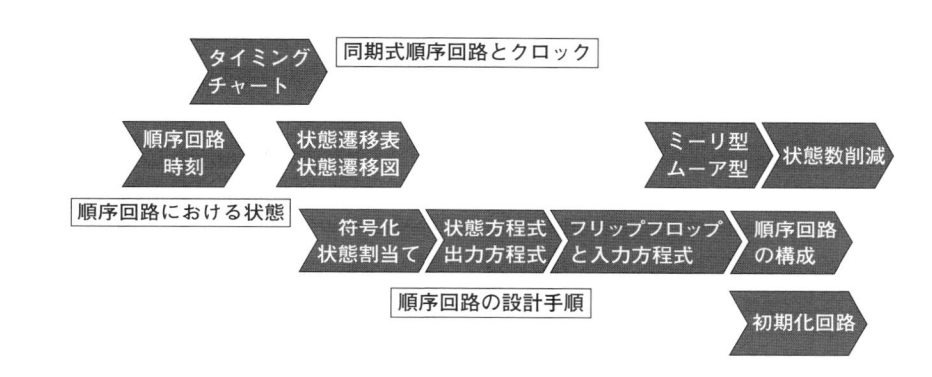

この章では，同期式順序回路の動作と設計方法について学ぶ。まず，時刻と状態の概念を理解し，次に，記憶素子としてのフリップフロップの動作を学ぶ。これらをもとに，順序回路の実現方法を学んだ後，順序回路の種類と状態の個数について理解し，最後に，設計法は一つではないことを学ぶ。

内 容

— 順序回路と状態 —
5.1 順 序 回 路
5.2 タイミングチャート
5.3 状態遷移表と状態遷移図
5.4 状 態 割 当 て

— フリップフロップと入力方程式 —
5.5 D フリップフロップ
5.6 入 力 方 程 式

— 順序回路の設計手順 —
5.7 順序回路の設計例
5.8 符 号 化
5.9 状態遷移関数と出力関数
5.10 初 期 化 回 路

— 順序回路の構造 —
5.11 ミーリ型とムーア型
5.12 ミーリ型とムーア型の相互変換*
5.13 状 態 数 削 減*
5.14 縦続接続による設計*

5.1 順序回路

⌘ 2 カウンタ（2 counter）の例
- 入力 x が 2 回 1 になるたびに，出力 z を 1 にする回路 SC を考える
- 入力の集合 $X = \{0, 1\}$
- 出力の集合 $Z = \{0, 1\}$
- 入力系列 $(X) = (x(0), x(1), \cdots, x(i), \cdots)$，$x(i) \in X$ $(0 \leq i)$
- 出力系列 $(Z) = (z(0), z(1), \cdots, z(i), \cdots)$，$z(i) \in Z$ $(0 \leq i)$

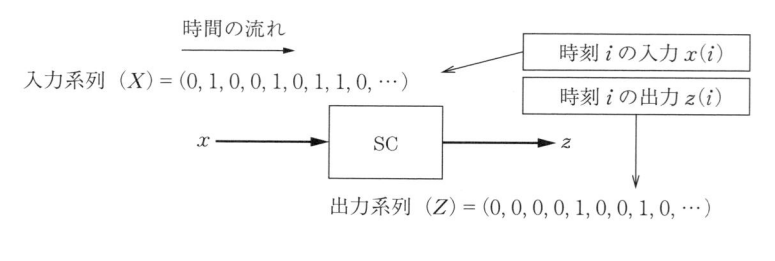

時間の流れ →

入力系列 $(X) = (0, 1, 0, 0, 1, 0, 1, 1, 0, \cdots)$

時刻 i の入力 $x(i)$
時刻 i の出力 $z(i)$

$x \rightarrow$ SC $\rightarrow z$

出力系列 $(Z) = (0, 0, 0, 0, 1, 0, 0, 1, 0, \cdots)$

4 章で述べた組合せ回路は出力値がその時点の入力値によって決定した。これに対して，図の例に示すような回路は，1 が入力されたとしても，それが 1 回目の 1 なのか，2 回目の 1 なのかわからないため，入力だけで出力を決定することができない。このような過去の入力値の系列（sequence）によって，その時点の出力が決定されるような回路を**順序回路**（sequential circuit）と呼ぶ。なお，図の例の回路は**カウンタ**（counter）と呼ばれ，さまざまな用途で用いられる。例えば，0.1 秒ごとに 1 になる回路の出力を受け，1 が 10 回入力されるたびに 1 を出力する 10 カウンタは，1 秒ごとに 1 を出力するから，この 10 カウンタの出力を使って，ディジタル時計の秒の表示を変更することができる。

順序回路の動作には時間の概念があるが，その時間は離散的（discrete）なもので，時刻に区切られている。すなわち，時刻 i の出力値は，時刻 $0 \sim i$ までの各時刻における入力値の系列（これを**入力系列**と呼ぶ）によって決まる。したがって，時刻ごとの出力値の系列も定義でき，これを**出力系列**と呼ぶ。

時刻を定めるための同期信号をもつ順序回路は，**同期式**（synchronous）順序回路と呼ばれ，この同期信号を**クロック**（clock）と呼ぶ。これに対して，クロックをもたない順序回路は，**非同期式**（asynchronous）順序回路と呼ばれ，非同期式回路の時刻は，入力値が定められた時点で定められる[1]。本書では同期式順序回路について考え，非同期式は扱わない。

順序回路では，無限の長さになりうる入力系列の各要素をすべて覚えておくことはほとんど不可能なので，入力値の履歴を表す**状態**（state）を定義し，これを記憶することにより，その動作を考える。例えば，図の 2 カウンタの場合には，1 が偶数回入力された状態 Q_0 と，1 が奇数回入力された状態 Q_1 を考え，その動作を表現する。すなわち，状態は，それまでにどのような入力系列が印加されたか，その種類を表すものといえる。状態を用いて順序回路の動作を記述する前にもう少し，時刻について考える。

5.2 タイミングチャート

- ⌘ **同期式順序回路は同期信号（クロック）に従って動作する**
  - ◻ クロックは，一定間隔で繰り返されるパルス信号で，時刻を定める
- ⌘ **ハザードあるいはグリッチ**
  - ◻ クロック周期より短い一時的な信号波形の変化
  - ◻ 以下では，ハザードを使う

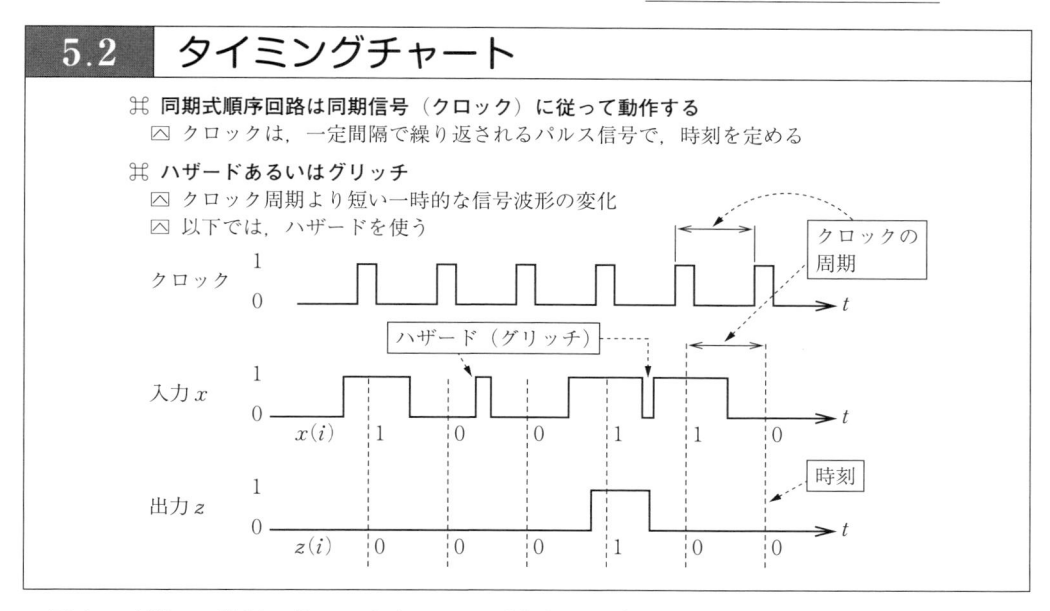

（クロック，入力 x，出力 z のタイミングチャート。$x(i)$: 1, 0, 0, 1, 1, 0; $z(i)$: 0, 0, 0, 1, 0, 0。ハザード（グリッチ），クロックの周期，時刻を示す）

図は，時間 t の進行に伴って入力 x および出力 z が変化する様子を示している。このような信号の波形を並べた図を**タイミングチャート**（timing chart）という。5.1 節で述べたように，同期式順序回路ではクロックと呼ばれる周期的に繰り返されるパルス信号によって時刻が指定される。図ではこの時刻を垂直の点線で示しているが，クロックのパルス波形と時刻との関係は 6 章で詳しく説明する。

本章では，図に示したような離散的な時刻がクロックによって指定されるものとし，このような時刻における入力の値からなる入力系列に対して，順序回路が所望の出力系列を出すにはどうすればよいかを考える。言い換えれば，離散的な時刻における入力系列と出力系列の関係（順序回路の動作）を記述し，それをもとに順序回路を設計する。

実際の信号波形には，クロック周期より短い一時的な波形の変化が生じることがある。このような一時的な波形は，**ハザード**（hazard）あるいは**グリッチ**（glitch）と呼ばれる[2),3)]。図の入力 x には，まず，本来 0 であるべき信号が $0 \to 1 \to 0$ と変化する 0 ハザードが，次に，1 であるべき信号が $1 \to 0 \to 1$ と変化する 1 ハザードが描かれている。入力 x に存在するこのようなハザードは，各時刻における入力の値には影響していないため，入力系列に変化はない。このように同期回路では，ハザードの影響を小さくできる。

しかし，非同期式順序回路では，ハザードによって順序回路の状態が変わる可能性がある。そのため，非同期回路が正しく動作するか否かを検証することは，同期回路に比べて困難となる。この検証の容易さから，現在，**同期回路**（synchronous circuit）が多用されているが，クロックの周波数が増加し，システムが大規模化するにつれ，システム全体で消費される電力のうち，クロックをシステム全体に分配するための回路で消費される電力の割合が増大している。そのため，低消費電力化の観点から，クロックを必要としない**非同期回路**（asynchronous circuit）を組み合わせて用いる方式も注目されている。

5.3 状態遷移表と状態遷移図

⌘ **状態遷移表**
☒ 出力表を含む

(出力表)

現状態 $q(i)$	次状態 $q(i+1)$		出力 $z(i)$	
入力 $x(i)$	0	1	0	1
Q_0	Q_0	Q_1	0	0
Q_1	Q_1	Q_0	0	1

☒ Q_0：1 が 1 個も入っていない状態（初期状態）
☒ Q_1：1 が 1 個入った状態

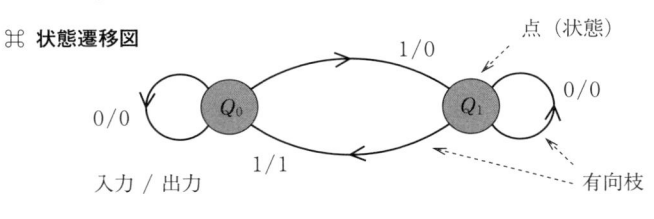

⌘ **状態遷移図**

5.1 節で述べたように，1 が 2 回入力されたら 1 を出すという前述の 2 カウンタの仕様をもとに，1 が 1 個も入っていない状態 Q_0，および 1 が 1 個入った状態 Q_1 を導入する．時刻 0 の状態を**初期状態**（initial state）と呼び，ここでは Q_0 を初期状態とする．回路の初期状態は何らかの方法で，外部より設定されるものとする．

このような状態を考えると，時刻 i における出力の値 $z(i)$ は，時刻 i における入力の値 $x(i)$ および状態 $q(i)$ を用いて決定できる．すなわち，2 カウンタは 1 が 2 回入力されるたびに 1 を出力する必要があるから，表の右側部分（出力表）に示すように，$q(i) = Q_1$ かつ $x(i) = 1$ のときにのみ，$z(i) = 1$ とすればよい．さらに，時刻 i の状態 $q(i)$ および時刻 $i+1$ の状態 $q(i+1)$ をそれぞれ**現状態**（current state）および**次状態**（next state）と呼ぶと，$q(i+1)$ の値を $q(i)$ と $x(i)$ の値によって決定することができる．例えば，$q(i) = Q_0$ のときに $x(i) = 0$ であれば，1 が 1 個も入っていないときに，1 が入ってきていないのであるから，次状態 $q(i+1)$ は Q_0 のままでよいが，$x(i) = 1$ であれば，1 が 1 個入ったことになるから，$q(i+1) = Q_1$ となるべきである．このような現状態およびその時刻の入力の組と次状態の関係を表の形で表したものを，**状態遷移表**（state transition table）と呼ぶ．

現状態が次状態に遷移する様子は，図下に示す**状態遷移図**（state diagram）でも表現できる．状態遷移図では，各状態を○（これを**点**と呼ぶ）で表し，次状態への遷移を点から点への矢印付きの線（これを**有向枝**と呼ぶ）で表す．各点からは，入力の各値に対応した有向枝が出ていき，その有向枝には，入力の値とそのとき出力する出力の値を"入力/出力"の形式で記述する．例えば，現状態 $q(i)$ が Q_1 のときに，入力が $x(i) = 1$ であれば，出力を $z(i) = 1$ として，次状態 $q(i+1)$ は Q_0 となればよいから，Q_1 に対応した点から Q_0 に対応した点に，1/1 というラベルの付いた有向枝を描く．状態の個数が少ない場合，状態遷移図のほうが状態遷移の全様を把握しやすい．

5.4 状態割当て

⌘ 状態変数を用いた状態遷移表

現状態 $s(i)$	次状態 $s(i+1)$		出力 $z(i)$	
入力 $x(i)$	0	1	0	1
0	0	1	0	0
1	1	0	0	1

状態割当て

状態	状態変数 s
Q_0	0
Q_1	1

⌘ 次状態 $s(i+1)$ と出力 $z(i)$ の真理値表

$s(i)$	$x(i)$	$s(i+1)$	$z(i)$
0	0	0	0
0	1	1	0
1	0	1	0
1	1	0	1

状態方程式
$$s(i+1) = s(i) \oplus x(i)$$

出力方程式
$$z(i) = s(i) \cdot x(i)$$

　状態を Q_0 や Q_1 のような抽象的な記号で表現していては，順序回路を論理回路として実現できない。そこで，状態に符号を割当て，論理値で表現できるようにする。この操作を**状態割当て**（state assignment あるいは state encoding）といい，符号の各ビットを表す論理変数を**状態変数**（state variable）という。いま，設計している 2 カウンタの例では，状態数が 2 なので，各状態を 1 ビットの符号で表現できる。そこで，Q_0 および Q_1 にそれぞれ**状態符号**（state code）（0）および（1）を与えることにし，この符号の 1 ビットを状態変数 s を用いて表すと，5.3 節に示した状態遷移表は，図のように書き換えることができる。

　このように，状態変数を用いた状態遷移表が得られれば，真理値表に示すように，時刻 $i+1$ における状態変数 $s(i+1)$ および時刻 i における出力 $z(i)$ を，それぞれ時刻 i における現状態 $s(i)$ と入力 $x(i)$ の論理関数として表すことができる。これらの関数を，それぞれ**状態遷移関数**（state transition function）および**出力関数**（output function）と呼ぶ。このような論理関数が得られれば，これらを論理式で表現できる。この例では，図右下の論理式を得ることができ，それぞれ**状態方程式**（state equation）および**出力方程式**（output equation）と呼ぶ。

　一般に，状態への符号の割り当て方は複数あり，割り当て方によって，得られる状態方程式および出力方程式が異なる。すなわち，これらの方程式を得る際には，4 章で示した論理式の簡単化を行うが，状態符号によって簡単化の度合いが変化し，そのため，設計される回路の規模，動作速度，消費電力などが異なってくる。状態割当てには，状態遷移時の符号間のハミング距離を最小化することなどが有効と考えられているが，最適割当てを効率的に求める手法は見いだされていない[4],[5]。

　状態方程式は，時刻の異なる論理変数間の関係を示しているから，組合せ回路のように，この式からただちに回路を構成することができない。また，状態変数 s の値を記憶する方法も必要となる。5.5 節および 5.6 節で，その方法について述べる。

5.5 Dフリップフロップ

⌘ Dフリップフロップ（DFF）の状態方程式

$q(i+1) = d(i)$

- この式をDFFの特性方程式という
- 次状態をq'と書き，$q' = d$とも書く

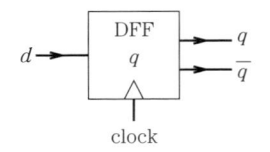

⌘ その他の代表的なフリップフロップと特性方程式

T-FF

入力 t	状態 q
0	保持
1	反転

$q' = t \oplus q$

SR-FF

入力 s	r	状態 q
0	0	保持
0	1	0
1	0	1
1	1	*

$q' = \overline{r} \cdot q + s$

JK-FF

入力 j	k	状態 q
0	0	保持
0	1	0
1	0	1
1	1	反転

$q' = \overline{k} \cdot q + j \cdot \overline{q}$

　フリップフロップ（flip-flop）は，1ビットの状態qを記憶し，それを出力する最も単純な順序回路である．すなわち，フリップフロップの出力をzとすると，出力方程式は$z(i) = q(i)$と書ける．ただし，フリップフロップは，通常，状態qだけでなく，その否定$\overline{q}$も出力できる．

　フリップフロップの中で，**Dフリップフロップ**（D flip-flop）と呼ばれるフリップフロップは，一つの入力dをもち，ある時刻の入力$d(i)$に対して，$q(i+1) = d(i)$なる状態遷移をする．この状態方程式$q(i+1) = d(i)$は，Dフリップフロップの**特性方程式**（characteristic equation）と呼ばれる．この式からわかるように，Dフリップフロップでは，時刻iの入力$d(i)$に従って次状態$q(i+1)$が決まり，それが時刻$i+1$の出力$z(i+1) = q(i+1) = d(i)$となるため，入力が1時刻遅れて出力に現れる．したがって，Dフリップフロップは**遅延素子**（delay element）とも呼ばれる．Dフリップフロップには，入力信号を受け取るタイミングを知るためのクロックが必要である．したがって，それを図示する際には，右上に示すような図を用いる．Dフリップフロップの内部構造は6章で詳しく述べる．

　状態方程式や特性方程式の表現を簡素化するため，次の時刻をダッシュを付けて表す．すなわち，$q(i+1) = d(i)$なる関係は，次状態q'が現時刻の入力dに等しくなることを示しているので，iを用いて書く代わりに，$q' = d$と書く．以下では，この記法を用いる．

　本書では，Dフリップフロップを用いて順序回路を設計するが，これ以外にもいくつかのフリップフロップがある．その中で，**Tフリップフロップ**（T-FF）は，一つの入力tに対して状態qが図の真理値表に示すような動作をする．図で，保持は状態が変化しないことを，反転は0ならば1に，1ならば0になることを意味する．このほかに，**SRフリップフロップ**（SR-FF）や**JKフリップフロップ**（JK-FF）があり，その動作を図に示しておく．SRフリップフロップにおいて，$s = r = 1$となる入力はドントケアである．

5.6 入力方程式

⌘ **2カウンタ回路**
- ☒ DFF で状態変数 s を記憶する
- ☒ 入力方程式：$d = s \oplus x$
- ☒ 出力方程式：$z = s \cdot x$

⌘ **初期状態では，$s(0) = 0$ とする**
- ☒ 外部より設定されたものとする

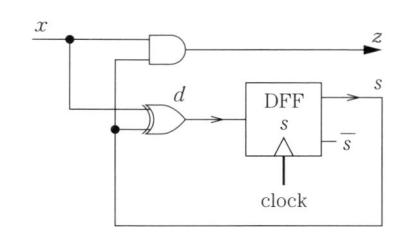

⌘ **2カウンタの動作**

時　刻			0	1	2	3	4	5	6	7
入力系列	x		0	1	0	0	1	1	0	1
状態	s	$s' = d$	0	0	1	1	1	0	1	1
DFF 入力	d	$d = s \oplus x$	0	1	1	1	0	1	1	0
出力系列	z	$z = s \cdot x$	0	0	0	0	1	0	0	1

5.4節で示したように，2カウンタの状態方程式および出力方程式はそれぞれ $s(i+1) = s(i) \oplus x(i)$ および $z(i) = s(i) \cdot x(i)$ であった．これらを，次状態にダッシュを付けた式で表すと，それぞれ $s' = s \oplus x$ および $z = s \cdot x$ と書ける．一方，Dフリップフロップの特性方程式は $q' = d$ であったから，状態変数 s をDフリップフロップに記憶することにすると，$q = s$ であるから $s' = d$ となる．したがって，この式と状態方程式 $s' = s \oplus x$ より $d = s \oplus x$ を得る．これは，状態変数 s を記憶しているDフリップフロップの入力 d を定めているので，Dフリップフロップの**入力方程式**（input equation）という．

状態変数 s がDフリップフロップの状態として記憶されていることがわかれば，組合せ回路の場合と同様に，入力方程式および出力方程式から論理回路を導くことができる．すなわち，2カウンタの場合，入力方程式は $d = s \oplus x$，出力方程式は $z = s \cdot x$ であるから，右上に示す論理回路を得る．ただし，組合せ回路の場合にはなかったDフリップフロップ（DFF）が状態を記憶しておくために導入されている．これより，順序回路は，Dフリップフロップのような記憶素子と組合せ回路を用いて実現できることがわかるであろう．

この順序回路（2カウンタ）の動作を考えるとき，初期状態（時刻0での状態）における状態変数の値 $s(0)$ が問題となるが，ここでは，何らかの方法で，$s(0) = 0$ と設定されたものとして2カウンタの動作を調べてみる．いま，表にあるような入力系列が与えられた場合を考える．この表に示すように，時刻0では，$x = 0, s = 0$ であるから，$d = s \oplus x = 0, z = s \cdot x = 0$ となり，この d の値0が時刻1における s の値となる．したがって，時刻1では，$x = 1, s = 0$ より，$d = 1, z = 0$ となり，時刻2における s の値が1となる．以下，順に時刻をたどっていくことにより，時刻4での s の値は1であることがわかる．したがって，時刻4では，$x = 1, s = 1$ より，$d = 0, z = 1$ となり，2回目の $x = 1$ において1が出力され，次状態が $s = 0$ に戻ることがわかる．

5.7 順序回路の設計例

⌘ 自動販売機の制御回路
- ☑ 150円の缶飲料を販売する
- ☑ 受け取る貨幣は，50円玉と100円玉のみ
- ☑ 入力の集合：$X = \{X_0, X_5, X_{10}\}$
- ☑ 出力の集合：$Z = \{Z_0, Z_C, Z_{C5}\}$
- ☑ 状態の集合：$Q = \{Q_0, Q_5, Q_{10}\}$

入力記号	X_0	X_5	X_{10}
意味	入金なし	50円入金	100円入金
出力記号	Z_0	Z_C	Z_{C5}
意味	出力なし	缶出力	缶と50円

状態	Q_0	Q_5	Q_{10}
意味	入金なし	50円入金	100円入金

⌘ 状態遷移表

現状態	次状態			出力		
入力	X_0	X_5	X_{10}	X_0	X_5	X_{10}
Q_0	Q_0	Q_5	Q_{10}	Z_0	Z_0	Z_0
Q_5	Q_5	Q_{10}	Q_0	Z_0	Z_0	Z_C
Q_{10}	Q_{10}	Q_0	Q_0	Z_0	Z_C	Z_{C5}

　以下では，150円の缶飲料の自動販売機用制御回路を例に，順序回路の設計手順を概観する。問題を簡単にするため，この自動販売機が受け取れる金種は50円玉と100円玉の2種類とし，150円が入金されたならばただちに缶を出力するものとする。そうすると，100円玉が2回続けて入金された場合には，缶とおつり50円玉を出力する必要がある。

　このような設計仕様（design specification）が与えられると，入力の集合 X および出力の集合 Z が以下のように定まる。

　時刻を定めるクロックはお金が投入される速度より速いため，何も投入されていないという入力の状況がある。これを"入力なし"として，**入力記号**（input symbol）X_0 で表す。また，50円玉および100円玉がそれぞれ投入された状況をそれぞれ記号 X_5 および X_{10} で表し，50円玉と100円玉が同時に投入されることはないとすると，X は図に示すような集合となる。

　出力は，何も出さないという"出力なし"，"缶だけを出す"，および"缶とおつり50円玉を出す"という3種類を考えればよいから，これらをそれぞれ**出力記号**（output symbol）Z_0，Z_C，および Z_{C5} で表すと，Z は図に示すような集合となる。

　次に，お金が何も投入されていない"入金なし"の状態を Q_0，すでに50円が入金ずみである状態を Q_5，すでに100円が入金ずみである状態を Q_{10} とし，これら三つの状態からなる集合 Q を状態の集合とする。さらに，これらの X，Z，および Q に対して，状態遷移表で表されるような動作をする順序回路を考えれば，所望の動作をすることがわかる。

　例えば，缶だけを出力（Z_C）するのは，50円が入金ずみの状態 Q_5 において，100円玉が入金（X_{10}）された場合か，あるいは100円が入金ずみの状態 Q_{10} において，50円玉が入金（X_5）された場合のいずれかであり，缶とおつり50円玉を出力（Z_{C5}）するのは，100円が入金ずみの状態 Q_{10} において，100円玉が入金（X_{10}）された場合だけである。

5.8 符　号　化

- **入力変数** x_1, x_2 ： $(x_1, x_2) = (1, 1)$ はドントケア
- **出力変数** z_1, z_2 ： $(z_1, z_2) = (0, 1)$ なる出力は生成されない
- **状態変数** q_1, q_2 ： $(q_1, q_2) = (1, 1)$ はドントケア

- **論理変数を用いた状態遷移表**（わかりやすくするため，記号も併記している）

現状態		次状態 q_1', q_2'				出力 z_1, z_2			
q_1, q_2	入力	X_0 0,0	X_5 0,1	X_{10} 1,0	1,1	X_0 0,0	X_5 0,1	X_{10} 1,0	1,1
Q_0 0,0		Q_0 0,0	Q_5 0,1	Q_{10} 1,0	*,*	Z_0 0,0	Z_0 0,0	Z_0 0,0	*,*
Q_5 0,1		Q_5 0,1	Q_{10} 1,0	Q_0 0,0	*,*	Z_0 0,0	Z_0 0,0	Z_C 1,0	*,*
Q_{10} 1,0		Q_{10} 1,0	Q_0 0,0	Q_0 0,0	*,*	Z_0 0,0	Z_C 1,0	Z_{C5} 1,1	*,*
1,1		*,*	*,*	*,*	*,*	*,*	*,*	*,*	*,*

　状態を用いて状態遷移表を作成し，それが設計仕様を満たすことがわかれば，次に後述する**状態数削減**（state minimization）を行い，より少ない状態数で順序回路を構成可能か否かを調べる。5.7 節に示した状態は必要最小限の状態数であるから，ここではこの操作を行う必要はない。したがって，次に行うべき処理は入出力記号および状態の符号化である。

　入力集合 X，出力集合 Z，および状態集合 Q の要素数はすべて 3 であるから，いずれも少なくとも 2 ビットの符号が必要である。そこで，入力に対して符号 (x_1, x_2) を，出力に対して符号 (z_1, z_2) を用いて，状態遷移表の中に書かれているような符号を，入力記号 X_0, X_5, X_{10} および出力記号 Z_0, Z_C, Z_{C5} に割り当てる。これらの符号において，入力変数 x_1 は 100 円玉が投入されたとき 1 に，x_2 は 50 円玉が投入されたとき 1 になり，出力変数 z_1 は缶を出力するとき 1 に，z_2 は 50 円玉のおつりを出すとき 1 になる。ただし，このような入出力の符号は仕様で指定されることもある。例えば，自動販売機のような場合には，入力部のセンサーや，出力部の機構で決まってしまうことも多い。

　これらに対して，状態の符号化は順序回路の設計者に任される。例えば，$(0, 0, 1)$ のような 1 の個数が 1 個しかないような 3 ビットの**ワンホット符号**（one-hot code）を各状態に割り当てることもできる。前述したように，符号に依存して状態方程式が変化する。ここでは，フリップフロップの個数を最小にするため，2 ビットの符号 (q_1, q_2) を用い，状態 Q_0, Q_5, および Q_{10} にそれぞれ $(0, 0)$，$(0, 1)$，および $(1, 0)$ なる符号を割り当てることにする。

　このような符号化を行うと，$(x_1, x_2) = (1, 1)$ あるいは $(q_1, q_2) = (1, 1)$ となることはないので，これらはドントケアである。また，$(z_1, z_2) = (0, 1)$ は出力されないので，この出力を入力とする回路があれば，その回路では，$(z_1, z_2) = (0, 1)$ はドントケアとなる。

　これらの符号化が終わると，5.7 節の状態遷移表を上のように書き換えることができる。なお，この表には対応をわかりやすくするため，符号だけでなく，記号も書いてある。

5.9 状態遷移関数と出力関数

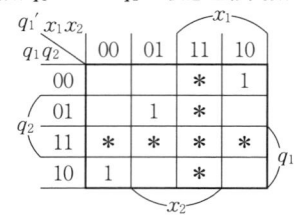

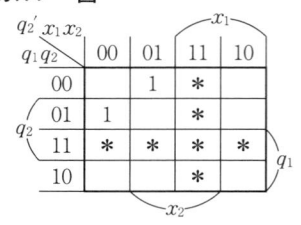

⌘ 状態変数 q_1 および q_2 の状態遷移関数のカルノー図

$q_1'\ \ x_1x_2$ \ q_1q_2	00	01	11	10
00			*	1
01		1	*	
11	*	*	*	*
10	1		*	

$q_2'\ \ x_1x_2$ \ q_1q_2	00	01	11	10
00		1	*	
01	1		*	
11	*	*	*	*
10			*	

⌘ 出力変数 z_1 および z_2 の出力関数のカルノー図

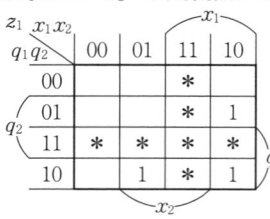

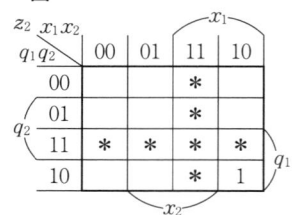

$z_1\ \ x_1x_2$ \ q_1q_2	00	01	11	10
00			*	
01			*	1
11	*	*	*	*
10		1	*	1

$z_2\ \ x_1x_2$ \ q_1q_2	00	01	11	10
00			*	
01			*	
11	*	*	*	*
10			*	1

5.8 節に示した状態遷移表から,状態変数 q_1 および q_2 の状態遷移関数 $f_1(x_1, x_2, q_1, q_2)$ および $f_2(x_1, x_2, q_1, q_2)$ が得られる。また,出力変数 z_1 および z_2 の出力関数 $g_1(x_1, x_2, q_1, q_2)$ および $g_2(x_1, x_2, q_1, q_2)$ も得られる。これらの関数のカルノー図を示す。関数が定義できれば,それらを最簡な論理式で表現することにより,状態方程式と出力方程式を得ることができる。その手法は,4 章で述べた組合せ回路における論理式の簡単化と同じである。

例えば,積和形の論理式を用いて表す場合には,カルノー図において,ドントケアを考慮した主項を求め,最小個の主項ですべての 1 を被覆すればよいから,下記の状態方程式および出力方程式を得る。

$$q_1' = F_1(x_1, x_2, q_1, q_2) = x_2 \cdot q_2 + x_1 \cdot \overline{q_1} \cdot \overline{q_2} + \overline{x_1} \cdot \overline{x_2} \cdot q_1$$
$$q_2' = F_2(x_1, x_2, q_1, q_2) = x_2 \cdot \overline{q_1} \cdot \overline{q_2} + \overline{x_1} \cdot \overline{x_2} \cdot q_2$$
$$z_1 = G_1(x_1, x_2, q_1, q_2) = x_1 \cdot q_1 + x_1 \cdot q_2 + x_2 \cdot q_1$$
$$z_2 = G_2(x_1, x_2, q_1, q_2) = x_1 \cdot q_1$$

そこで,状態変数 q_1 および q_2 をそれぞれ D フリップフロップ DFF1 および DFF2 に記憶することにすれば,DFF1 および DFF2 の入力 d_1 および d_2 の入力方程式は下記となる。

$$d_1 = x_2 \cdot q_2 + x_1 \cdot \overline{q_1} \cdot \overline{q_2} + \overline{x_1} \cdot \overline{x_2} \cdot q_1$$
$$d_2 = x_2 \cdot \overline{q_1} \cdot \overline{q_2} + \overline{x_1} \cdot \overline{x_2} \cdot q_2$$

これらの入力方程式および出力方程式が得られれば,d_1, d_2 を生成する AND-OR 2 段回路(あるいは NAND 2 段回路)および z_1, z_2 を生成する AND-OR 2 段回路(あるいは NAND 2 段回路)を構成することができる。このとき,q_1, $\overline{q_1}$ および q_2, $\overline{q_2}$ は D フリップフロップ DFF1 および DFF2 の出力からとる。

D フリップフロップへの入力 d_1, d_2 を生成する組合せ回路を**状態遷移回路**,出力 z_1, z_2 を生成する組合せ回路を**出力回路**と呼ぶ。これらの接続関係を 5.10 節に示す。

5.10 初期化回路

- **状態方程式**：$q_1' = F_1(x_1, x_2, q_1, q_2)$, $q_2' = F_2(x_1, x_2, q_1, q_2)$
- **出力方程式**：$z_1 = G_1(x_1, x_2, q_1, q_2)$, $z_2 = G_2(x_1, x_2, q_1, q_2)$

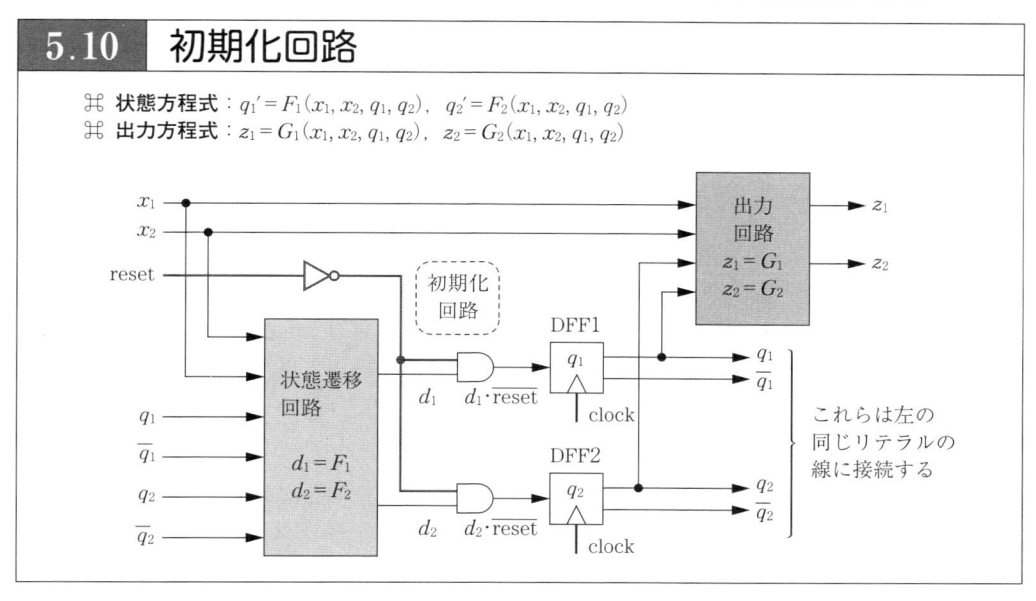

　図において，状態遷移回路は，入力 x_1, x_2 および状態 q_1, q_2 から，入力方程式に従って D フリップフロップ DFF1, DFF2 への入力 d_1, d_2 を生成する組合せ回路であり，出力回路は，これらの入力および状態から，出力方程式に従って出力 z_1, z_2 を生成する組合せ回路である。これらの回路の構成方法は，組合せ回路のときと同じであり，5.9 節の入力方程式および出力方程式に従って構成する。なお，図において D フリップフロップからの出力は，出力回路だけでなく状態遷移回路にも入力される。

　以下では，これらの D フリップフロップの初期状態を決定する方法を考える。

　この自動販売機の例では，初期状態はお金が何も投入されていない Q_0 であり，これには符号 $(0, 0)$ が割り当てられている。したがって，時刻 0 の $q_1(0)$ および $q_2(0)$ はともに 0 でなければならない。そこで，このような値に初期化するため，時刻（-1）において reset=1 となり，時刻 0 以降 reset=0 となる**リセット信号** reset が用意されているものとする。

　D フリップフロップに，reset=1 のとき 0 を与え，reset=0 のとき状態遷移回路で生成された出力を与えるような**初期化回路**を構成するには，4.2 節で述べた論理ゲートの制御値を用いるとよい。例えば，$z = x \cdot y$ の演算をする AND ゲートの制御値は 0 であり，$x=0$ のとき $z=0$, $x=1$ のとき $z=y$ となる。したがって，$x = \overline{\text{reset}}$, y を状態遷移回路で生成された出力とし，z を D フリップフロップへの入力とすれば，求める初期化回路ができる。図には，このようにしてできた初期化回路が挿入されている。

　同じ初期化回路を NOR ゲートを用いて実現するならば，NOR ゲートの制御値は 1 であるから次のようにすればよい。すなわち，reset=1 をこの NOR ゲートに直接入力すれば，NOR ゲートの出力を 0 にできる。しかし，このとき reset=0 とすると，NOR ゲートの出力 $z = \overline{\text{reset}+y}$ はもう一方の入力 y の否定 $\overline{y}$ になってしまうから，NOR ゲートの入力にあらかじめ否定をとった $\overline{y}$ を入力し，$z = \overline{\text{reset}+\overline{y}} = \overline{\text{reset}} \cdot y$ としておく。

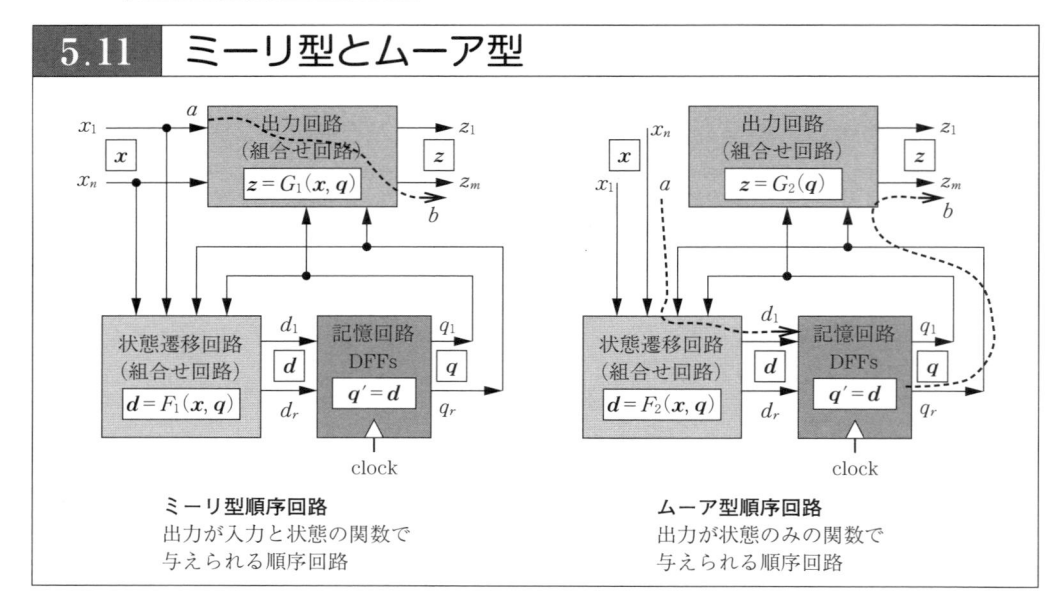

5.11 ミーリ型とムーア型

ミーリ型順序回路
出力が入力と状態の関数で
与えられる順序回路

ムーア型順序回路
出力が状態のみの関数で
与えられる順序回路

　順序回路は，出力が入力と状態の両方の関数であるような**ミーリ型**（Mealy 型）**順序回路**と，状態のみの関数であるような**ムーア型**（Moore 型）**順序回路**に分類できる。図はこれらの違いを示している。フリップフロップは最も単純なムーア型順序回路である。5.12 節に示すように，これらは相互に変換可能で，同じ機能をもつミーリ型順序回路とムーア型順序回路を生成できる。通常，ミーリ型のほうがムーア型より状態数が少ない。

　ミーリ型順序回路では，入力の変化がただちに出力の変化を引き起こすことがある。例えば，左のミーリ型順序回路において，入力 a が変化すると，出力 b が変化しうる。このため，入力 a にハザード（グリッチ）が生じた場合，それが出力回路を通して出力 b に伝搬され，外部の回路に影響を与える可能性がある。

　これに対して，右のムーア型順序回路では，入力の変化はいったん状態として格納されるため，入力の変化は 1 クロック遅れて出力に現れる。記憶回路（D フリップフロップ）は，クロックが 0 から 1（あるいは 1 から 0）に変化する時点の入力の値を状態として取り込み，次にクロックが 0 から 1（あるいは 1 から 0）に変化する時点まで，取り込んだ値を安定的に出力する。したがって，入力 a に生じたハザードを，D フリップフロップに値が取り込まれる際に無視できるため，出力 b にハザードが生じる可能性が減少する。しかし，出力回路においてハザードが生じる可能性は残っている。なお，D フリップフロップの構造およびハザードが生じる条件に関しては，6 章で詳述する。

　回路規模を小さくしたい場合には，ミーリ型順序回路が使われることが多いが，上に述べたように信頼性を高めたい場合などには，ムーア型順序回路が使われる。また，ムーア型は，通常，出力回路における論理ゲートの段数をミーリ型より小さくできるため，D フリップフロップの値が決まってから出力が変化するまでの時間を短縮できる。そのため，6 章で述べるクリティカル遅延を短くできる場合が多い。

5.12 ミーリ型とムーア型の相互変換*

　図(a)に示す状態遷移図は，各有向枝に入力とそのときの出力が記載されており，ミーリ型順序回路の状態遷移を表している。これに対して，ムーア型順序回路では，出力が状態に対して一意に決まるので，図(d)に示すように，各点に状態/出力の形式で出力を書くことにし，このような状態遷移図をムーア型の**状態遷移図**と呼ぶことにする。

　ミーリ型順序回路をムーア型に変更するには以下のようにすればよい。まず，ミーリ型の状態遷移図において，入ってくる有向枝に書かれた出力が1種類でないような点（状態）を出力の種類に応じて分割する。例えば，図(a)の状態 Q_0 の点は，出力0に対応した点 Q_{0_0} と出力1に対応する点 Q_{0_1} に分割する。また，分割前の点に入っていた有向枝を出力の値に対応した点に付け，出ていた有向枝に関しては，分割した各点から出るように複製する。複製した各有向枝は入っていく点が分割されていなければ，その点に入るようにすればよい。こうして，図(b)が得られる。複製した有向枝が入っていく先の点が分割されていれば，出力値に応じて入っていく先の点を選ぶ。こうして図(c)を得る。図(c)では，各点に入ってくる有向枝の出力はすべて同じ値なので，これを点に附随させれば，図(d)のムーア型の状態遷移図を得る。

　ムーア型からミーリ型への変換は，まず，各点に入ってくるすべての有向枝にその点に書かれた出力を移す。これにより，図(e)のようなミーリ型の状態遷移図を得るので，ここから状態数を削減し，不要な有向枝を除去すれば，元の状態遷移図(a)を得る。

　この例からもわかるように，同じ機能をもつ状態遷移図あるいは状態遷移表が複数存在する。すなわち，可能な入力系列のどれに対しても，同じ出力系列を出力する順序回路で，状態の個数が異なるものが複数存在する。通常，順序回路の動作が複雑になると，最小個数の状態でその動作を記述することが困難となる。そのような場合，十分な個数の状態を導入し，その後，その個数を削減することになる。5.13節にこの削減手法の概要を述べる。

5.13 状態数削減*

⌘ 不完全定義順序回路

現状態	次状態			出力		
入力	a	b	c	a	b	c
Q_0	Q_3	*	Q_1	0	*	0
Q_1	Q_4	Q_5	*	0	1	*
Q_2	*	Q_5	Q_1	*	1	1
Q_3	Q_4	Q_1	*	0	1	*
Q_4	Q_4	Q_1	*	0	1	*
Q_5	Q_4	Q_2	*	0	1	*

- ☐ $A = \{(a,\cdots) | Q_0, Q_1$ に入力可能な入力系列$\}$
- ☐ $B = \{(b,\cdots) | Q_1, Q_2$ に入力可能な入力系列$\}$
- ☐ $C = \{(c,\cdots) | Q_0, Q_2$ に入力可能な入力系列$\}$

⌘ 両立的
- ☐ 状態 Q_0 と Q_1 は両立的
- ☐ 状態 Q_1 と Q_2 は両立的
- ☐ 状態 Q_0 と Q_2 は非両立的

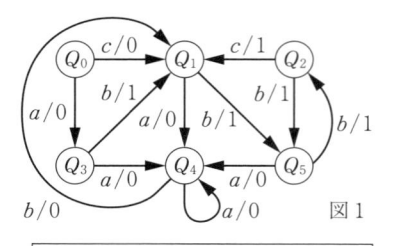

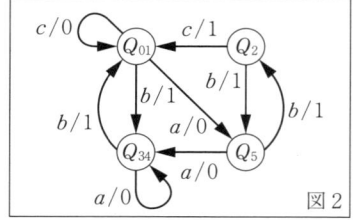

図1

図2

状態数削減（state minimization）は，状態割当てと同様，順序回路設計における重要な作業であるが，**不完全定義順序回路**（incompletely specified sequential circuit）の場合，その作業は困難になる．不完全定義順序回路とは，ある入力記号に対する次状態が指定されていないような状態をもつ順序回路で，このような順序回路では，実際に入力される入力系列は制限されたものとなる．例えば，図の順序回路では，状態 Q_0 において，入力記号 b に対する次状態がドントケアになっているが，これは，状態 Q_0 のときに b が入力されることはないことを示す．また，状態 Q_0 と Q_1 の両方に入力できる入力は a しかないので，これら二つの状態に入力可能な入力系列は，a から始まる入力系列である．いま，このような入力系列の集合を，図に示すように集合 A で表しておく．

不完全定義順序回路の場合，状態数削減は**両立的**（compatible）な状態 Q および Q' を一つの状態に併合することにより行う．状態 Q，Q' が両立的であるとは，Q，Q' の両方に入力可能などのような入力系列に対しても，その出力系列が等しく，かつ両立的な状態に遷移することをいう．ただし，一方の出力がドントケアの場合には，同じ出力が出たと考える．明らかに，両立状態をまとめて一つの状態にしても，出力系列は変わらない[3]．

図1の順序回路の出力は，入力が a のとき 0，b のとき 1 であり，c のときだけ状態によって値が変えてあるので，入力系列の集合 A, B, C を考えると，Q_0, Q_1, Q_2 の間の両立性の関係は，図左下に示すものとなる．したがって，Q_0 と Q_1 あるいは Q_1 と Q_2 を一つの状態に併合できる．しかし，Q_0 と Q_1 を併合し，Q_{01} という状態をつくると，Q_0 と Q_2 は両立的でないので（**非両立的**（incompatible）なので），Q_2 を Q_{01} に併合することができなくなる．

この例では，Q_3 と Q_4 に印加可能な入力系列は，初めに何回か（0回でもよい）a が続いた後，b が入るものであるが，このような入力系列に対して，Q_3 と Q_4 も両立的である．そこで，Q_0 と Q_1 を状態 Q_{01} に，Q_3 と Q_4 を状態 Q_{34} に併合することにより，状態数を二つ減らすことができる（図2）．図2の状態遷移図において，Q_2 と Q_5 も両立的である．

5.14 縦続接続による設計*

⌘ 8カウンタ
　x に 1 が 8 回入力されるたびに，z に 1 を出力する

直接状態方程式を解く

現状態	次状態		出力 z	
入力 x	0	1	0	1
Q_0	Q_0	Q_1	0	0
Q_1	Q_1	Q_2	0	0
Q_2	Q_2	Q_3	0	0
Q_3	Q_3	Q_4	0	0
Q_4	Q_4	Q_5	0	0
Q_5	Q_5	Q_6	0	0
Q_6	Q_6	Q_7	0	0
Q_7	Q_7	Q_0	0	1

状態割当て

	q_1	q_2	q_3
Q_0	0	0	0
Q_1	0	0	1
Q_2	0	1	0
Q_3	0	1	1
Q_4	1	0	0
Q_5	1	0	1
Q_6	1	1	0
Q_7	1	1	1

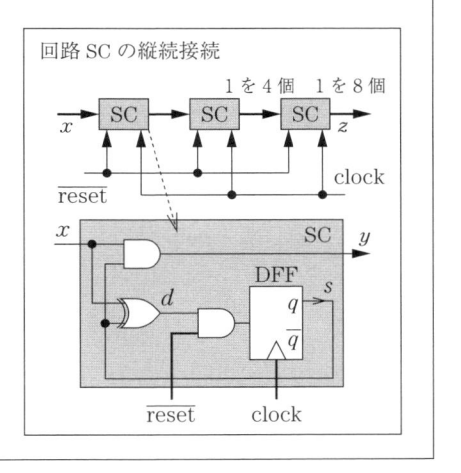

回路 SC の縦続接続

　この章では，ここまで，順序回路を設計する次のような手法を紹介した。
　1°：状態を用いて状態遷移表を作成し，2°：状態数を削減した後，3°：状態割当てにより，状態を符号化し，4°：論理値に関する状態遷移表および出力表を生成する。5°：これから状態遷移関数および出力関数を求め，6°：状態変数を記憶しておく D フリップフロップへの入力方程式から状態遷移回路を，7°：出力方程式から出力回路を作成する。
　例えば，入力 x に 1 が 8 回入力されるたびに，出力 z から 1 を出力する 8 カウンタの場合には，表に示す 8 個の状態に対する状態遷移表と状態割当てを与え，D フリップフロップを用いて状態変数 q_1, q_2, q_3 を記憶すれば，後は，これまでに述べた設計手順で順序回路を実現できる。
　これ以外の方法として，複数の順序回路を直列に接続（**縦続接続**）することにより，所望の順序回路を実現することもできる。例えば，8 カウンタは，図に示すように，1 が 2 回入力されるたびに 1 を出力する 2 カウンタ SC を 3 個直列に接続することにより実現できる。ここで，2 カウンタ SC は，この章の前半（5.6 節）で示した 2 カウンタ回路に，reset 信号が 1 ($\overline{\text{reset}} = 0$) のときに D フリップフロップを初期化するための AND ゲートを付加したものである。このような縦続接続により，既存の回路を用いて容易に 8 カウンタを実現できることがわかる。ただし，この方法では，入力 x から出力 z まで，AND ゲートが 3 段連なっており，そのため，x が変化してから z が変化するまでに時間を要することがある。これに関しては 6 章で述べる。
　複数の順序回路を**並列接続**して所望の順序回路を実現することもできる。すなわち，全体の入力を各順序回路に入力し，各順序回路からの出力を用いて全体の出力を生成したり（ムーア型），各順序回路の出力と全体の入力を用いて全体の出力を生成したり（ミーリ型）することもできる。

参 考 文 献

1) C. J. Myers 著, 米田友洋 訳:非同期式回路の設計, 共立出版 (2003)
2) D. D. Gajski:Principles of Digital Design, Prentice Hall (1997)
3) 山田輝彦:論理回路理論, 森北出版 (1990)
4) G. De Micheli:Synthesis and Optimization of Digital Circuits, Series in Electrical and Computer Engineering, Mcgraw Hill (1994)
5) T. Villa, T. Kam, R. K. Brayton, A. L. Sangiovanni-Vincentelli:Synthesis of Finite State Machines, Logic Optimization, Kluwer (1997)
6) G. D. Hachtel, F. Somenzi:Logic Synthesis and Verification Algorithms, Kluwer (1996)
7) A. V. エイホ, J. E. ホップクロフト, J. D. ウルマン著, 野崎昭弘, 野下浩平 訳:アルゴリズムの設計と解析 I, 4.13 節, サイエンス社 (1977)

非同期回路を学ぶには文献 1) を, 順序回路を数学的に表現する方法や, ハザードやグリッチに関しては文献 2), 3) を参考にするとよい. また, 状態数削減や状態割当てに関して詳しく学びたい人は文献 4)〜6) を読んでみるとよい.

なお, 各状態において, どの入力に対しても次状態が定義されている (ドントケアになっていない) ような順序回路は, **完全定義順序回路** (completely specified sequential circuit) と呼ばれ, この順序回路の状態数を最小化することは容易である. それは, 完全定義順序回路の場合, 二つの状態 Q と Q' が, どのような入力系列に対しても同じ出力系列を出すという関係を用いて状態数を削減できるからである. すなわち, Q と Q' がこの条件を満たすとき, これらは等価であるというと, この等価の関係は付録 1 に述べる同値関係になっている. したがって, 状態の集合を同値類の集合に一意的に分割できるからである. このような同値類への分割 (すなわち状態数最小化) のための効率的なアルゴリズムは文献 7) に書かれている.

演 習 問 題

【1】 5.7 節, 5.8 節に示した 150 円の缶飲料の自動販売機において, 状態割当てだけを表 5.1 のように変更したときの順序回路を, D フリップフロップと NAND ゲートだけを用いて実現せよ.

表 5.1 状態割当て

	入金なし	50 円入金	100 円入金
状 態	Q_0	Q_5	Q_{10}
符号 (q_1, q_2)	(1, 1)	(1, 0)	(0, 1)

【2】 図 5.1 に示された回路はどのような動作をするかを述べよ.

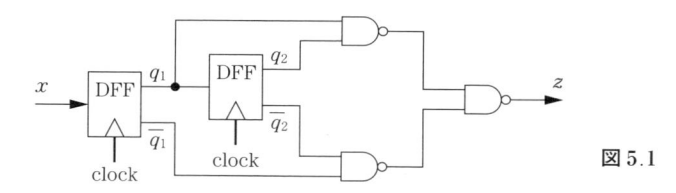

図 5.1

5. 順序回路の設計   89

【3】 図5.2のムーア型順序回路の init＝0 のときの状態遷移表を書き，回路の動作を述べよ。

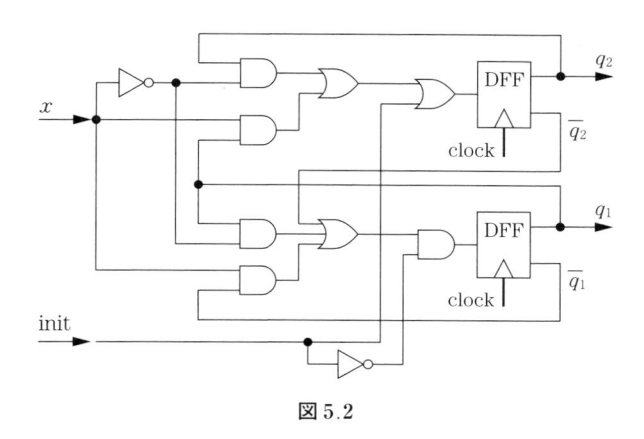

図5.2

【4】 入力 x に1が3回現れるたびに出力 z に1を出す回路を，状態を0にリセットできる入力 reset をもつ D フリップフロップ，インバータ，NAND ゲートだけを用いて実現し図示せよ。この D フリップフロップは，reset＝1 の場合，状態 q を0にすることができ，reset＝0 の場合，通常の D フリップフロップと同じ動作をするもので，図5.3のように図示せよ。なお，3回の1は連続している必要はない。

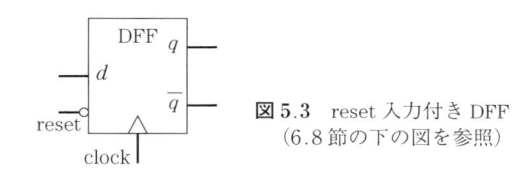

図5.3 reset 入力付き DFF
（6.8節の下の図を参照）

【5】 図5.4（a）および（b）に示す二つの順序回路 C2 および C3 を，図（c）および（d）のように接続した。このとき，図（c）および（d）の回路はそれぞれどのような動作をするか述べよ。

【6】 入力 x に1が印加されるたびに，3ビットの出力（$a_2\,a_1\,a_0$）が次のように変化する回路を設計せよ。ただし，reset 入力付き D フリップフロップ，インバータ，NOR ゲートだけを用いて実現せよ。

（0 0 0），（0 0 1），（0 1 1），（0 1 0），（1 1 0），（1 1 1），（1 0 1），（1 0 0）

以下同じ系列を繰り返す。

この回路は8進カウンタ（計数器）になっている。すなわち，これら八つの符号を前から順に0〜7の数を表す符号であるとみなすと，x に1が印加された個数を，0〜7まで数えて出力している。この符号は，3ビットの**グレイコード**（Gray code）あるいは**反転2進符号**（reflected binary code）と呼ばれるもので，一つの符号から次の符号へのハミング距離はつねに1であり，最上位ビットを除けば，後ろの四つの符号は前の四つの符号の順番を反転したものになっている。

5. 順序回路の設計

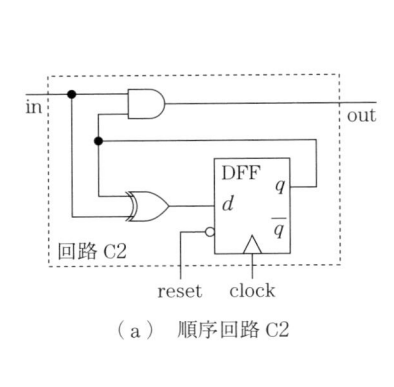

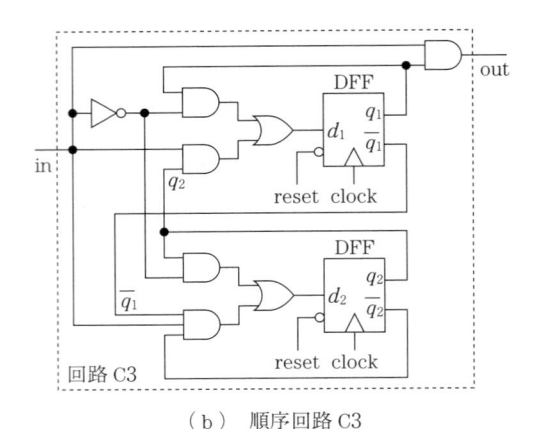

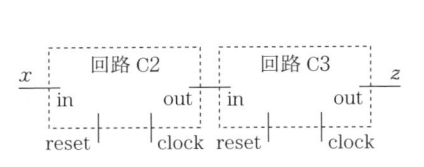

(a) 順序回路 C2

(b) 順序回路 C3

(c) 順序回路1（縦続接続・直列接続）

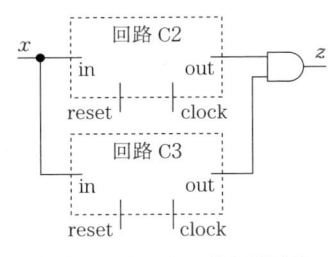

(d) 順序回路2（並列接続）

図 5.4

【7】 AさんとBさんが，勝ち数が相手より二つ先行した時点で勝ちが決まる（2回勝ち越したほうが勝ちの）ジャンケンをするとき，この勝敗を決定する順序回路を設計せよ。このとき，一人が出す手は，グー，チョキ，パーの3通りであるから，入力の種類は全部で $3 \times 3 = 9$ 通りあり，各時刻にこの内の一つが入力されるものとする。一方，各時刻の出力は，Aさんの勝ち，Bさんの勝ち，未決のいずれかである。したがって，入力の集合には9個の要素が，出力の集合には3個の要素が含まれる。そこで，これらの要素をそれぞれ入力記号および出力記号で表し，適切な状態を定義して，勝敗を決定するミーリ型の順序回路の状態遷移図を描け。さらに，入力記号，出力記号，および状態を適切に符号化することにより，論理変数を用いた状態遷移表および出力表を作成せよ。最後に，Dフリップフロップ，インバータ，NANDゲートを用いて，順序回路を設計せよ。

【8】 問題【7】の順序回路ができたら，ムーア型の順序回路も設計してみよ。最初に，適切な状態を定義し，ムーア型の状態遷移図を作成する必要があるが，そのためには，状態の個数を増やす必要がある。

6. 基本回路と遅延

学習目標
(1) 加減算器，マルチプレクサ，算術論理演算器の構造と動作を理解する。
(2) D フリップフロップの構造と動作を理解する。
(3) 回路の遅延とクロックの関係を理解する。
(4) 同期回路のタイミング制約を理解する。

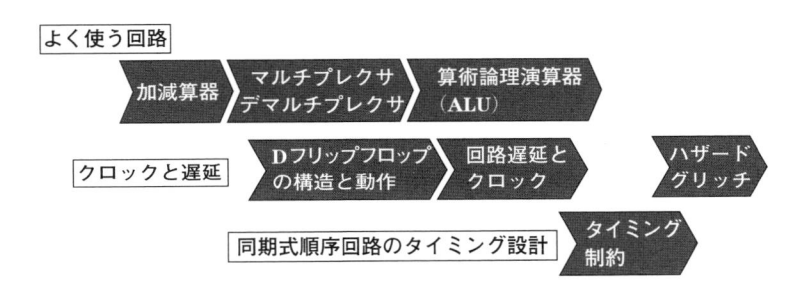

よく使う回路
加減算器 → マルチプレクサ／デマルチプレクサ → 算術論理演算器（ALU）

クロックと遅延
D フリップフロップの構造と動作 → 回路遅延とクロック → ハザード グリッチ

同期式順序回路のタイミング設計 → タイミング制約

　この章では，ディジタル回路でよく用いられている回路の動作と構造を学び，同期式回路の設計において重要となるタイミングに関する基本的な概念を理解する。

内　容

— 加減算器，マルチプレクサ —
6.1 加　算　器
6.2 桁上げ伝搬加減算器
6.3 マルチプレクサ/デマルチプレクサ

— 算術論理演算器（ALU）—
6.4 算術論理演算器の制御信号*
6.5 ALU の 1 ビット分の回路*

— D フリップフロップの設計 —
6.6 SR ラッチと D ラッチ
6.7 マスタースレイブ型 DFF
6.8 エッジトリガ型 DFF

— タイミング設計 —
6.9 セットアップ時間とホールド時間
6.10 遅　　　延*
6.11 タイミング制約*
6.12 ハ ザ ー ド*

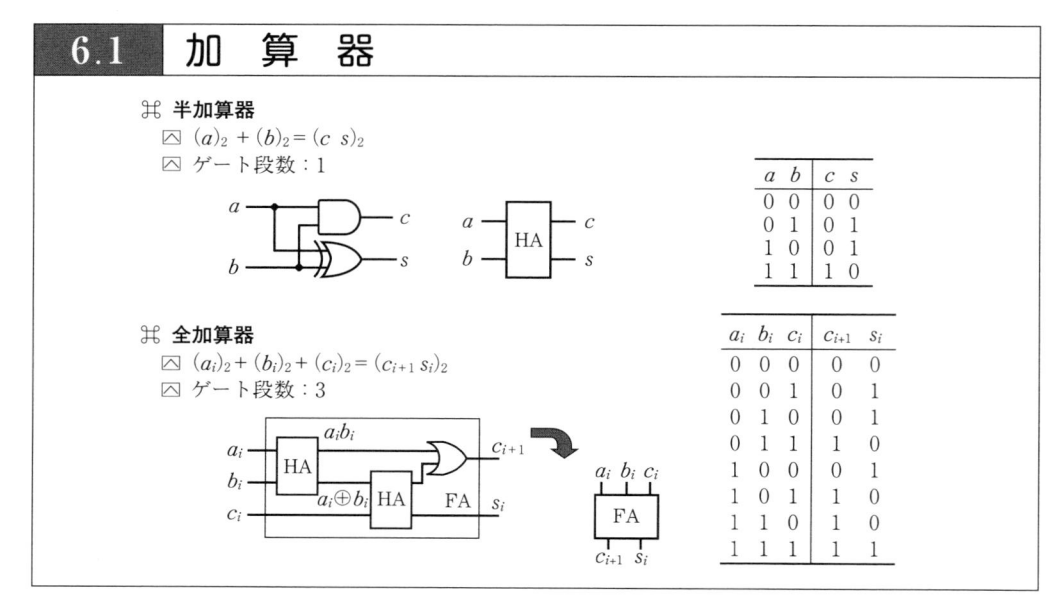

6.1 加算器

⌘ 半加算器
- $(a)_2 + (b)_2 = (c\,s)_2$
- ゲート段数：1

a	b	c	s
0	0	0	0
0	1	0	1
1	0	0	1
1	1	1	0

⌘ 全加算器
- $(a_i)_2 + (b_i)_2 + (c_i)_2 = (c_{i+1}\,s_i)_2$
- ゲート段数：3

a_i	b_i	c_i	c_{i+1}	s_i
0	0	0	0	0
0	0	1	0	1
0	1	0	0	1
0	1	1	1	0
1	0	0	0	1
1	0	1	1	0
1	1	0	1	0
1	1	1	1	1

2の補数表現された n ビットの2進固定小数点数 $\boldsymbol{a} = (a_{n-1}\cdots a_1\,a_0)_2^{2C}$ と $\boldsymbol{b} = (b_{n-1}\cdots b_1\,b_0)_2^{2C}$ に対する加減算器を設計しよう．そのため，まず，1ビットの2進数 $(a)_2$ と $(b)_2$ の加算を考えると，これらの和は，桁上げ c を含む2ビットの2進数 $(c\,s)_2$ になる．これら c および s を計算する論理式は，右上の真理値表からわかるように，$s = a \oplus b$ および $c = a \cdot b$ と書ける．2入力 a, b に対してこのような二つの出力 c, s を出す回路は，**半加算器**（half adder：HA）と呼ばれ，左上のようにANDゲートとXORゲートを用いて構成できる．

最下位ビットの加算は半加算器で実現できるが，その上のビットからは，下からの桁上げがあるから，三つの1ビットの数を加算する必要がある．そこで，第 i ビット（$1 < i < n$）において，下からの桁上げを c_i とし，加算 $(a_i)_2 + (b_i)_2 + (c_i)_2$ を考えると，この和も桁上げ c_{i+1} を含む2ビット $(c_{i+1}\,s_i)_2$ になる．

これら c_{i+1} および s_i を求める論理式は，右下の真理値表からわかるように，それぞれ $s_i = a_i \oplus b_i \oplus c_i$ および $c_{i+1} = a_i \cdot b_i + a_i \cdot c_i + b_i \cdot c_i = a_i \cdot b_i + c_i \cdot (a_i + b_i)$ と書ける．3入力 a_i, b_i, c_i に対して，このような c_{i+1}, s_i を出力する回路を**全加算器**（full adder：FA）という．これらの式から全加算器を構成できるが，桁上げ c_{i+1} の式を $c_{i+1} = a_i \cdot b_i + c_i \cdot (a_i \oplus b_i)$ と変形すれば，半加算器2個とORゲートを用いて全加算器を構成することもできる．その回路構成を左下に示すが，この回路ではゲート段数が3となる．なお，このXORを用いた桁上げ c_{i+1} の式は，$a_i \cdot b_i$ なるAND項があるため成立する．

全加算器が構成できれば，第 i ビットの加算を行う全加算器の出力 c_{i+1} を，第 $i+1$ ビットの加算を行う全加算器の入力 c_{i+1} に接続することにより，桁上げが最下位ビットから順次高位のビットに伝搬される**桁上げ伝搬加算器**（carry propagation adder）を構成することができる．その構成は，減算も同時に行うことができる加減算器（adder/subtractor）として6.2節に示す．減算は2の補数を加算することで実現する．

6.2 桁上げ伝搬加減算器

⌘ 桁上げ伝搬加減算器
- 加算のとき, $x=0$, 減算のとき, $x=1$ とする
- c_4 が出力されるまでの論理ゲート段数は
  $$13 = 3 \times 4 + 1$$
  - 各 FA における段数 3 に, 最下位ビットの XOR ゲートの 1 段を加算している

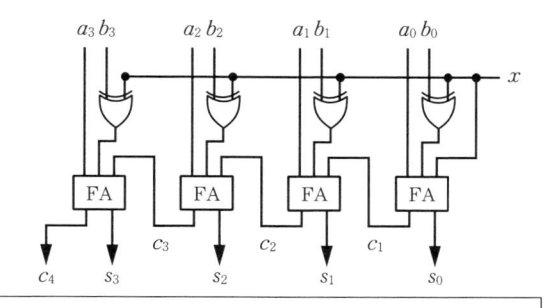

⌘ 桁上げ先見回路
- 各桁 i ($0 \leq i \leq 3$) において, $g_i = a_i \cdot b_i'$, $p_i = a_i \oplus b_i'$ を生成する。ここで, b_i' は FA への入力
  - これらは, 全加算器 (FA) に含まれている半加算器 (HA) で生成ずみ
  - これらを用いれば, 桁上げ c_{i+1} は, $c_{i+1} = a_i \cdot b_i' + c_i \cdot (a_i \oplus b_i') = g_i + c_i \cdot p_i$ と書ける
- c_4 は, $c_4 = g_3 + g_2 \cdot p_3 + g_1 \cdot p_2 \cdot p_3 + g_0 \cdot p_1 \cdot p_2 \cdot p_3 + x \cdot p_0 \cdot p_1 \cdot p_2 \cdot p_3$ と書ける
- この式は, 5 入力の AND ゲート, OR ゲートを使えば, 2 段回路で計算できる

2 進固定小数点数 $a = (a_{n-1} \cdots a_1 a_0)_2^{2C}$ から $b = (b_{n-1} \cdots b_1 b_0)_2^{2C}$ を減算するには, $(b_{n-1} \cdots b_1 b_0)_2$ の 2 の補数が必要となる。2 の補数は 1 の補数の最下位ビットに 1 を加算して得られ, 1 の補数は各ビットを反転することによって得られる。したがって, 加減算器は, 加算の場合には b の各ビットをそのまま加算し, 減算の場合には b の各ビットを反転して加算するとともに, 最下位ビットに 1 を加算すればよい。すなわち, 次のような演算が行えればよい。

加算の場合：　最下位ビットでは, $(c_1 s_1)_2 = (a_0)_2 + (b_0)_2$ を計算し,
　　　　　　　第 i ビット ($1 < i < n$) では, $(c_{i+1} s_i)_2 = (a_i)_2 + (b_i)_2 + (c_i)_2$ を計算する。

減算の場合：　最下位ビットでは, $(c_1 s_1)_2 = (a_0)_2 + (\overline{b_0})_2 + (1)_2$ を計算し,
　　　　　　　第 i ビット ($1 < i < n$) では, $(c_{i+1} s_i)_2 = (a_i)_2 + (\overline{b_i})_2 + (c_i)_2$ を計算する。

そこで, 加算の場合, b の各ビット b_i ($0 \leq i < n$) をそのまま出力し, 減算の場合, b_i を反転して出力する回路を考える。そのため, 加減算を制御する制御信号 x を考え, $x=0$ であれば加算 $a+b$ を, $x=1$ であれば減算 $a-b$ を行うことにすると, $b_i' = x \oplus b_i$ は $x=0$ のとき $b_i' = b_i$, $x=1$ のとき $b_i' = \overline{b_i}$ となるから, XOR ゲートを用いて所望の回路ができる。したがって, この出力 b_i' を第 i ビット ($1 < i < n$) の全加算器の入力にすれば, 加算か減算かの区別が不要となる。さらに, 最下位ビットにおいても全加算器を用いて, $(a_0)_2 + (b_0')_2 + x$ なる加算を行うことにすると, すべての桁において, 加算か減算かを区別することなく, 上記の演算を実行することができる。このような考えで実現した**桁上げ伝搬加減算器** (carry propagation adder / subtractor) を図に示す。

この加減算器では, 最上位ビットの桁上げ (図では c_4) の値が, 最大 $13 = 3 \times 4 + 1$ 段のゲート段数の回路で決定される。これをより少ないゲート段数で計算するため, **桁上げ先見回路** (carry look ahead circuit)[3] が加減算器に付加されることがある。桁上げ先見回路の考え方を図の枠内に示しておくので各自検討されたい。$n=16$ のような場合, 4 ビットごとに図の式から得られる先見回路を付加すればよい。

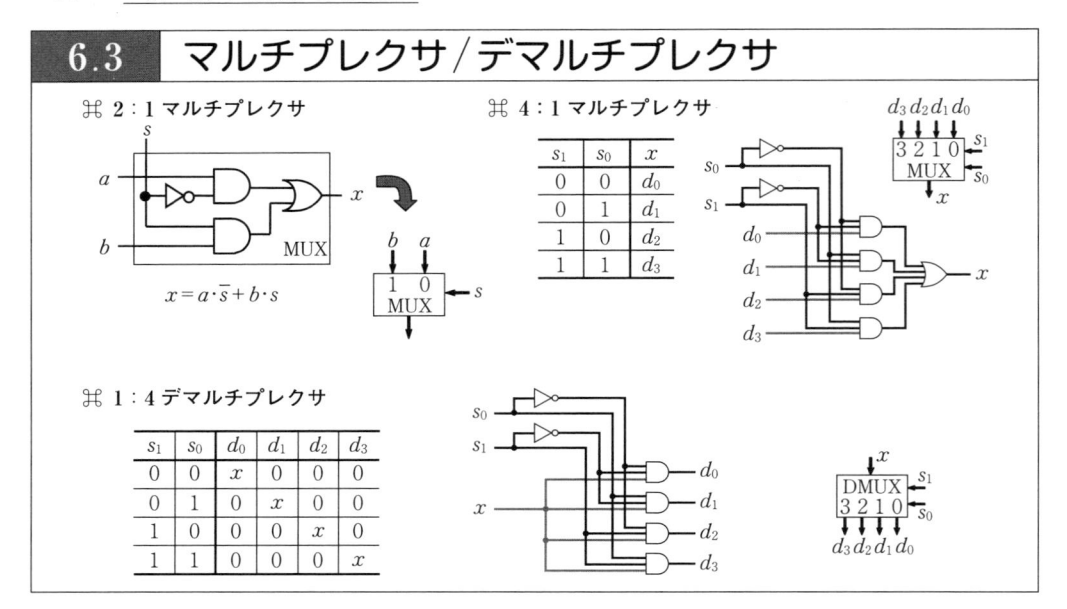

6.3 マルチプレクサ/デマルチプレクサ

※ 2：1マルチプレクサ

$x = a \cdot \bar{s} + b \cdot s$

※ 4：1マルチプレクサ

s_1	s_0	x
0	0	d_0
0	1	d_1
1	0	d_2
1	1	d_3

※ 1：4デマルチプレクサ

s_1	s_0	d_0	d_1	d_2	d_3
0	0	x	0	0	0
0	1	0	x	0	0
1	0	0	0	x	0
1	1	0	0	0	x

　所望の動作をするディジタル回路を設計する際，いくつかの信号の中の一つを取り出したり，信号を送り出す回路を状況に応じて切り替えたいことがある．いくつかある入力信号の中から一つを選び出力する回路を，**マルチプレクサ**（multiplexer）あるいは**セレクタ**（selector）という．二つの入力のうちの一つを選ぶマルチプレクサは2：1マルチプレクサ，四つの入力のうちの一つを選ぶマルチプレクサは4：1マルチプレクサと呼ばれる．選択する入力は制御信号によって指定され，2：1マルチプレクサでは一つの制御信号が，4：1マルチプレクサでは二つの制御信号が必要となる．

　例えば，二つの入力信号 a, b の中から，制御信号 s が $s=0$ のときは a を選択し，$s=1$ のときは b を選択して出力する2：1マルチプレクサでは，出力 x を $x = a \cdot \bar{s} + b \cdot s$ と定めておけばよい．また，二つの制御信号 s_1, s_0 が数 $j = (s_1 s_0)_2$ を示すとき，出力 x に四つの入力 d_3, d_2, d_1, d_0 の中から d_j を選んで出力する（$x = d_j$ とする）4：1マルチプレクサは，右上の真理値表に示すような動作をすればよい．したがって，右上のような回路で実現できる．これ以後，マルチプレクサを図示する際にはMUXと略記し，図のマルチプレクサの例に示すように，各入力に対してそれが選択される場合に制御信号が示す数 j を書いておくことにする．

　一つの入力信号を複数の出力の一つに送り出す回路は**デマルチプレクサ**（demultiplexer）と呼ばれる．図下に，2ビットの制御信号 s_1, s_0 の値に応じて，入力 x を四つの出力 d_3, d_2, d_1, d_0 の一つに出力する1：4デマルチプレクサの回路とその真理値表を示す．この回路では，制御信号 s_1, s_0 が示す2進数 $(s_1 s_0)_2 = j$ で指定される出力 d_j に入力 x が出力され，d_j 以外の出力には0が出力される．

　図に示したこれらの回路は，いずれも1ビット分であるので，入力が複数ビットからなる場合，これらの回路を入力のビットごとに設ければよい．

6.4 算術論理演算器の制御信号*

⌘ **桁上げ伝搬加減算器における全加算器の演算**

$s_i = a_i \oplus b_i' \oplus c_i$
$c_{i+1} = a_i \cdot b_i' + c_i(a_i \oplus b_i')$
$b_i' = x \oplus b_i$

	$c_i = 0$	$c_i = 1$
s_i	$a_i \oplus b_i'$	$\overline{a_i \oplus b_i'}$
c_{i+1}	$a_i \cdot b_i'$	$a_i + b_i'$

⌘ **ALU の動作表**

x	y	z	w	出力 g
入力 b の選択	加減算(1)か論理演算(0)か	出力の選択	桁上げ入力への入力値	実行される演算
0	1	0	*	加算
1	1	0	*	減算
0	0	1	0	AND
0	0	1	1	OR
0	0	0	0	XOR

$y=1$（加減算）のとき，w の値は何でもよいので，ドントケアとなる

マルチプレクサを用いて，6.2 節の桁上げ伝搬加減算器をコンピュータの中央処理装置（central processing unit：CPU）に用いられる**算術論理演算器**（arithmetic logic unit：ALU）に変換してみよう．考える ALU は，n ビットの入力 $\boldsymbol{a} = (a_{n-1}\cdots a_0)$, $\boldsymbol{b} = (b_{n-1}\cdots b_0)$ に対して，$\boldsymbol{g} = (g_{n-1}\cdots g_0)$ を出力する回路で，算術演算では，加算 $\boldsymbol{g} = \boldsymbol{a} + \boldsymbol{b}$ あるいは減算 $\boldsymbol{g} = \boldsymbol{a} - \boldsymbol{b}$ を行う．また，論理演算は桁 i ($0 \leq i \leq n-1$) ごとのビット演算で，ここでは AND ($g_i = a_i \cdot b_i$), OR ($g_i = a_i + b_i$), および XOR ($g_i = a_i \oplus b_i$) を出力するものとする．

桁上げ伝搬加減算器における第 i ビット目 ($0 \leq i \leq n-1$) の全加算器の出力 c_{i+1} および s_i は，それぞれ左上に書かれた式で表される．したがって，桁上げ入力 c_i を 0 あるいは 1 にすると，全加算器の出力 c_{i+1} および s_i は，それぞれ右上の表に書かれた式となるから，求める論理演算を実行できることがわかる．

そこで，実行すべき算術論理演算に応じて各桁の全加算器に適切な入力を与え，適切な出力を選択するためマルチプレクサを用意する．このようなマルチプレクサの制御信号として，ALU の動作表に書かれた x, y, および z を導入する．ここで，x は桁上げ伝搬加減算器において用いた加算か減算かを指定する制御信号，y は算術演算を行うか論理演算を行うかを指定する制御信号であり，論理演算を行う（$y = 0$）場合，$\boldsymbol{b}$ の各ビットをそのまま全加算器に入力する必要があるため $x = 0$ とする．また，論理演算の場合に，桁上げ入力 c_i に印加する入力を w とし，算術演算の場合，この値は利用しないのでドントケアである．さらに，もう一つの制御信号 z は，c_{i+1} あるいは s_i のどちらを g_i として出力するかを指定する信号である．

桁上げ伝搬加減算器の各桁において，これらを用いたマルチプレクサを全加算器の入力側と出力側に付加することにより ALU を実現できる．それを 6.5 節に示す．

6.5 ALUの1ビット分の回路*

⌘ **ALUの1ビット分**（第iビット目）

	$c_i=0$	$c_i=1$
s_i	$\oplus$	$\overline{\oplus}$
c_{i+1}	$\cdot$	$+$

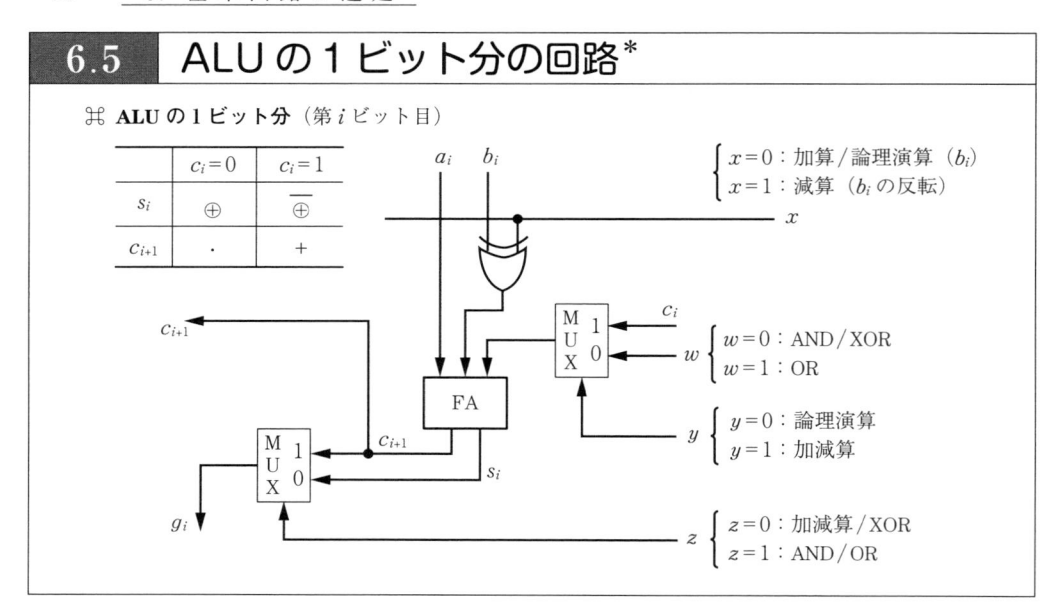

$\begin{cases} x=0 : \text{加算／論理演算}(b_i) \\ x=1 : \text{減算}(b_i\text{の反転}) \end{cases}$

$\begin{cases} w=0 : \text{AND／XOR} \\ w=1 : \text{OR} \end{cases}$

$\begin{cases} y=0 : \text{論理演算} \\ y=1 : \text{加減算} \end{cases}$

$\begin{cases} z=0 : \text{加減算／XOR} \\ z=1 : \text{AND／OR} \end{cases}$

　図はALUの1ビット分の回路である。この回路が6.4節で定義した動作をすることは容易に確認できるであろう。ところで，加減算ではオーバーフローが生じることがあるし，コンピュータのプログラムでは，演算結果に従って次に実行する操作を変えたいことも多い。したがって，ALUでは，演算結果を**ステータス信号**（status signal）として記憶しておく必要がある。ここでは，ALUによく現れる次のようなステータス信号と，これらを記憶しておくDフリップフロップを考えてみる。

　C：算術演算の場合の最上位ビットからの桁上げ c_n
　N：算術演算の結果が負になれば1，非負であれば0となる信号
　V：算術演算の結果，オーバーフローが生じていれば1，そうでなければ0となる信号
　Z：算術論理演算の結果，全ビットが0になれば1，そうでなければ0となる信号

　なお，C, N, Vは算術演算の場合に値が変化し，論理演算では値を変えないものとする。値を変えないようにするためには，これらを記憶するDフリップフロップの入力の前に2：1マルチプレクサを用意し，算術演算（$y=0$）の場合には以下で定める値を入力し，論理演算（$y=1$）の場合にはDフリップフロップの出力（状態）を再度入力するようにしておけばよい（あるいは，$y=1$のときには，値を取り込まないようにしておいてもよい）。

　値を変化させる際に入力する値は，次のように決定することができる。最上位ビットからの桁上げCおよび算術演算結果の正負Nは，それぞれ最上位ビットの全加算器の出力c_nおよびs_{n-1}からわかるので，$C=c_n$および$N=s_{n-1}$とすればよい。

　オーバーフローが生じているか否かは，最上位ビット（符号ビット）からの桁上げc_nと数値ビットからの桁上げc_{n-1}とが同じか否かで判定できるから，$V=c_n \oplus c_{n-1}$とすればよい。また，演算結果の全ビットが0のときに1となるようなZは，$g_0 \sim g_{n-1}$の全ビットのNOR，$Z=\overline{g_0+\cdots+g_{n-1}}$を計算すればよい。すなわち，このような式から得られる回路の出力をDフリップフロップ（実際にはマルチプレクサ）の入力とすればよい。

6.6 SR ラッチと D ラッチ

⌘ **SR ラッチ回路**

S	R	q'
0	0	q
0	1	0
1	0	1
1	1	?

S：set（$q=1$ にする）
R：reset（$q=0$ にする）

⌘ **D ラッチ回路**

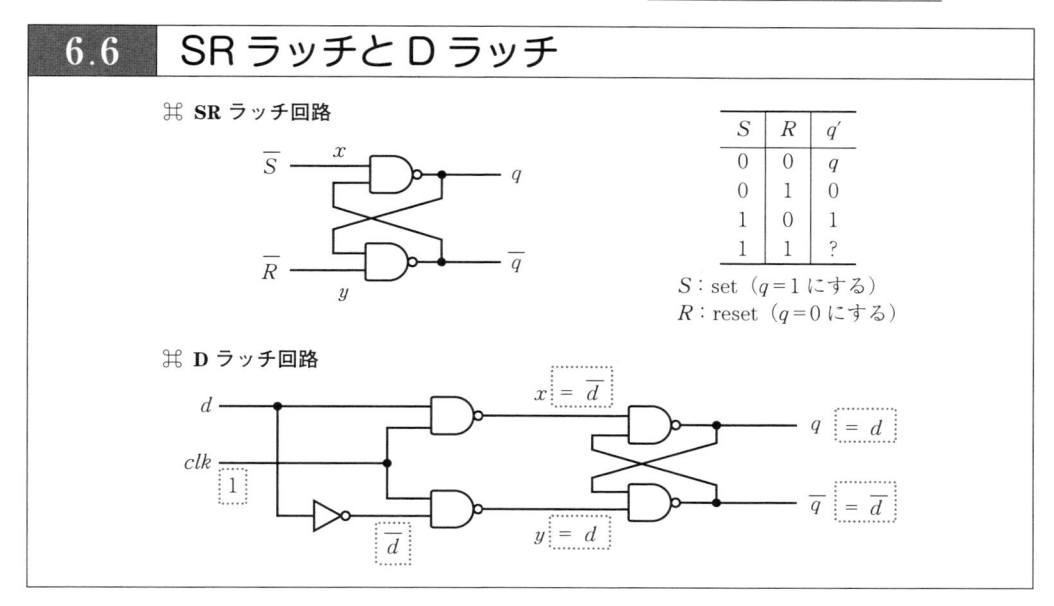

（D ラッチ回路図中の注釈：clk 側 1、反転出力 $\bar{d}$、$x=\bar{d}$、$y=d$、$q=d$、$\bar{q}=\bar{d}$）

　以下では，同期回路が満たすべきタイミング制約を理解するため，D フリップフロップの構造を述べ，その動作を調べる。まず，NAND ゲートを用いた回路を紹介する。NOR ゲートでも作成できることは 4.12 節で述べた正論理・負論理の関係からわかるであろう（4 章演習問題の図 4.3 の回路を参照せよ）。

　図に示す **SR ラッチ**（SR-latch）**回路**は，フリップフロップの基本構成要素で，入力を $x=\bar{S}$ および $y=\bar{R}$ とすると，$S=R=0$（$x=y=1$）のとき，二つの NAND ゲートはともにインバータとして動作するため，二つの出力 q，$\bar{q}$ の値は変化しない。

　NAND ゲートの制御値が 0 であることに気が付けば，$S=1$，$R=0$ とすると，$x=0$，$y=1$ となるから，$q=1$，$\bar{q}=0$ となることがわかる。また，$R=1$，$S=0$ とすると，$x=1$，$y=0$ となるから，$q=0$，$\bar{q}=1$ となる。$S=1$ にすると $q=1$ となり，$R=1$ にすると $q=0$ となることから，S および R は，それぞれ set および reset を意味する記号となっている。

　S および R をともに 1 にすると，この回路の場合，出力 q，$\bar{q}$ はともに 1 となるが，SRラッチ回路では，$S=R=1$（$x=y=0$）なる入力は用いないようにしている。

　下図に示すように，SR ラッチ回路にクロック信号 clk を付加した回路を **D ラッチ**（D-latch）**回路**と呼ぶ。D ラッチ回路では，$clk=0$ のとき，$S=R=0$（$x=y=1$）になるので，状態は変化しない。しかし，$clk=1$ になると，$S=d$，$R=\bar{d}$（$x=\bar{d}$，$y=d$）となるので，$d=1$ であれば $q=1$，$d=0$ であれば $q=0$ となる。したがって，$clk=1$ の間 $q=d$ となるから，データ入力 d の値が状態 q に取り込まれ，$clk=0$ に変化する直前の d の値が $clk=0$ の間保持されることになる。このようなデータの取り込み・保持動作をラッチ動作という。

　安定したラッチ動作を行うためには，clk が 1 から 0 に変化する前後において，データ d が安定している必要がある。また，状態 q の値が $clk=0$ の間だけでなく，$clk=1$ の間も安定しているためには工夫が必要となる。その方法の一つが 6.7 節に述べるマスタースレイブ方式の回路である。

6.7 マスタースレイブ型 DFF

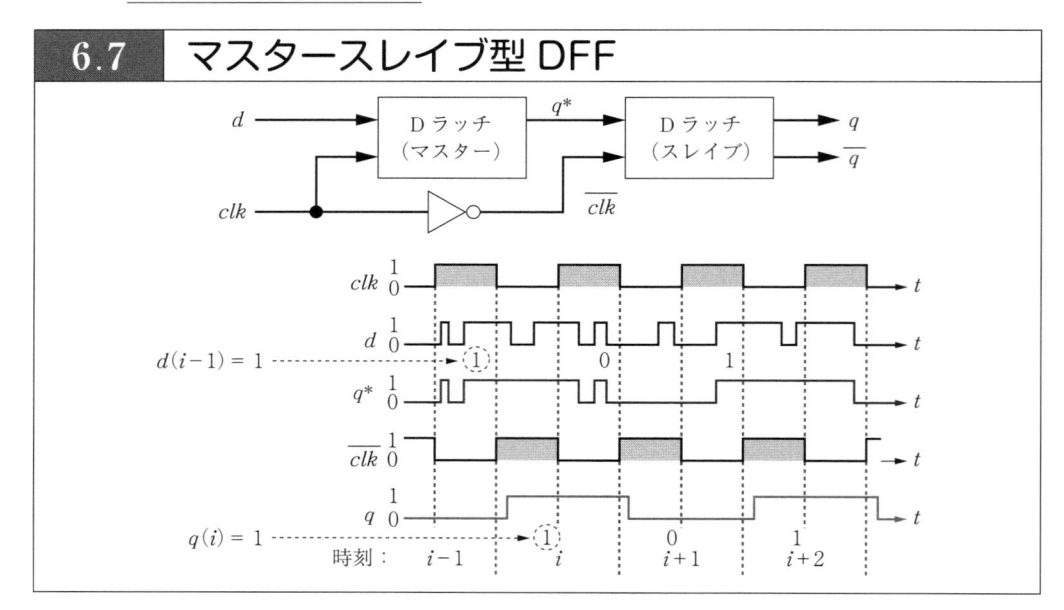

Dラッチでは，クロック clk が0のときの出力は安定しているが，1のときは d の変化がそのまま状態（出力）q の変化になる。5.2節で述べた一時的な波形の変化であるハザード（hazard）[3],[4] あるいはグリッチ（glitch）[1] は，6.12節で述べるように，信号の到着時刻のずれ（遅延の差）によって生じるが，誤動作の原因となるため，できるだけ取り除きたい。すなわち，フリップフロップの出力（状態）はできるだけ安定させておきたい。

図に示すようにDラッチを2個直列に接続した回路は，**マスタースレイブ型Dフリップフロップ**と呼ばれ，前段のDラッチをマスターラッチ（master latch），後段のものをスレイブラッチ（slave latch）と呼ぶ。図の構成では，マスターラッチは $clk=1$ の間，d の値を取り込むが，$clk=0$ の間，clk が1から0に変化したときの d の値を保持する。一方，スレイブラッチは $clk=0$ の間，マスターラッチの出力 q^* の値を取り込むが，この値はこの期間安定している。さらに，$clk=1$（すなわち，$\overline{clk}=0$）の間，スレイブラッチの出力は，clk が0から1に変化したときの q^* の値になっている。したがって，Dフリップフロップの出力 q は，clk が1から0に変化するとき以外は安定していることがわかる。

このDフリップフロップでは，clk が1から0に変化するとき（clk の**立ち下がり**時）の値を取り込むため，clk が1から0に変化する時点が順序回路での時刻が変わる瞬間であるといえる。すなわち，図において，clk が1から0に変化する一番左の時点より左が，順序回路における時刻 $i-1$ に対応し，その時点から次に clk が1から0に変化する時点までが時刻 i に対応しているとすると，時刻 $i-1$ の入力の値 $d(i-1)=1$ が clk が1から0に変化するときに取り込まれ，Dフリップフロップの次の時刻 i の状態 $q(i)=1$ となっている。

6.8節の下に，CMOSスイッチを用いたマスタースレイブ型Dフリップフロップの回路を示すが，この回路では，マスターラッチに $\overline{clk}$ を，スレイブラッチに clk を入れることにより，clk の**立ち上がり**時（0から1に変化するとき）が時刻の変わり目となっている。また，この回路には，$reset=1$ のとき $q=0$ にする入力 $reset$ も付加されている。

6.8 エッジトリガ型 DFF

⌘ 正エッジトリガ回路
▱ $clk=0 \to 1$（立ち上がり）のときに，入力 d の値を取り込む

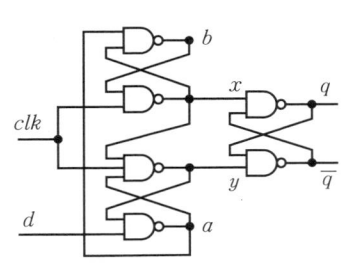

$clk=1$ の場合でも，$\overline{x}=y$ であれば，x あるいは y のどちらかは 0 なので，d が変化しても，x, y は変化しない

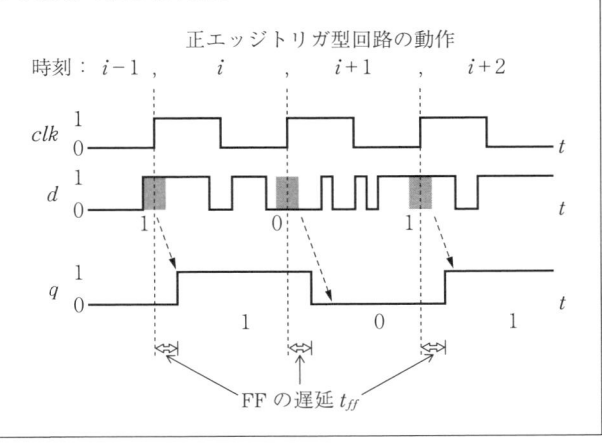

正エッジトリガ型回路の動作

時刻：$i-1$, i, $i+1$, $i+2$

FF の遅延 t_{ff}

マスタースレイブ型のフリップフロップでは，clk とその反転信号 $\overline{clk}$ の 2 相のクロックが必要となる。これに対して，**エッジトリガ型 D フリップフロップ**はクロックが一つでよく，それが変化するときにのみ値を取り込み，それ以外の期間はその値を保持する。

図は，正エッジトリガ（positive edge-trigger）回路で，clk の立ち上がり時の入力 d の値を取り込む。すなわち，clk が 0 から 1 に変わると $x=\overline{d}$，$y=d$ となり，q の値が d で決まる。しかし，その後 $clk=1$ の期間中，x, y のどちらかは 0 であるので，d が変化しても x と y の値は変化しない。各自で，$x=0$（$y=1$）および $y=0$（$x=1$）の各場合に，0 が NAND ゲートの制御値であることを利用して各 NAND ゲートの出力の値を確かめて欲しい。

右側にはタイミングチャートの例も示している。clk の立ち上がり時から x, y が d の値に従って変化し，それにより q が変化するまでに時間がかかる。そのため，clk の立ち上がり時から少し遅れて q の値が定まる。この遅れ t_{ff} は**フリップフロップの遅延**と呼ばれる。

下の回路は clk の立ち上がり時に入力 d を取り込むマスタースレイブ型 D フリップフロップであるが，4.12 節で述べた CMOS 回路（**CMOS スイッチ**）を用いており，6.7 節の回路よりトランジスタの個数が少ない。CMOS スイッチの x 端子と y 端子の導通（遮断）の条件を図に示しておくので，各自で d の値が取り込まれる過程を調べて欲しい。

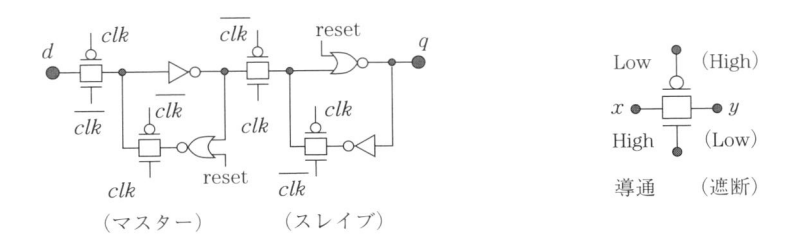

CMOS スイッチを用いた reset 入力付きマスタースレイブ型 DFF

CMOS（スイッチ）

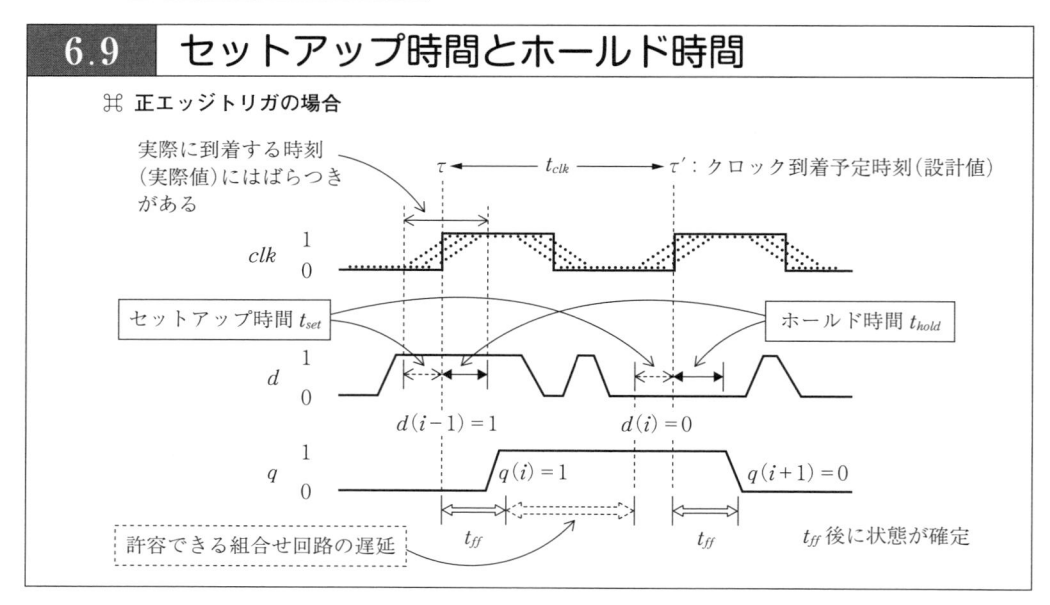

6.9 セットアップ時間とホールド時間

⌘ 正エッジトリガの場合

［図：クロック clk、入力 d、出力 q のタイミング図。セットアップ時間 t_{set}、ホールド時間 t_{hold}、フリップフロップ遅延 t_{ff}、クロック周期 t_{clk} を示す。実際に到着する時刻（実際値）にはばらつきがある。τ'：クロック到着予定時刻（設計値）。$d(i-1)=1$、$d(i)=0$、$q(i)=1$、$q(i+1)=0$。許容できる組合せ回路の遅延。t_{ff} 後に状態が確定。］

Dフリップフロップでは，その構造の説明からわかるように，クロックの立ち上がり，あるいは立ち下がり時に，そのときの入力の値が取り込まれるため，その間，入力は安定した値を保持している必要がある．以下では，クロックの立ち上がり時にデータが取り込まれる場合を例に，同期回路が正常に動作するために満たすべきタイミング制約について考える．立ち下がりの場合でも制約条件は同じである．

クロックの立ち上がり信号がフリップフロップに到着する時刻 τ（この時刻は，順序回路における現状態・次状態を決める時刻 i ではなく，実時間での時刻である）にはばらつきがあり，値を取り込むための時間も必要であるため，取り込むべき入力は時刻 τ の前後一定期間，安定した値を保持していなければならない．その期間は，**セットアップ時間**（set-up time）t_{set} と**ホールド時間**（hold time）t_{hold} で指定され，これらは，時刻 τ にばらつきが生じたとしても，製造した回路が正常動作するように設けた設計マージン（margin，余裕）である．すなわち，取り込むべき値 d は，設計において用いた時刻 τ より t_{set} 時間前（時刻 $\tau - t_{set}$ より前）に定まっていなければならず，その値は，τ から t_{hold} 時間後（時刻 $\tau + t_{hold}$ より後）まで保たれていなければならない．入力 d がこの制約を満たす様子を図に示す．

6.8 節で述べたように，時刻 τ に d が取り込まれ，状態（出力）q が定まるまでには，フリップフロップの遅延 t_{ff} だけの遅れがある．状態遷移回路では，この q の値を用いて次状態の値を計算するが，その値は次のクロックの立ち上がり時刻 τ' より t_{set} 時間だけ前に定まっていなければならない．したがって，状態遷移回路において，次状態の値を決定するために利用できる時間は，クロック clk の周期 t_{clk} から t_{ff} と t_{set} を引いた時間 $t_{clk} - t_{ff} - t_{set}$ 以下となる．6.10 節に示すように，回路中の配線や論理ゲートを通って信号が伝搬するには時間がかかるため，回路を設計する際には，この条件を満たすようにしなければならない．回路中を信号が伝搬するのに要する時間を**遅延**（delay）という．

6.10 遅　　延*

♯ クリティカル遅延 t_{crt}

複数の DFF（レジスタ）　　　　　複数の DFF（レジスタ）

DFFs → 組合せ回路 → DFFs

配線: v —▷○— [C — R — C] —⊐ w

♯ クロックスキュー t_{skw}

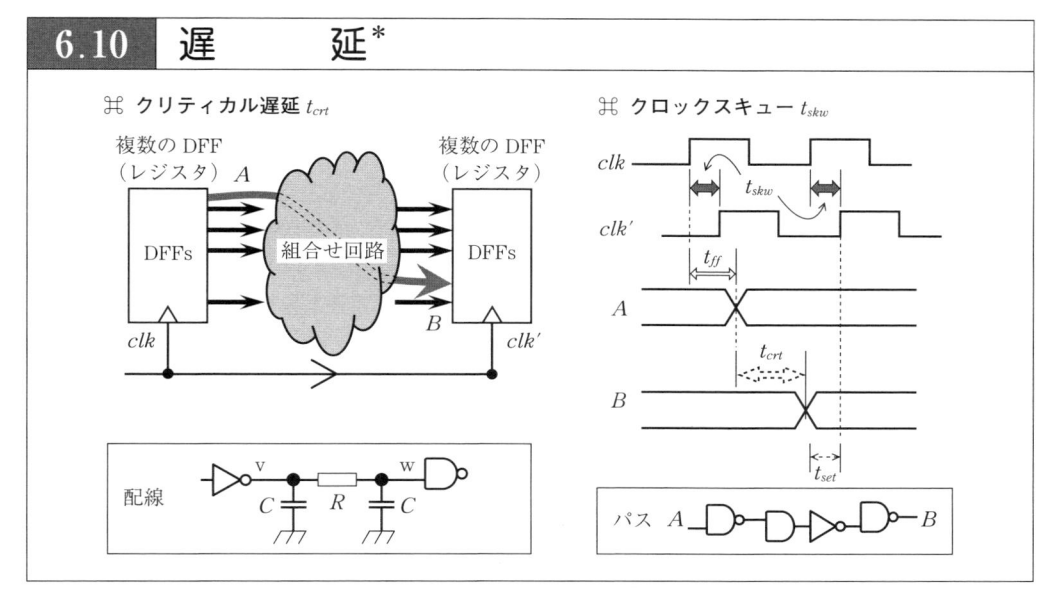

clk, clk', t_{skw}, t_{ff}, A, t_{crt}, B, t_{set}

パス A —▷○—▷○—⊐— B

　論理回路はトランジスタなどの素子を配線で接続した電子回路で実現されるため，実際に信号（電位で表される）が配線や論理ゲートを通過し，伝搬するのに時間がかかる。

　左下に示すように，配線には寄生抵抗 R や寄生容量 C が存在するため，端子 v の電位が変化しても，端子 w の電位はすぐには変化しない。この遅れを**配線遅延**という。また，論理ゲートにおいても，トランジスタのスイッチ動作に時間がかかるため，入力の変化後，**ゲート遅延**で与えられる遅れの後，出力が変化する。さらに組合せ回路には，フリップフロップの出力から始まり，同じあるいは別のフリップフロップの入力で終わる論理ゲートと配線の交互系列（**パス**，path）が存在するが，右下に示すこのようなパスでは，信号の伝搬に，パス上の配線および論理ゲートの遅延の和に相当する遅延が生じる。

　組合せ回路に含まれるすべてのパスの中で，遅延が最大のパスを**クリティカルパス**（critical path）という。例えば，左上の組合せ回路の中には，左にある DFF 群から右にある DFF 群に至る数多くのパスがあるが，その中で，DFF の出力 A から DFF の入力 B に至るパスの遅延が最大であるとすると，このパスがクリティカルパスである。クリティカルパスの遅延は**クリティカル遅延**（critical delay）と呼ばれ，これは，A の値が変化してから B の値が変化するまでの時間 t_{crt} である。なお，右上のタイミングチャートでは，A および B の波形として，1 から 0 に変化するものと，0 から 1 に変化するものを重ねて描いている。

　クロック信号の伝搬でも遅延が生じるため，すべての D フリップフロップ（DFF）にクロック信号が同時に到着するとは限らない。このようなクロックの到着時刻の差を**クロックスキュー**（clock skew）t_{skw} と呼ぶ。クロックの配線経路を設計する際には，クロックスキューを 0 にするような経路を求めているが[5),6)]，製造されたチップにおいてスキューを完全に 0 にすることは困難である。そこで 6.11 節で述べるように，フリップフロップへのクロックの到着時刻には，クロックスキュー分のずれがあると考えて回路を設計する。

6.11 タイミング制約*

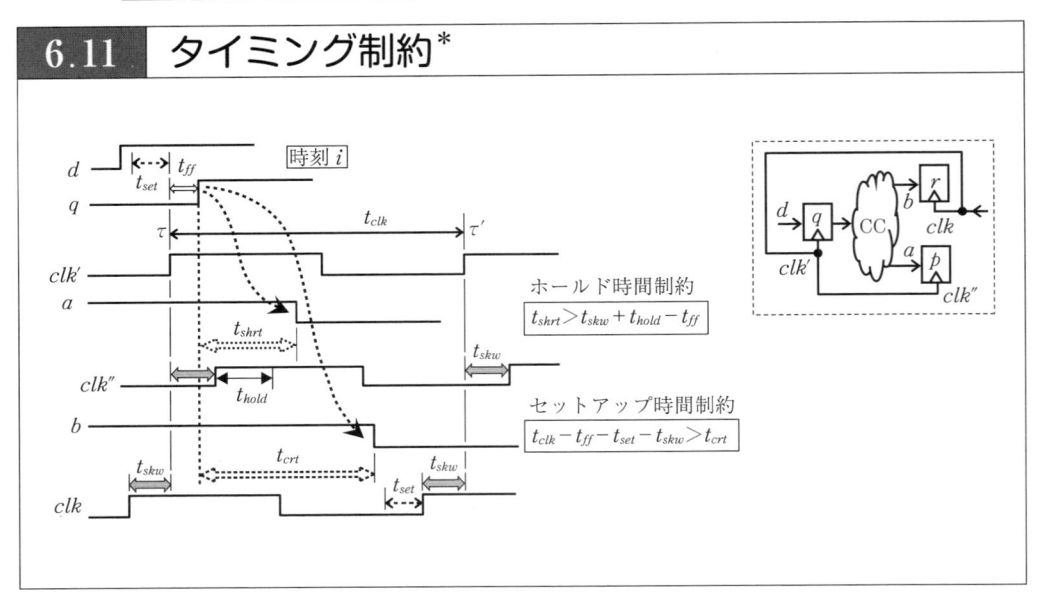

クロックスキュー t_{skw} が存在する場合のセットアップ時間 t_{set} およびホールド時間 t_{hold} に関する制約について考える。

図のタイミングチャートは，状態変数 q を記憶しているフリップフロップに入るクロック clk' の1周期分を示している。ここで，clk' の最初の立ち上がりの時点を τ，次の立ち上がりの時点を τ' とし，τ から τ' の期間が状態の時刻 i に対応するものとする。

時刻 i の状態 q の値 $q(i)$ は，フリップフロップの遅延 t_{ff} 後の $\tau+t_{ff}$ の時点で定まる。この $q(i)$ により，t_{shrt} 後に状態変数 p を記憶しているフリップフロップへの入力 $a(i)$ が，t_{crt} 後に状態変数 r を記憶しているフリップフロップへの入力 $b(i)$ が変化したとする。これらの $a(i)$ および $b(i)$ はそれぞれ p および r の次の時刻の値 $p(i+1)$ および $r(i+1)$ となる。

図に示すように，r を記憶しているフリップフロップのクロック clk の立ち上がりが，clk' のそれより t_{skw} だけ早いとすると，$b(i)$ の値は，$\tau'-(t_{skw}+t_{set})$ の時点より前に定まっていなければならないから，$\tau'-(t_{set}+t_{skw}) > \tau+t_{ff}+t_{crt}$ でなければならない。したがって，$\tau'-\tau=t_{clk}$ であるから，$t_{clk} > t_{ff}+t_{crt}+t_{set}+t_{skw}$ を得る。この不等号は，**セットアップ時間制約** を示し，パス遅延 t_{crt} の上限値 $t_{clk}-t_{ff}-t_{set}-t_{skw}$ を与える。したがって，パス遅延の最大値であるクリティカル遅延がこの関係を満たせば，組合せ回路 CC はセットアップ時間に関する制約を満たす。

一方，p を記憶しているフリップフロップのクロック clk'' の立ち上がりが，clk' のそれより t_{skw} だけ遅いとすると，$\tau+t_{skw}+t_{hold}$ の時点まで，a は時刻 $i-1$ の値 $a(i-1)$ を保持している必要があるから，$a(i)$ の値は，$\tau+t_{skw}+t_{hold}$ の時点より後に到着しなければならない。これより，$\tau+t_{ff}+t_{shrt} > \tau+t_{skw}+t_{hold}$ でなければならないから，$t_{shrt} > t_{skw}+t_{hold}-t_{ff}$ を得る。この不等号は，**ホールド時間制約** を示し，パス遅延 t_{shrt} の下限値を与える。したがって，組合せ回路 CC におけるパス遅延の最小値がこの関係を満たせば，すべてのパスに対してホールド時間に関する制約は満たされる。

6.12 ハザード*

⌘ **本来一定値であるべき出力に生じる一時的な変化**
 ☒ グリッチともいう
 ☒ 信号の到着時刻のずれによって生じる
 ☒ d_x：入力 x の遅延
 ☒ d_y：入力 y の遅延（$d_x<d_y$ と仮定）

⌘ **CMOS トランジスタ回路**

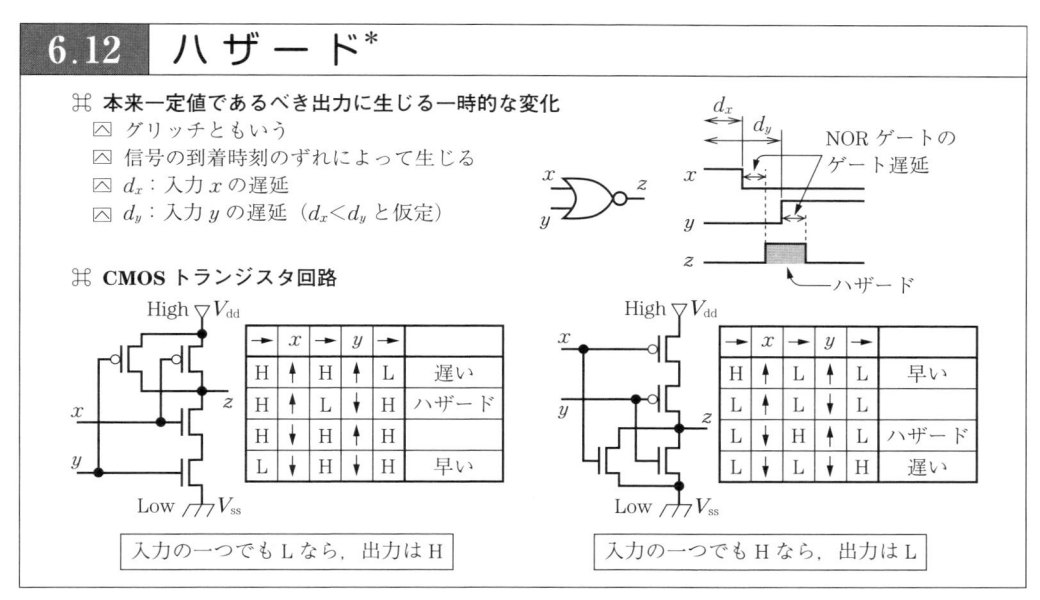

	x		y		
H	↑	H	↑	L	遅い
H	↑	L	↑	H	ハザード
H	↓	H	↑	H	
L	↓	H	↓	H	早い

入力の一つでも L なら，出力は H

	x		y		
H	↑	L	↑	L	早い
H	↑	L	↓	L	
L	↓	H	↑	L	ハザード
L	↓	L	↓	H	遅い

入力の一つでも H なら，出力は L

いま，図上中央に示す NOR ゲートにおいて，d_x の時点で入力 x が 1 から 0 に立ち下がり，その後，d_y の時点で入力 y が 0 から 1 に立ち上がるとすると，d_x 以前および d_y 以後は，x, y の一方は 1 であるから，出力 z は 0 となる。しかし，d_x の時点から d_y の時点までの間，x, y ともに 0 となるため，z が 1 となる。したがって，出力 z には右上のタイミングチャートに示す波形が現れる。5.2 節で述べたように，このような一時的な波形の変化は**ハザード**（hazard）と呼ばれ，本来 0 であるべき出力に 1 が出るものは 0 ハザードと呼ばれる。

NAND ゲートの場合には，本来 1 であるべき出力が一時的に 0 となる 1 ハザードが生じるが，このようなハザードが生じる条件を理解するため，下に示す二つの 2 入力 CMOS トランジスタ回路において，入力 x の変化後に y が変化する場合を考える。

各回路図の右にある表は，入力が立ち上がる（↑で示す）場合と，立ち下がる（↓で示す）場合の全組合せに対して，入力変化の前後において，出力 z が高電位（H で示す）になるか，低電位（L で示す）になるかを示している。これらの出力は，4.12 節で述べた PMOS および NMOS の性質から理解できるであろう。例えば，表の 3 行目は x が立ち上がり（↑），y が立ち下がる（↓）場合で，左の回路の場合には，最初，x=L, y=H であるから，出力 z=H であるが，x が立ち上がると x, y ともに H となり，z=L となる。しかし，y が立ち下がり，x=H, y=L となると再び z=H となり，ハザードが発生する。

この表には，論理ゲートの遅延（ゲート遅延）が入力の値によって変わる様子も示している。すなわち，左の回路では L が，右の回路では H が，論理ゲートの制御値に対応しているので，入力がともに制御値になる場合，初めの入力（x の）変化で出力が変わるため，出力の変化が早い。左の表の 5 行目および右の表の 2 行目に対応する。したがって，この場合，遅延は短かくなる。しかし，入力がともに非制御値になる場合，後のほうの入力（y の）変化で出力が変わるため，出力の変化が遅い。そのため，遅延は長くなる。

参 考 文 献

1) D. D. Gajski : Principles of Digital Design, Prentice Hall (1997)
2) 髙木直史：算術演算の VLSI アルゴリズム，コロナ社（2005）
3) 山田輝彦：論理回路理論，森北出版（1990）
4) 佐々木元, 森野明彦, 鈴木敏夫：LSI 設計入門，近代科学社（1987）
5) D. A. Hodges, H. G. Jackson and R. A. Saleh : Analysis and Design of Digital Integrated Circuits : In Deep Submicron Technology, McGraw-Hill (2003)
6) M. Edahiro : "An efficient zero-skew routing algorithm," Proc. Design Automation Conf., pp. 375-380 (1994)
7) 榎本忠儀：CMOS 集積回路──入門から実用まで，培風館（1996）

　この章で取り上げたディジタル回路に関する教科書は多数あるが，基本的なディジタル回路をさらに学ぶには文献 1），2）を，桁上げ先見回路に関しては文献 3）を参考にするとよいであろう。また，ハザードやグリッチに関しては文献 1），3），4）を，遅延やクロックスキューに関しては文献 5），6）を参考にするとよい。さらに，CMOS トランジスタ回路に関する本も多数あるが，ここでは文献 7）を挙げておく。

演 習 問 題

【1】 1桁の BCD 数 $(a_3\,a_2\,a_1\,a_0)_{BCD}$ および $(b_3\,b_2\,b_1\,b_0)_{BCD}$ が入力されたとき，これらの和を，桁上げ c と BCD 数 1 桁 $(s_3\,s_2\,s_1\,s_0)_{BCD}$ の 5 ビット $(c\,s_3\,s_2\,s_1\,s_0)$ で出力する組合せ回路を設計せよ。例えば，$(0101)_{BCD} = 5$ と $(1000)_{BCD} = 8$ が入力された場合には，$(1\,0011)$ を出力することになる。以下のヒントを参考に，次の手順に従って設計すればよい。

(i) $(a_3\,a_2\,a_1\,a_0)$ と $(b_3\,b_2\,b_1\,b_0)$ を 2 進数として加算したときの和を $(d_4\,d_3\,d_2\,d_1\,d_0)_2$ とし，これが 10 進数の 10 以上のときかつそのときに限り 1 となる論理関数 $f(d_4, d_3, d_2, d_1, d_0)$ を最簡な積和形論理式で表せ。

(ii) $(d_4\,d_3\,d_2\,d_1\,d_0)$ から $(c\,s_3\,s_2\,s_1\,s_0)$ への変換は，$(d_4\,d_3\,d_2\,d_1\,d_0)_2$ が 10 以下であれば何もせず，10 以上であれば $(0\,0110)_2$ を加算すればよいから，どちらの場合も $s_0 = d_0$ である。また，何もしないということは，$(0\,0000)_2$ を加算することと同じになるので，$(d_4\,d_3\,d_2\,d_1)_2$ に $(00ff)_2$ を加算する回路を作成すれば，$(c\,s_3\,s_2\,s_1)$ が生成できる。ここで，f は (i) で求めた論理関数の値である。これらを参考に，全加算器（FA）を用いて求める回路をつくれ。

〈ヒント〉 $(a_3\,a_2\,a_1\,a_0)_2$ と $(b_3\,b_2\,b_1\,b_0)_2$ の和 $(d_4\,d_3\,d_2\,d_1\,d_0)_2$ を求め，これを，$(c\,s_3\,s_2\,s_1\,s_0)$ に変換することを考える。ここで，d_4 は最上位ビットからの桁上げで，この変換は，$(d_4\,d_3\,d_2\,d_1\,d_0)_2$ の値によって**図 6.1** のように場合分けできる。図の数は 10 進数である。

* $(d_4\,d_3\,d_2\,d_1\,d_0)_2 = (0\,0000)_2 \sim (0\,1001)_2$，すなわち，0～9 のとき：
  c も 0 であり，下位 4 ビットをそのまま BCD 数として扱えるので変換する必要はない。
* $(d_4\,d_3\,d_2\,d_1\,d_0)_2 = (0\,1010)_2 \sim (0\,1111)_2$，すなわち，10～15 のとき：
  このとき，10 を引けば，BCD 数 1 桁分の 4 ビットが得られるから，$10 = (0\,1010)_2$ の 2 の補数 $(10110)_2$ を加算する。さらに，最上位ビット c は 1 でなければならないから，こ

$(a_3 a_2 a_1 a_0)_{\text{BCD}}$

+	0	1	2	3	4	5	6	7	8	9
0	0	1	2	3	4	5	6	7	8	9
1	1	2	3	4	5	6	7	8	9	10
2	2	3	4	5	6	7	8	9	10	11
3	3	4	5	6	7	8	9	10	11	12
4	4	5	6	7	8	9	10	11	12	13
5	5	6	7	8	9	10	11	12	13	14
6	6	7	8	9	10	11	12	13	14	15
7	7	8	9	10	11	12	13	14	15	16
8	8	9	10	11	12	13	14	15	16	17
9	9	10	11	12	13	14	15	16	17	18

行見出し: $(b_3 b_2 b_1 b_0)_{\text{BCD}}$

図 6.1 1 桁の BCD 数の和の値(10 進表示)

の結果に $(1\,0000)_2$ を加える.そうすると,結果的に,$(1\,0110)_2 + (1\,0000)_2 = (0\,0110)_2$ = 6 を加算していることになるから,和 $(d_4 d_3 d_2 d_1 d_0)_2$ に $6 = (0\,0110)_2$ を加算すれば変換できる.

　　例):$(0\,1011)_2 \rightarrow (0\,1011) + (0\,0110) = (1\,0001)$

* $(d_4 d_3 d_2 d_1 d_0)_2 = (1\,0000)_2 \sim (1\,0010)_2$,すなわち,16〜18 のとき:

このとき,下位 4 ビットに $6 = (0\,0110)_2$ を加算すれば,BCD 数 1 桁分が得られるが,これを行っても,最上位ビット $c = 1$ は変化しない.したがって,和 $(d_4 d_3 d_2 d_1 d_0)_2$ に $6 = (0\,0110)_2$ を加算すれば変換できる.

　　例):$(1\,0001)_2 \rightarrow (1\,0001) + (0\,0110) = (1\,0111)$

【2】【1】で設計した BCD 数の加算回路において,出力が決定するまでに通る論理ゲートの段数は最大何段になるか.ただし,全加算器は半加算器を用いて構成されているものとする.

【3】以下の機能をもった 4 ビットの記憶回路を,D フリップフロップと 4:1 マルチプレクサを用いて設計せよ.このような回路を**シフトレジスタ**(shift register)という.なお,4:1 マルチプレクサは,(S_1, S_0) がそれぞれ $(0, 0)$,$(0, 1)$,$(1, 0)$,および $(1, 1)$ のとき,d_0, d_1, d_2,および d_3 を出力するものとし,6.3 節に示すように描け.

データ入力:$I_L, I_3, I_2, I_1, I_0, I_R$,　　制御入力:$S_1, S_0$,　　クロック:clock

データ出力(= D フリップフロップの状態):q_3, q_2, q_1, q_0

現状態	制御入力		動作	次状態			
	S_1	S_0		q_3'	q_2'	q_1'	q_0'
q_3, q_2, q_1, q_0	0	0	変化なし	q_3	q_2	q_1	q_0
	0	1	入力取込み	I_3	I_2	I_1	I_0
	1	0	左 1 ビットシフト	q_2	q_1	q_0	I_R
	1	1	右 1 ビットシフト	I_L	q_3	q_2	q_1

【4】 以下の機能をもった4ビットのレジスタ（アップカウンタ，up counter）を，Dフリップフロップと半加算器を用いて設計せよ。なお，5章の演習問題【4】の図5.3に示した状態を0にリセットできる入力resetをもつDフリップフロップを利用せよ。

制御入力：reset, enable,　　クロック：clock
出力（＝Dフリップフロップの状態）：q_3, q_2, q_1, q_0（＝2進数 $(q_3 q_2 q_1 q_0)_2$ を示す）

現 状 態	制御入力		動　作	次 状 態
	reset	enable		$(q_3' q_2' q_1' q_0')_2$
$(q_3 q_2 q_1 q_0)_2$	0	0	変化なし	$(q_3 q_2 q_1 q_0)_2$
	0	1	カウントアップ	$(q_3 q_2 q_1 q_0)_2 + (0001)_2$
	1	*	値を0にする	$(0000)_2$

$(q_3 q_2 q_1 q_0)_2 = (1111)_2$ のときにカウントアップすると，次状態は $(q_3' q_2' q_1' q_0')_2 = (0000)_2$ に戻るものとする。

【5】 以下の機能をもった4ビットの**アップダウンカウンタ**（up/down counter）を設計せよ。

データ入力：I_3, I_2, I_1, I_0,　　制御入力：load, enable, down,　　クロック：clock
出力（＝Dフリップフロップの状態）：q_3, q_2, q_1, q_0（＝2進数 $(q_3 q_2 q_1 q_0)_2$ を示す）

現 状 態	制御入力			動　作	次 状 態
	load	enable	down		$(q_3' q_2' q_1' q_0')_2$
$(q_3 q_2 q_1 q_0)_2$	0	0	*	変化なし	$(q_3 q_2 q_1 q_0)_2$
	0	1	0	カウントアップ	$(q_3 q_2 q_1 q_0)_2 + (0001)_2$
	0	1	1	カウントダウン	$(q_3 q_2 q_1 q_0)_2 - (0001)_2$
	1	*	*	入力取込み	$(I_3, I_2, I_1, I_0)_2$

$(q_3 q_2 q_1 q_0)_2 = (1111)_2$ のときにカウントアップすると，次状態は $(0000)_2$ に，
$(q_3 q_2 q_1 q_0)_2 = (0000)_2$ のときにカウントダウンすると，次状態は $(1111)_2$ になるものとする。

（ⅰ）3ビットの入力down, q_i, c_i と2ビットの出力 c_{i+1}, d_i をもつ**半加減算器**（half-adder/subtractor）を設計する。そのため，c_{i+1} および d_i の論理式を求めよ。この半加減算器は，down＝0であれば，$(q_i)_2$ と $(c_i)_2$ を加算し，桁上げ $(c_{i+1})_2$ と和 $(d_i)_2$ を出力し，down＝1であれば，$(q_i)_2$ から $(c_i)_2$ を引き算し，借り $(c_{i+1})_2$ と差 $(d_i)_2$ を出力する回路である。

（ⅱ）load＝0のときの動作をする回路を実現せよ。すなわち，enable＝0であれば値を変化させず，enable＝1であればdownの値に応じて現状態の数をアップダウンする回路をつくれ。c_0＝enableとすれば，各桁において半加減算器を用いることにより，この回路を実現できる。

（ⅲ）各Dフリップフロップの入力にマルチプレクサを付加し，load＝1のときの動作も可能な回路にせよ。

7. ディジタルシステムの基本構造

学習目標
(1) ディジタルシステムの構造として，ブロック図，レジスタ転送レベル，有限状態機械などについて学ぶ。
(2) ディジタルシステムの代表例であるCPUのハードウェア構成およびCPUを制御し動作させるソフトウェアの基礎について学ぶ。
(3) ディジタルシステムに不可欠なメモリの機能，構造，種類について学ぶ。

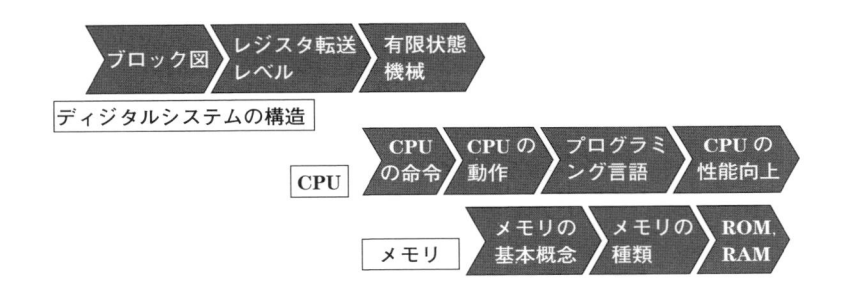

ディジタルシステムの構造　　ブロック図　→　レジスタ転送レベル　→　有限状態機械

CPU　　CPUの命令　→　CPUの動作　→　プログラミング言語　→　CPUの性能向上

メモリ　　メモリの基本概念　→　メモリの種類　→　ROM, RAM

　この章では，ディジタルシステムの構造とその構成要素について学ぶ。まず，システムの構造を表すブロック図およびレジスタ転送レベルを学び，次に，ディジタルシステムの代表例であるCPUに関して，そのハードウェア構成を理解するとともに，CPUを制御し動作させるソフトウェアがハードウェア上でどのように実行されるかを学ぶ。最後に，メモリの種類と構造について学ぶ。

内　容

— ディジタルシステムの構造 —
7.1　ブロック図
7.2　レジスタ転送レベル
7.3　有限状態機械

— 中央処理装置（CPU）—
7.4　CPU の命令
7.5　CPU の動作

7.6　プログラミング言語
7.7　CPU の性能向上*

— メ モ リ —
7.8　メモリの基本概念
7.9　メモリの種類*
7.10　ROM*
7.11　RAM*

7.1 ブロック図

⌘ **ブロック図**
　ディジタルシステム全体の機能をいくつかの機能（ブロック）に分け，ブロックの間のデータや制御のやりとりを線で示すことにより，システムの構造をわかりやすく表現した図

⌘ **ディジタルシステムの構造（データパス部と制御部）**

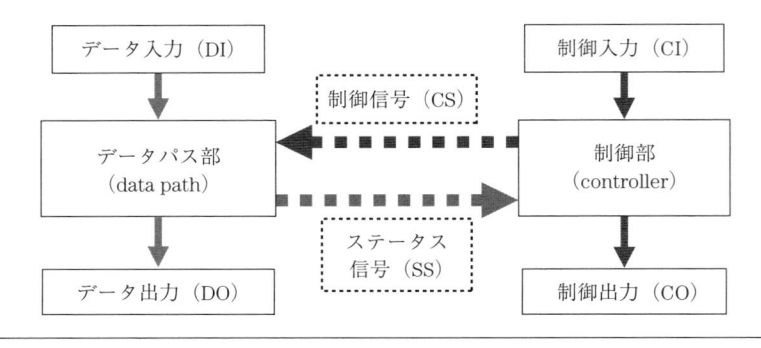

```
    データ入力（DI）              制御入力（CI）
         │                            │
         │      ┄┄制御信号（CS）┄┄      │
         ▼    ◀━━━━━━━━━━━━━━━━━      ▼
    ┌─────────┐                  ┌─────────┐
    │データパス部│                  │  制御部  │
    │(data path)│ ━━━━━━━━━━━━▶  │(controller)│
    └─────────┘                  └─────────┘
         │      ┄┄ステータス┄┄           │
         │      ┄┄信号（SS）┄┄           │
         ▼                            ▼
    データ出力（DO）              制御出力（CO）
```

　大規模なディジタル回路を論理ゲートを用いて表現していたのでは，処理の単位が細かすぎるため，データの流れや動作がどのように制御されているかを把握できず，設計も困難である。そこで，ディジタル回路全体の構造や動作をよりわかりやすく表現する方法として，**ブロック図**（block diagram）がある。ブロック図とは，回路全体の機能をいくつかの部分的な機能を実行する**ブロック**（block）に分け，これらの間のデータや制御の流れを線で表したものである。

　例えば，通常，ディジタルシステムは，**データパス部**と**制御部**に分けることができ，図のようなブロック図で表現できる。データパス部は，入力されたデータ（DI）に対し，必要な演算処理を行い，結果（DO）を出力する。制御部は，データパス部が与えられた手順に沿って動作するよう，**制御信号**（CS）を発信するが，その際，データパス部から動作状況を**ステータス信号**（SS）として受け取り，次に行う動作を選択する。制御部への入力（CI）は，データ処理手順を示すプログラムや動作開始を指示する起動信号などであり，その出力（CO）は，制御状態を示す信号やデータ処理の終了を示す信号などである。

　より大規模なディジタルシステムはいくつかのサブシステム（subsystem，部分システム）で構成され，そのうちの一つのサブシステムは，プログラムで動作する汎用プロセッサで構成され，それがシステム全体を制御することが多い。一方，個別の処理を行うサブシステムは，データパス部と制御部（制御回路）からなるハードウェアで構成される場合と，特定の機能をもったプロセッサとそのプログラムで構成される場合がある。後者の例としては，信号処理に特有な積和演算などの特定の演算を高速に行う回路をもつ**信号処理用プロセッサ**（digital signal processor：**DSP**[1]）とそのプログラムを利用するものなどがある。

　このようなサブシステムに分割するという構成法を用いる理由は，システムを階層的，機能的に分割することにより，問題を簡単化でき，個々の機能を正しく設計すれば，システム全体も正しく動作させることができるからである。

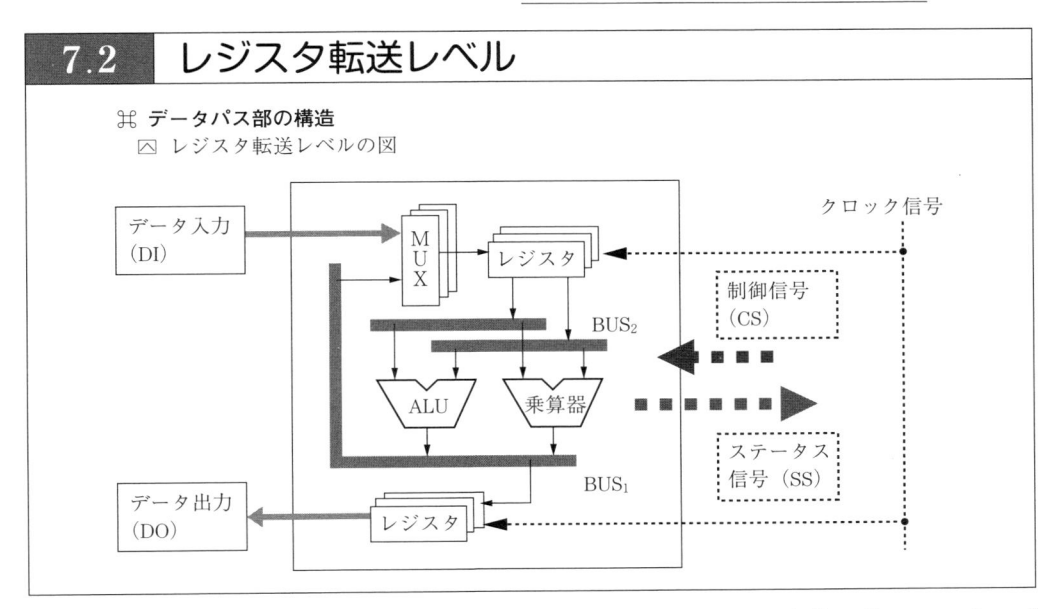

7.2 レジスタ転送レベル

⌘ **データパス部の構造**
　▭ レジスタ転送レベルの図

　レジスタ（register）とは，データを一時的に記憶しておくための記憶回路で，フリップフロップを1ワード分など必要なビット数分並べたものである。また，加減算器，ALU，乗算器などのデータ処理を行う回路を**演算器**（functional unit）と呼ぶ。

　回路の構造をレジスタと演算器を用いて表したものを**レジスタ転送**（register-transfer：RT）**レベル**の回路という。電子回路を表す際の単位回路には，トランジスタ，論理ゲート，レジスタと演算器，あるいはブロックといくつかの階層があり，扱うデータの抽象度も変わってくる。すなわち，トランジスタレベルではデータは電位であり，論理ゲートレベルでは論理値，レジスタ転送レベルより上の階層では1ワード分などの複数ビットのデータである。

　図は，あるデータパス部のレジスタ転送レベルを表したものであるが，このデータパス部でのデータの流れや動作は，以下に示すようなものであることがわかる。なお，図において，BUS_1, BUS_2 は**バス配線**（bus）を示しており，これは，複数の回路間でのデータ送受信に用いるデータビット数分の配線束である。バス配線では，異なる回路間での送受信を異なる時刻に行うことにより，配線を共用している。

　図のデータパス部では，クロック信号に同期してレジスタに記憶されたデータは，制御信号の指示に従って，バス配線 BUS_2 を介して ALU や乗算器などの演算器に転送され，バス配線 BUS_1 を介して同じあるいは別のレジスタに転送され，クロック信号の次のパルスでそこに記憶される。同時に，演算器における演算処理の結果が**ステータス信号**として制御部に通知される。また，求めるデータが得られたならば，データ出力を介して出力される。

　6章で述べたように，レジスタ間の回路（それらは組合せ回路である）のクリティカル遅延をクロック周期以下にしなければならない。その際，データパス部は制御信号やステータス信号を介して制御回路とも接続しているので，クリティカル遅延を考える場合，データパス部内だけではなく，制御回路も含めてクリティカル遅延を調べる必要がある。

7.3 有限状態機械

⌘ **有限状態機械**
　☒ 有限個の状態で回路動作を表現したもの

⌘ **制御回路の構造**

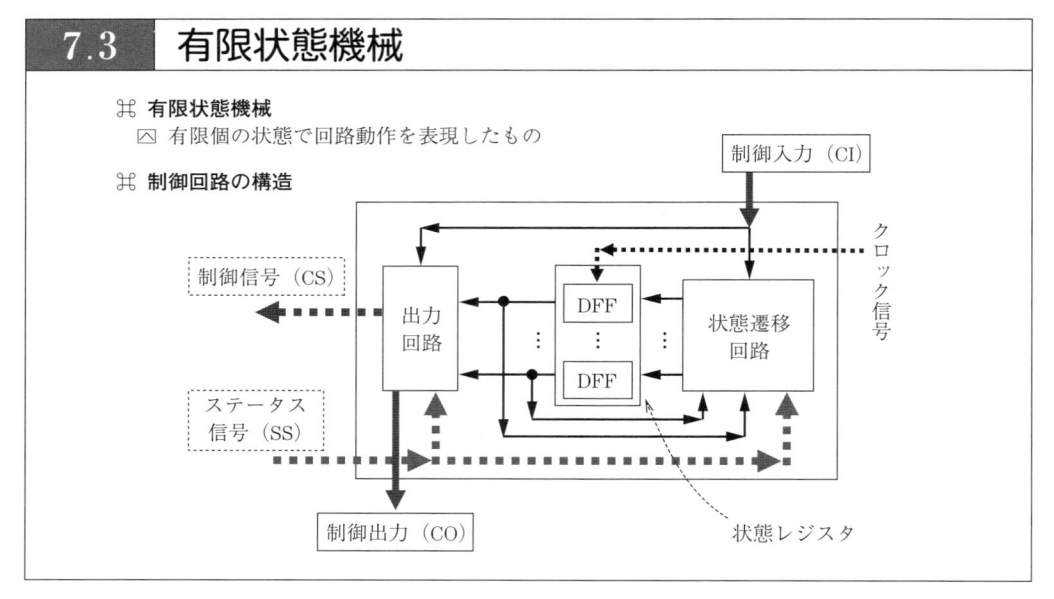

[図：有限状態機械の構造。制御入力（CI）、クロック信号、状態遷移回路、DFF（状態レジスタ）、出力回路、制御信号（CS）、ステータス信号（SS）、制御出力（CO）を示すブロック図]

5章で述べたように，制御回路は順序回路で構成でき，その動作は状態遷移図などで表現できる。そのような有限個の状態で動作が表現できる回路を，**有限状態機械**（finite state machine）と呼ぶ。図の有限状態機械は，出力が入力と状態の関数となっているので，ミーリ型である。

図の有限状態機械において，状態は，複数のDフリップフロップで構成される**状態レジスタ**（state register）に蓄えられている。その動作は，5章に述べたミーリ型順序回路と同じで，出力回路において，状態レジスタに蓄えられた現状態と入力（ステータス信号と制御入力）によって出力（制御信号と制御出力）が決まり，状態遷移回路において，遷移すべき次状態が決まる。後述するコンピュータの制御回路も，コンピュータが実行する各命令がいくつかのステップで実行されるため，有限状態機械になっている。

7.1節に述べたように，大規模ディジタルシステムでは，内蔵のマイクロプロセッサがシステム全体の制御を行うことがある。なぜなら，大規模システムの制御は通常，複雑で状態数が多く，制御回路の設計が難しいことと，仕様変更などにより制御方法を変更することも多く，設計や変更の容易さの観点から，ソフトウェアで制御するほうが有利だからである。

このように，データパス部は組合せ回路とレジスタで，制御回路は順序回路で実現されるが，これらの論理ゲートレベルの回路は，現在では，**ハードウェア記述言語**（hardware description language）を用いてその動作や構造を記述した後，シミュレータなどを用いて**論理検証**（logic verification）を行い，正しさが確認されたならば，**論理合成**（logic synthesis）により自動生成されることが多い。論理合成は，4，5章で述べた組合せ回路および順序回路の設計を自動化したものである（8章でも述べる）。ただし，論理合成による順序回路生成では，状態数の削減は行わないことが多い。なぜなら，状態数の最適化により状態遷移の様子が変化すると，設計者が生成された回路の動作を理解・検証することが困難になり，また，最近の大規模回路では状態数削減の効果が少ないためである。

7.4 CPUの命令

- ⌘ **中央処理装置**（CPU：central processing unit）
  - ☒ ディジタルシステムの代表例
- ⌘ **クロック周期**
  - ☒ CPUがプログラムの命令を実行する単位時間
- ⌘ **命令**
  - ☒ CPUに用意されている動作の基本単位
  - ☒ 種類
    - ☒ 演算命令：論理演算，算術演算など
    - ☒ ロード (load)・ストア (store) 命令：レジスタとメモリ間のデータ転送
    - ☒ 実行制御命令：ジャンプ (jump)，割込みなど
- ⌘ **RISC**（reduced instruction set computer）**型**
- ⌘ **CISC**（complex instruction set computer）**型**

代表的なディジタルシステムにCPUがある。CPUが実行できる動作の基本単位を**命令**（instruction，あるいは**機械語命令**）といい，CPUには通常，約100種類の命令が用意されている。C言語などの高級言語を用いて作成されたプログラムは，最終的にはこれらの命令を用いたプログラムに翻訳され，CPUがその命令を逐次的に実行することにより，プログラムに書かれた処理が実行される。一つの命令の実行に必要な時間はクロック周期を単位として計られ，通常，数クロックで一つの命令が実行される。したがって，クロック周期が短いほど，命令を高速に実行できるため，CPUの動作性能は，クロック周波数で表されることが多い。

CPUの全命令を**命令セット**（instruction set）といい，図に示すように，その動作によって，**演算命令**，**ロード・ストア命令**，**実行制御命令**などに大別できる。命令セットにどのような命令を用意し，各命令にどのような動作をさせるかはCPUの重要な仕様である。

CPUの構造は，**RISC**（reduced instruction set computer）**型**と**CISC**（complex instruction set computer）**型**に分類できる。RISC型CPUには，① 命令の種類が少ない（約100種類程度），② **命令長**（一つの命令を表現するために用いるビット数）が固定，③ メモリからのデータアクセスには必ずレジスタを介する，④ どの命令も同じ時間（同一クロック数）で動作する，などの特徴がある。

これに対してCISC型CPUは命令種が豊富で，命令長も一定ではなく，外部メモリにあるデータに対してレジスタを介せずに直接演算するような命令ももつ。そのため，回路が複雑になりクロックを高速化することが困難となる。一方，RISC型CPUの命令が実行すべき処理はCISC型に比べて単純化されているため，命令を実行する回路の構造も簡単になり，クリティカル遅延を小さくすることができる。このため，RISC型のほうが回路変更が容易になり短期間で最新のトランジスタを用いた回路が再設計できる。したがって，最新の製造技術を用いた工場での生産に移行しやすいため，現在，CPUの主流はRISC型になっている。

7.5 CPUの動作

⌘ **命令の実行**
　五つのサブ命令からなる
　☒ フェッチ（fetch）
　☒ デコード（decode）
　☒ データのフェッチ
　　（data fetch）
　☒ 演算の実行（execute）
　☒ 演算結果のストア（store）

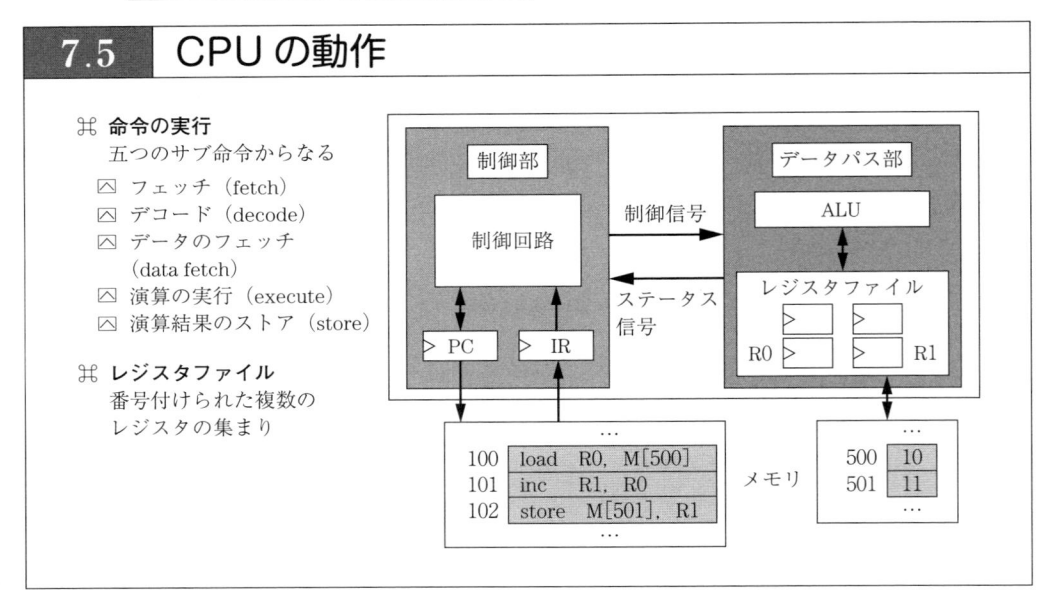

⌘ **レジスタファイル**
　番号付けられた複数の
　レジスタの集まり

[図：制御部（制御回路、PC、IR）とデータパス部（ALU、レジスタファイル R0, R1）、メモリ（100: load R0, M[500] / 101: inc R1, R0 / 102: store M[501], R1、500: 10 / 501: 11）、制御信号・ステータス信号]

　図に示す簡単な RISC 型 CPU を例に，CPU の回路構成とその動作を紹介する．プログラムやデータはメモリに格納されており，メモリは後述するように，1 ワードごとに分割され，それぞれに**アドレス**（address，番地）が付けられている．例えば，図の例では，メモリの 100 番地から図に示すような命令が，500 番地からはデータが入っている．もちろん，実際に入っている命令やデータは 0 と 1 の系列で，2 進表示すべきものであるが，ここでは，意味がわかるように，各命令は 7.6 節で述べるアセンブリ言語を用いて表している．各命令の意味は，7.6 節で述べる．

　実行すべき命令の入っているアドレスを保持する**プログラムカウンタ**（program counter：PC）が 100 番地を示していると，これらの命令が順に読み出され処理される．その際，各命令は，**フェッチ**（fetch），**デコード**（decode），**データのフェッチ**（data fetch），**演算の実行**（execute），**演算結果のストア**（store）の五つのサブ命令に分解され，実行される．ただし，すべての命令がこれらすべてのサブ命令を実行するわけではない．

1) **フェッチ**：PC が示すアドレスの命令を読み出し，**インストラクションレジスタ**（instruction register：IR）に入れた後，PC の値を 1 増やす．
2) **デコード**：IR の命令を解釈し，動作内容を調べるとともに演算対象となるデータ（オペランド，operand）がある場合，それに関するアドレスや格納先のレジスタ情報を得る．
3) **データのフェッチ**：オペランドがある場合，データが入っているアドレスからそれを読み出し，データパス部にある格納先のレジスタに入れる．
4) **演算の実行**：命令で指定された演算をレジスタ中のデータに対して行い，演算結果を指定されたレジスタに格納する．ジャンプ（jump）命令あるいは分岐（branch）命令などの場合には，ジャンプ先のアドレスを PC に格納する．
5) **演算結果のストア**：レジスタに格納された演算結果（オペランド）を，メモリ内の指定されたアドレスに入れる．

7.6 プログラミング言語

⌘ **機械語**
  ☐ CPU が理解しデコードできる命令からなる言語
  ☐ 各命令に 2 進符号が割り当てられている

⌘ **アセンブリ言語**
  ☐ 機械語と 1 対 1 に対応した命令からなる言語。ただし，各命令は人間が理解できるよう，ニーモニックで表現されている
  ☐ アセンブラが機械語プログラムに変換する

⌘ **高級言語**
  ☐ if 文，while 文など抽象度の高い構文を用いた言語
  ☐ 例えば，C 言語，C++ 言語，Java 言語など
  ☐ コンパイラが機械語プログラムに変換する

```
アセンブリ言語
    load    R0,      M[500]
    inc     R1,      R0
    store   M[501],  R1
C 言語
    m[i+1] = m[i]+1;
```

7.5 節の図のメモリのアドレス 100～102 番地に入っていた機械語プログラムに対応するアセンブリプログラムと C 言語プログラム

ただし，このアセンブリ言語は本文の説明用につくったもので，特定のアセンブリ言語の文法に従ったものではない。ここでは，配列 m[] の第 i 要素 m[i] がメモリの 500 番地 M[500] に対応するとしている

　CPU に所望の動作をさせるためのプログラムは，**プログラミング言語**（programming language）を用いて記述するが，このプログラミング言語は，機械語，アセンブリ言語，高級言語に分類できる。

1) **機械語**（machine language）：CPU が直接理解し実行できるプログラミング言語で，2 進表現できる。各命令は，命令部，アドレス部，データ部から構成され，次のアセンブリ言語と 1 対 1 に対応している。

2) **アセンブリ言語**（assembly language）：人間が理解困難な各機械語命令に対して理解を助ける単語（ニーモニック，mnemonic）を割り当てた言語で，これで書かれた（アセンブリ）プログラムを機械語プログラムに変換するプログラムを**アセンブラ**（assembler）と呼ぶ。機械語に対応するため，命令の種類や記述方法は CPU に依存している。

3) **高級言語**：if 文，while 文など抽象度の高い構文を用いた言語で，CPU に依存せず標準化されている。これで書かれたプログラムを機械語プログラムに変換するプログラムを**コンパイラ**（compiler）と呼ぶ。

　右上に示した C 言語の文は，配列 m の第 i 要素 m[i] のデータに 1 を加算し，その結果を第 i+1 要素 m[i+1] に代入するという操作であるが，コンパイラが変数 m[i] をメモリ中のアドレス 500 番地 M[500] と対応付けたとすると，この文に対応するアセンブリプログラムは，右上に示したものになり，その意味は下記である。

　(1) 500 番地 M[500] にあるデータをレジスタ R0 に読み込む（load，ロード）。
　(2) レジスタ R0 に 1 を加算（inc：increment，インクリメント）した結果をレジスタ R1 に入れる。
　(3) レジスタ R1 のデータを 501 番地 M[501] に格納（store，ストア）する。

　7.5 節の図のメモリのアドレス 100～102 番地に入っていた機械語プログラムは，このアセンブリプログラムに対応したものである。

7.7 CPUの性能向上*

⌘ **クロック周波数の向上**

⌘ **パイプライン処理**
（pipelining）

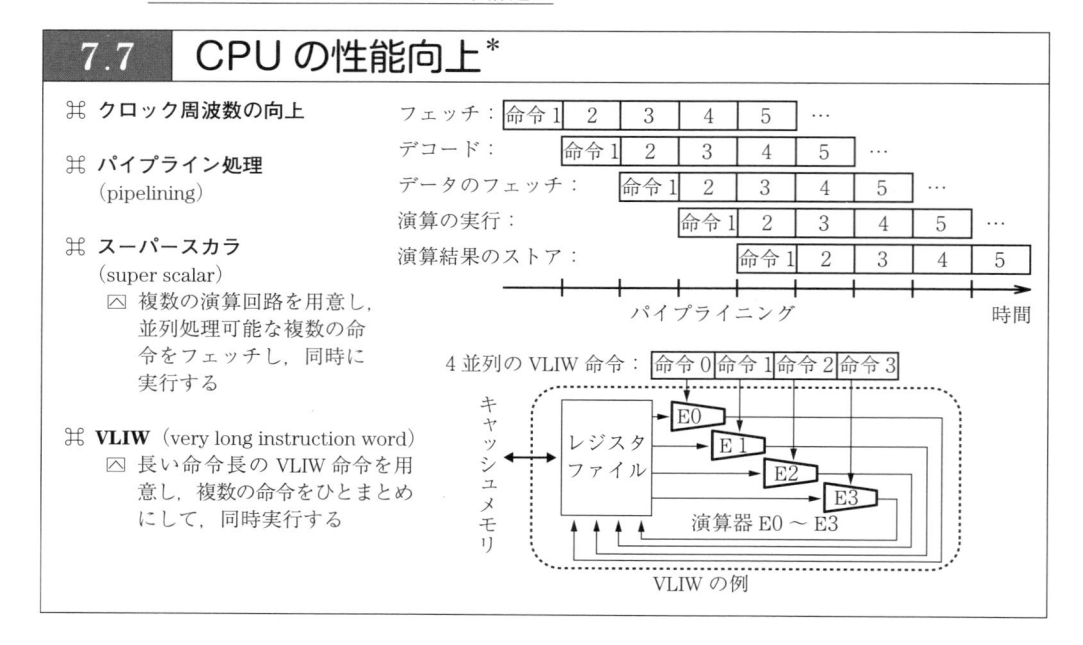

⌘ **スーパースカラ**
（super scalar）
☒ 複数の演算回路を用意し，並列処理可能な複数の命令をフェッチし，同時に実行する

⌘ **VLIW**（very long instruction word）
☒ 長い命令長のVLIW命令を用意し，複数の命令をひとまとめにして，同時実行する

フェッチ：命令1 2 3 4 5 …
デコード：命令1 2 3 4 5 …
データのフェッチ：命令1 2 3 4 5 …
演算の実行：命令1 2 3 4 5 …
演算結果のストア：命令1 2 3 4 5
パイプライニング → 時間

4並列のVLIW命令：命令0 命令1 命令2 命令3

キャッシュメモリ ↔ レジスタファイル → E0, E1, E2, E3
演算器 E0〜E3
VLIWの例

RISC型CPUの処理速度を向上させるための手法について紹介する。

1) **クロック周波数の向上**：CPUを構成する回路を改良し，一つのサブ命令を実行する時間を短縮し，クロック周波数を上げる。

2) **パイプライン処理**：右上に示すように，ある命令のフェッチが終了し，デコードの段階に入ると，フェッチ回路は次の命令の処理を開始できる。命令が順番に実行されている限り，連続する五つの命令の異なるサブ命令を同時に実行でき，約5倍の高速化が可能となる。ただし，条件分岐などの命令があると，次に実行すべき命令は条件判定の結果に依存するので，つねに次にある命令を実行（パイプライン実行）できるわけではない。また，**キャッシュメモリ**（cache memory）[†]中にデータがなく，主メモリへのアクセスが発生した場合，次の命令はこのメモリアクセスが終了するまで実行を待たねばならない。このように，パイプライン動作ができなくなることを**パイプラインハザード**（pipeline hazard）というが，この生起確率が小さければ性能向上が図れる。

3) **スーパースカラ**：複数の演算器を用意しておき，複数の同時に実行可能な（独立な）命令を探し出し，それらを同時に実行する。この方法ではプログラムを解析し，独立な命令を探索し，それらの実行を制御するための回路が必要となる。

4) **VLIW**：右下に示すように，複数個の独立した命令（図では4個）を，一つのVLIW命令として同時に実行する。この方法では，プログラムを独立な命令からなるVLIW命令で構成しておく必要があり，独立な命令が見いだせない場合，VLIW命令の命令長がむだとなり，プログラムサイズが大きくなるという問題がある[3]。

[†] キャッシュメモリはCPUと同じチップ内に設けられた小規模なメモリで，頻繁にアクセスするデータをここに記憶することにより，データアクセスを高速化する。

7.8 メモリの基本概念

- 1ワード n ビット，m ワードのメモリは $m \times n$ ビットのデータを記憶する

- $m = 2^k$ ワードのメモリのアドレスは $k = \log_2 m$ ビットの2進数で表される

- メモリアクセス
  - メモリへの読み書き動作

- メモリアクセス用信号
  - r/w：読込み（read）か書込み（write）を選択する信号
  - enable：アクセス許可信号（イネーブル）
  - $(A_0, A_1, \cdots, A_{k-1})$：アドレスポート（$k$ ビット）
  - $(Q_0, Q_1, \cdots, Q_{n-1})$：データポート（$n$ ビット）

$m \times n$ ビットメモリ

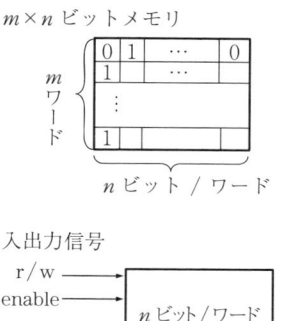

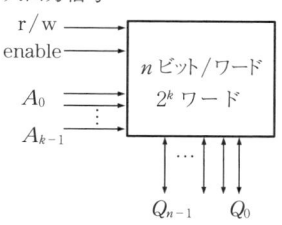

入出力信号

ディジタルシステムでは，データやプログラムを記憶するためにメモリを用いる。メモリは1ビットを記憶する回路を2次元に配置したアレイ構造（array structure）をもつ。

メモリに蓄えられているデータを読み出したり，メモリへデータを書き込んだりする動作を**メモリアクセス**（memory access）と呼ぶが，その際の単位はコンピュータがデータを処理する際の単位と同じ**ワード**（word，語）である。1ワード n ビットのメモリが m 個のワードをもつとき，そのメモリの総ビット数は $m \times n$ ビットとなる。また，m 個のワードを個別にアクセスできるように，各ワードには**アドレス**（address，番地）が設定されている。$m = 2^k$ 個のワードをもつメモリのアドレスは，$k = \log_2 m$ ビットの2進数で表される。

例えば，1ワード8ビットのメモリが4096（$= 2^{12}$）ワードをもつとき，このアドレスのビット長は $\log_2 4096 = 12$ であり，4096個のアドレス（記憶場所）がある。このとき，このメモリの総ビット数は $4096 \times 8 = 2^{12} \times 2^3 = 2^{15} = 32\,768$ ビットである。

メモリにアクセスするためには，アドレスを入力するためのアドレスポート $A = (A_0, A_1, \cdots, A_{k-1})$，データを入出力するためのデータポート $Q = (Q_0, Q_1, \cdots, Q_{n-1})$ 以外に，読込みか書込みかを指定する**リード/ライト信号**（r/w：read/write），メモリアクセスを可能にする**イネーブル**（enable）信号などが必要となる[2]。

メモリ中の異なるアドレスに蓄積された複数のデータに同時にアクセスできるようにするには，複数個のアドレスポートおよびデータポートに加え，同時アクセスを制御するマルチポート信号と，各アクセスに対して，それが読込みか書込みかを示すr/w信号を用意する必要がある。そうすれば，例えば，2ポート（デュアルポート，dual port）メモリの場合，一つの2次元メモリ構造に対して，二つのアドレス回路と二つの入出力データバッファを用意しておくことにより，一方からデータを読み出しながら，もう一方からデータを書き込むことが可能となる。

7.9 メモリの種類[*]

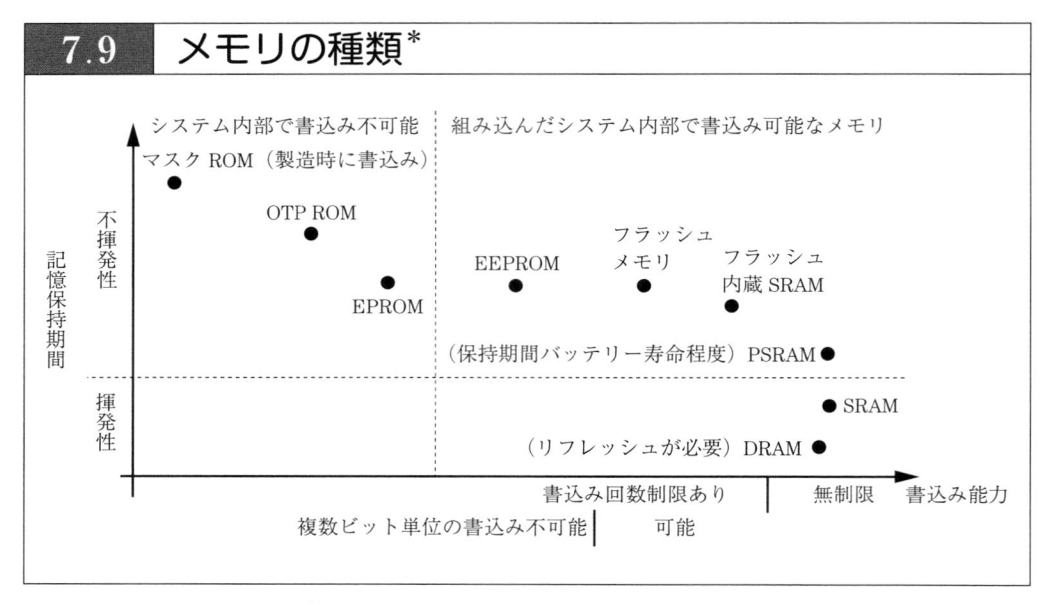

```
          ↑
不   システム内部で書込み不可能 │ 組み込んだシステム内部で書込み可能なメモリ
揮   ● マスクROM（製造時に書込み） │
発                     │
性        ● OTP ROM       │
記                     │
憶                     │       フラッシュ
保              ● EPROM    │ ● EEPROM  ● メモリ    ● フラッシュ内蔵SRAM
持                     │
期                     │     （保持期間バッテリー寿命程度）● PSRAM
間   ─────────────────────┼────────────────────────────────
揮                     │                     ● SRAM
発                     │     （リフレッシュが必要）● DRAM
性                     │
                     │   書込み回数制限あり    無制限   書込み能力
      複数ビット単位の書込み不可能 │     可能                  →
```

メモリにはさまざまな種類があり，図に示すように，書込み能力（横軸）と記憶保持期間（縦軸）によって分類することができる．組み込まれたシステムにおいて自由に書込みができないメモリは，読出し専用のROMであるが，ROMの中には，専用の装置を用いて書込み可能なものや，使用現場で書込みができるROM（programmable ROM：**PROM**）がある．図では，ROMは左上（書込み能力は低いが記憶保持期間が長い）に分類される．これに対して，DRAMやSRAMなどのRAMは，書込み能力は高いが記憶保持期間は低いので，右下に分類される．

組み込まれたシステムによって自由に書込みができるメモリは，電源を切るとデータが消失する**揮発性メモリ**（volatile memory）と，データが失われない**不揮発性メモリ**（nonvolatile memory）に分類でき，不揮発性メモリは，複数ビット単位での書込みができるか否か，書込みがほぼ無制限に行えるか否かによって分類することができる．

複数ビットを同時に書き込む際の単位として，**ページ**（page），**ブロック**（block），**バンク**（bank）などがある．例えば，NAND型フラッシュメモリでは，約2キロバイトを1ページ，64ページを1ブロックとし，ページ単位の読込みとブロック単位の書込みを行えるようにすることにより，各ビットへのアクセス速度の遅さを補っている．また，画像などを蓄積した大容量RAMでは，全体をいくつかのバンクに分け，異なるバンク内のビットを同時にアクセスすることにより高速化を図っている．

記憶保持期間に関しては，DRAMのように，再書込みを行わなければデータが消えてしまうものから，製造時にデータが書き込まれるマスクROMのように，ROMの寿命がなくなるまでデータが失われないものまで，いくつかに分類できる．図に示す不揮発性メモリのEPROM，EEPROM，フラッシュメモリなどは，10年以上の保持期間があるといわれている．これらに関しては，7.10節で紹介する．

7.10 ROM*

- **⌘ ROM の構造**
  - ☐ 2次元アレイ構造
  - ☐ 水平線：ワード線
  - ☐ 垂直線：データ線
  - ☐ ワード線とデータ線を接続するか否かで1ビットを記憶する

- **⌘ ROM の種類**
  - ☐ マスク ROM（mask ROM）
  - ☐ OTP ROM（one-time programmable ROM）
  - ☐ EPROM（erasable programmable ROM）
  - ☐ EEPROM（electrically erasable programmable ROM）

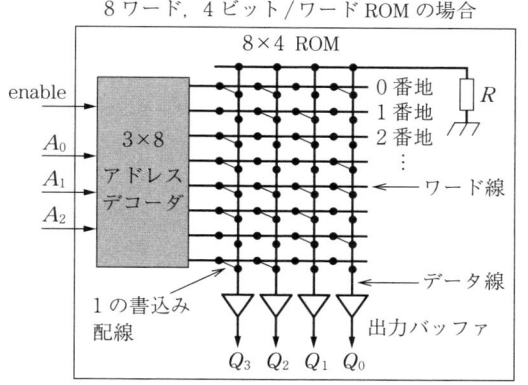

- **⌘ フラッシュメモリ**（flash memory）

8ワード，4ビット/ワード ROM の場合

出力バッファ：入力値をそのまま出力するが，信号を強める働きがある
抵抗 R は，電気的制約を満たすために挿入されている

ROM は，電源を切った後（電源オフ時）もデータが消えないので，不揮発性メモリである。主として，システムを起動させる基本プログラムや辞書など，変更のないデータ記憶に用いられ，システムに組み込まれる前に，プログラムやデータが書き込まれることが多い。

図は，4ビットを1ワードとし，8ワードを記憶する ROM の回路構造を示す。水平線と垂直線からなる2次元アレイ構造をもち，水平線を1アドレスに対応する**ワード線**，垂直線を各ビットに対応する**データ線**と呼ぶ。ワード線とデータ線が交差する部分で二つの配線を接続する（1が出力）か否か（0が出力）によって1ビットを記憶する。この2次元アレイの左にワード線を選択する**アドレスデコーダ**（address decoder）がある。

例えば，アドレスに $(A_2\,A_1\,A_0)=(010)$ を入力すると，アドレスデコーダにより2番地のワード線が1となる。このワード線は，データ線 Q_3 および Q_1 に接続されているため，Q_3 と Q_1 からはこのワード線の1が出力されるが，Q_2 および Q_0 とは接続されていないため，Q_2 と Q_0 からは0が出力される。したがって，2番地のデータとして，(1010) が読み出せる。

ROM は，書込み方法によっていくつかの種類に分類できる。**マスク ROM** は工場で製造時にデータが書き込まれる。ROM にデータを書き込む専用装置である **ROM ライター**（ROM writer）を用いてワード線とデータ線を接続する配線を焼き切ってデータを記憶するメモリを **OTP ROM**（one-time programmable ROM）という。

EPROM（紫外線消去 PROM），**EEPROM**（電気的消去 PROM），フラッシュメモリなどのメモリは，ワード線とデータ線を接続するか否かを，**フローティングゲート**（floating gate）をもつトランジスタで制御する。そのため，複数回の書込みが可能である。フローティングゲートは，電気的にどこにも接続されていないゲートで，データを書き込む場合，ゲートに高い電圧をかけ電子を注入する。電気的にどこにも接続していないので，注入された電荷はどこにも逃げず，電源を切っても記憶が消えない[4]。

7.11 RAM*

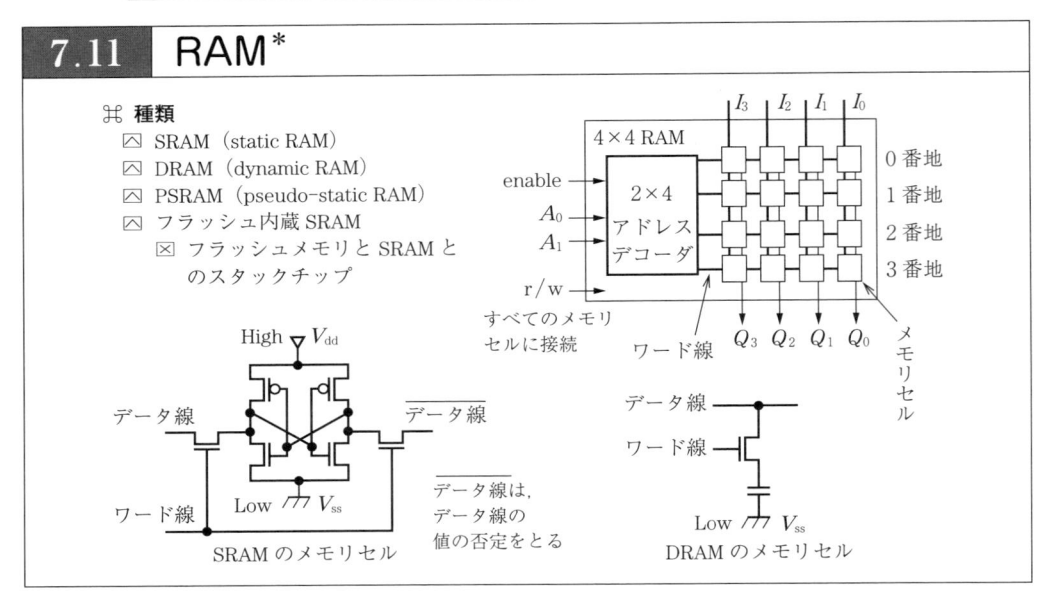

⌘ **種類**
- ☒ SRAM（static RAM）
- ☒ DRAM（dynamic RAM）
- ☒ PSRAM（pseudo-static RAM）
- ☒ フラッシュ内蔵 SRAM
  - ☒ フラッシュメモリと SRAM とのスタックチップ

RAM は回路を用いてデータを記憶するため，電源オフ時にデータが消失する揮発性メモリである．そのため，システム中でデータの一時記憶などに用いる．RAM の回路構造は，右上に示すように，ROM 同様，2次元アレイ構造をもつが，データ線とワード線の交点に，1ビットの情報を記憶する**メモリセル**（memory cell）と呼ばれる回路をもつ．各メモリセルには，データの読込み/書込みを制御するリード/ライト（r/w）信号が接続され，ある番地のワード線の電位が高電位（オン）になると，r/w信号に従って，その番地のデータを読み出したり，その番地にデータを書き込んだりする．

SRAM のメモリセルは，左下に示すように，6.8節の下の文中の図に示したDフリップフロップと似た構造をもち，二つのインバータが閉路（ループ）を構成している．ワード線が高電位になると，二つのNMOSトランジスタが導通し，このループは，たがいに反転した値をもつ二つのデータ線に接続する．

DRAM のメモリセルは，右下に示すように，スイッチの役目をするNMOSトランジスタと，電荷を蓄積するか否かでデータを記憶するキャパシタからなる．このように，DRAMのメモリセルは SRAM より小さく，大規模のビットを1チップに集積できる．しかし，キャパシタから電荷が漏れる（リーク，leak）ため，データの再書込み（**リフレッシュ**，reflesh）が必要で，電荷の蓄積・放電に時間がかかるため，SRAM よりもアクセススピードが遅い．また，読出し時に電荷が流失する（**破壊読出し**）ため，再書込みが必要となる．

SRAM, DRAM 以外の RAM として，**PSRAM**（疑似 SRAM）があるが，これは，リフレッシュ回路を内蔵したDRAMで，見かけ上 SRAM と同じ機能をもち，SRAM より低価格・高集積化が可能である．また，**フラッシュ内蔵 SRAM** は，フラッシュメモリと SRAM を2段に積み重ねて（**スタックチップ**（stack chip）という），一つのパッケージに収納したもので，電源オフ時のデータ記憶をフラッシュメモリで行うため，RAM でも揮発性メモリではなくなる．

参　考　文　献

1) 生駒伸一郎：DSP入門講座―デジタル信号処理の基礎知識とプログラミング，電波新聞社（2009）
2) W. Wolf：Modern VLSI Design, Prentice Hall（2002）
3) J. L. Hennessy, D. A. Patterson 著，成田光彰 訳，コンピュータの構成と設計―ハードウエアとソフトウエアのインタフェース（下），日経BP社（1999）
4) 菊地正典：最新 半導体のすべて，日本実業出版社（2006）
5) 西久保靖彦：図解入門 よくわかるCPUの基本と仕組み―CPU内部構造とソフトウェアの動作，秀和システム（2004）

　本章全般に関しては，文献2), 4) を参考にするとよい。CPU関連に関しては文献3), 5) を，DSPに関しては文献1) を挙げておく。

演　習　問　題

【1】 6章の演習問題【3】で設計したシフトレジスタと6章の演習問題【4】で設計したアップカウンタを用いて，制御入力startが1になったならば，4ビットのデータ入力I_3, I_2, I_1, I_0の中の1の個数を数え，それを3ビットのデータ出力c_2, c_1, c_0から2進数$(c_2\,c_1\,c_0)_2$として出力し，制御出力doneを1にする回路を設計せよ。ただし，データI_3, I_2, I_1, I_0をシフトレジスタ内に蓄えておき，1クロックごとにシフトレジスタの最下位ビットを調べ，それが1ならばアップカウンタを1カウントアップするという回路にし，制御回路はミーリ型順序回路にせよ。次の手順で設計するとよい。

（ⅰ）数える1の個数は0～4の数であるから，2ビットのアップカウンタを用意し，その状態変数をc_1, c_0，最上位ビットからの桁上げをcarryとすると，c_2をcarryで表せば，1の個数を2進数$(\text{carry}\,c_1\,c_0)_2$で表すことができる。また，データ入力$I_3, I_2, I_1, I_0$を蓄えておくシフトレジスタの各桁の状態変数を$q_3, q_2, q_1, q_0$とすると，アップカウンタの値を0に（reset）した後，シフトレジスタの最下位ビットq_0を調べ，それが1であればアップカウンタをカウントアップし，シフトレジスタを右に1ビットシフトするという操作を繰り返すことにより，1の個数を数えることができる。この繰り返し操作は，シフトレジスタの最上位ビットに0を入れながら右シフトすることにすると，シフトレジスタ内の全ビット$q_0 \sim q_3$が0になったときに終了すればよい。全ビット$q_0 \sim q_3$が0になったとき1になる出力をzeroとし，2ビットのアップカウンタと4ビットのシフトレジスタからなるデータパスの入力および出力を列挙せよ。

（ⅱ）（ⅰ）で列挙した入出力に対して，求める動作をするデータパスの回路を実現せよ。

（ⅲ）このデータパスを制御する制御回路の入出力を列挙し，それらを用いて制御回路の動作を書き表せ。

（ⅳ）その動作を実行するために必要な状態を考え，状態遷移図を描け。

（ⅴ）状態割当てを行い，状態遷移表と出力表を書け。

（ⅵ）それらから，各状態変数の状態方程式および各出力の出力方程式を求めよ。

（ⅶ）状態方程式および出力方程式において共通項の共有化を図り，Dフリップフロップの入力方程式を求めて，制御回路を合成せよ。その回路をデータパスとともに図示せよ。

【2】 【1】と同様な手順で，【1】の制御回路をムーア型順序回路にしたものをつくれ。

【3】 以下の空白を適切な数値で埋めよ。ただし，約と書かれたところは有効数字3桁でよい。

アドレスが4バイトで表されているコンピュータでは，すべてのアドレスは $2^{[\quad]}$ 個あり，このようなすべてのアドレスの集合を**論理アドレス空間**と呼ぶ。この場合，最大のアドレスは10進数で約 $[\quad] \times 10^9$ になるから，十分な個数のアドレスがあるようにも思えるが，最近ではこれでも少ない場合も生じるため，アドレスが8バイトで表されているコンピュータもある。以下では，1ワードが16バイト，アドレスが8バイトで表されているコンピュータについて考えよう。アドレスが8バイトで表されているようなコンピュータの最大のアドレスは10進数で約 $[\quad] \times 10^{18}$ にもなる。

いま，論理アドレス空間のすべてのアドレスをコンピュータの主メモリ上に実現しようとすると，1チップ当り 2^{32} ビット（約4Gビット）のDRAMを用いても，約 $[\quad] \times 10^9$ 個のチップが必要となる。たとえ，1チップ当り 2^{35} ビット（約32Gビット）のDRAMを64個用いて主メモリをつくっても，この主メモリは約 $[\quad]$ Gバイトもの容量をもつにも関わらず，実際に主メモリ上に存在する最大のアドレスは10進で約 $[\quad] \times 10^9$ でしかない。

このような主メモリが実際にもつアドレスの集合は，**物理アドレス空間**と呼ばれ，論理アドレス空間より小さいことが多い。これをハードディスクなどの補助記憶装置を用い，あたかもすべての論理アドレスが実在するように見せる技術が**仮想記憶方式**である。

【4】 2の補数表現された4ビットの2進整数 $a = (a_3 a_2 a_1 a_0)_2^{2c}$ および $b = (b_3 b_2 b_1 b_0)_2^{2c}$，ならびに和を計算するか差を計算するかを指定する信号 sub（sub＝0ならば和，sub＝1ならば差）が与えられたとき，a および b をそれぞれ6章の演習問題【3】で設計した4ビットのシフトレジスタ REG_A および REG_B に入れた後，算術和 $a + b$ あるいは差 $a - b$ を4クロックで計算し，その結果を，桁上げあるいは借りを記憶するDフリップフロップ DFF_C と REG_A に入れる逐次処理型の加減算器を設計せよ。その際，Dフリップフロップ DFF_{ovf} および DFF_Z を用意し，DFF_{ovf} には，演算においてオーバーフローが起こったとき1，起こっていなければ0を入れ，DFF_Z には，演算結果4ビットのすべてが0のとき1，そうでなければ0を入れよ。また，入力 sub を記憶しておくためのDフリップフロップ DFF_{sub} も用意し，4回の繰り返しの判定には，6章の演習問題【4】および7章の演習問題【1】のヒントで述べた2ビットのアップカウンタを用いよ。

（ⅰ） シフトレジスタ REG_A および REG_B の最下位ビットのDフリップフロップに記憶している状態変数をそれぞれ A および B，Dフリップフロップ DFF_C，DFF_{ovf}，DFF_Z，および DFF_{sub} に記憶している状態変数をそれぞれ C，F，Z，および S とし，4クロックで和あるいは差，および C，F，Z を計算する手順について考えよ。加減算は，全加算器を1個用いて実現することとする。

（ⅱ） その手順通りにシフトレジスタやDフリップフロップに値を代入するデータパスを設計せよ。その際，Dフリップフロップへの入力を処理の時点によって変える必要があるため，その選別を行うマルチプレクサが必要となる。したがって，利用するマルチプレクサの制御信号の意味を明記しなければならない。

（ⅲ） 設計したデータパスへの制御信号を手順通り出力する制御回路の動作を書き，状態を定義し，状態遷移図を描け。その際，出力すべき制御信号は，データパスからの入力によって変える必要がないので，ムーア型の順序回路にするとよい。

（ⅳ） 状態割当てを行い，状態遷移表と出力表を作成して，制御回路を実現せよ。

8. 集積回路設計

学習目標
(1) 集積回路の設計手順と複数の設計目標について理解する。
(2) 2乗和根計算回路を例に，機能設計と最適化の概要を理解する。
(3) 回路設計，物理設計，テスト設計の概略を理解する。
(4) コンピュータを用いた集積回路設計の自動化技術について学ぶ。

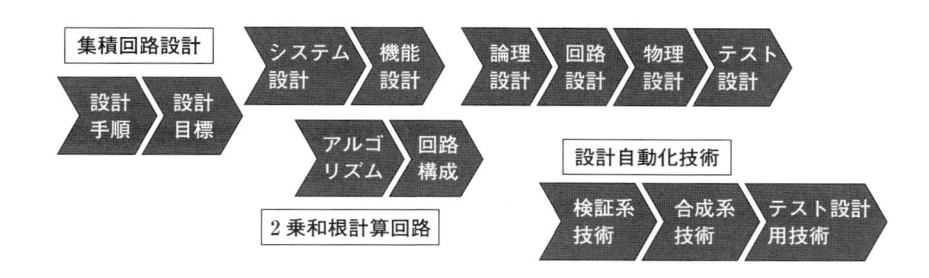

集積回路設計：設計手順 → 設計目標 → システム設計 → 機能設計 → 論理設計 → 回路設計 → 物理設計 → テスト設計

2乗和根計算回路：アルゴリズム → 回路構成

設計自動化技術：検証系技術 → 合成系技術 → テスト設計用技術

　この章では，ディジタル集積回路の設計手順とその自動化技術について学ぶ。まず，さまざまな，たがいに相反する設計目標が存在することを理解し，次に，2乗和根を計算する回路を例に，機能設計と最適化の概要を学ぶ。また，回路設計，物理設計，テスト設計など，本書で触れなかった設計段階の概略を学んだ後，設計自動化技術について学ぶ。

内 容

— 集積回路設計 —
8.1　集積回路の設計製造手順
8.2　設 計 目 標

— システム設計と機能設計 —
8.3　システム設計
8.4　2乗和根計算回路
8.5　機 能 設 計 1
8.6　機 能 設 計 2

— 回路設計からテスト設計まで —
8.7　論理設計・回路設計
8.8　物 理 設 計
8.9　テ ス ト 設 計

— 設計自動化 —
8.10　集積回路の設計自動化技術
8.11　おもな EDA ツール 1（検証系）*
8.12　おもな EDA ツール 2*

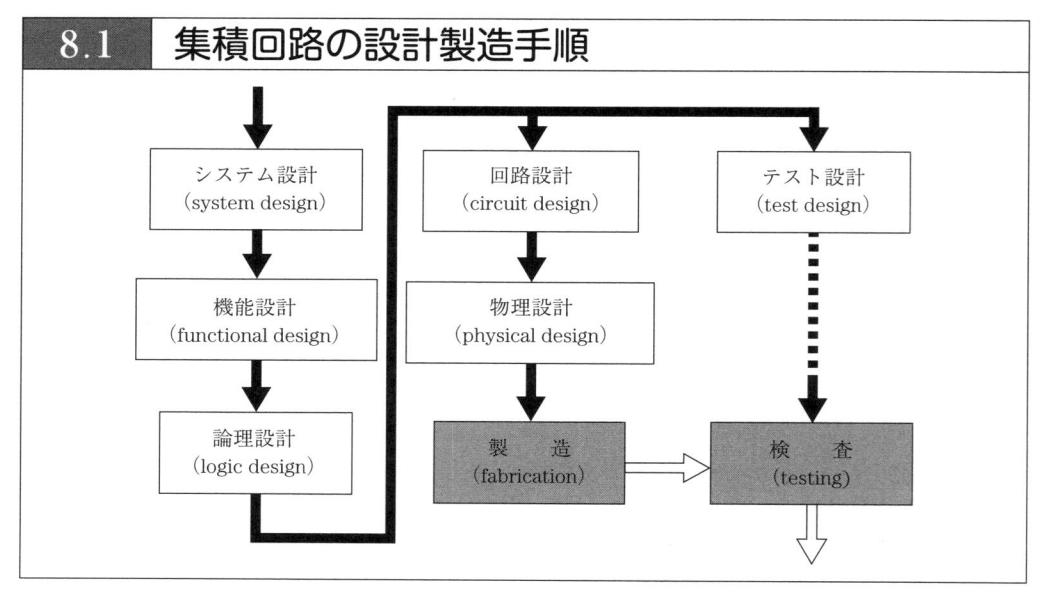

8. 集積回路設計

8.1 集積回路の設計製造手順

```
システム設計          回路設計           テスト設計
(system design)    (circuit design)   (test design)
     ↓                  ↓                  ┊
  機能設計            物理設計               ┊
(functional design)(physical design)       ┊
     ↓                  ↓                  ┊
  論理設計           製　　造    ⇒     検　　査
(logic design)    (fabrication)       (testing)
                                          ⇓
```

ディジタル集積回路は，与えられたシステムの仕様をシリコンチップ上に実装することによって完成するが，その設計製造手順は図のようになっている。実線の矢印は設計から製造までの流れを示し，白抜きの矢印は製造された集積回路（チップ）の流れを示す。点線の矢印はテスト設計で作成したテストデータがチップの検査に用いられることを意味する。

各設計段階の概要は以下のようである。

(1) **システム設計**：　仕様を決定し，必要な処理を行うための手順（アルゴリズム）を設計する。
(2) **機能設計**：　システム設計で決定されたアルゴリズムをどのようなブロックを接続して実現するかを設計する。
(3) **論理設計**：　各ブロックをどのような論理ゲート回路で実現するかを設計する。
(4) **回路設計**：　論理ゲートレベルの回路をトランジスタレベルの回路で実現する。
(5) **物理設計**：　チップを製造するためのマスクパターンを作成するため，各トランジスタの配置およびそれらを接続するための配線経路を設計する。
(6) **製　　造**：　マスクパターンを用いて，トランジスタや配線をチップ上に形成する。マスクパターンについては8.7節で述べる。
(7) **テスト設計**：　回路が正しく動作するか否かをテストするためのデータなどを設計する。
(8) **検査（テスト実行）**：　製造されたチップを検査し，良品か不良品かの判定を行う。

なお，ディジタルシステムの設計をその仕様から始める場合，システム設計の段階において，システムのどの部分に対して集積回路を作成する（ハードウェアで実現する）か，どの部分を汎用のマイクロプロセッサとプログラムを用いて（ソフトウェアで）実現するかを決める必要がある。これを**ハードウェア・ソフトウェア分割**（hardware/software partitioning）という。

8.2 設計目標

- ⌘ **性能**（performance）**の達成**
  - ◨ 動作速度（operating speed）を速くする
    - ⊠ クリティカル遅延を小さくし，クロック周期を短くする
  - ◨ 消費電力（power consumption）を小さくする
    - ⊠ 動作時の消費電力を小さくする
      クロック周波数の増大に伴い，クロック用回路での消費電力が増加している
    - ⊠ 待機時の消費電力を小さくする
      トランジスタの微細化に伴い，遮断時の漏れ電流による電力も増加している

- ⌘ **柔軟性**（flexibility）**を大きくする**
  - ◨ 設計小変更（engineering change order）に容易に対処できるようにする

- ⌘ **製造コスト**（production cost）**を小さくする**
  - ◨ チップ面積を小さくする
    - ⊠ 面積が小さくなると，製造歩留まり（yield）が上がる。歩留まりとは，製造したチップ中の良品の率（良品率）である
    - ⊠ 配線が短くなり，遅延も消費電力も小さくなる傾向がある
  - ◨ 製造容易化設計（design for manufacturability）
    - ⊠ 微細化に伴って増大している製造ばらつき（process variability）に対処する設計

- ⌘ **検査**（testing）**時間を短くする**
  - ◨ テスト容易化設計（design for testability）

　集積回路の設計とは，仕様を満たす回路を実現することであるが，仕様には，回路の機能や動作だけでなく，**動作速度**や**消費電力**などの性能や**製造コスト**など，多くの**設計目標**（design objective）が含まれている。これらの設計目標を図にまとめておく。

　一般に動作速度と消費電力，あるいは動作速度と製造コストは**トレードオフ**の関係にある。すなわち，高速動作させるために演算器を複数用意し並列処理をさせると，消費電力が増大するだけでなくチップ面積も増大する。以下に述べるように，チップ面積の増大は製造コストの増加になる。また，トランジスタのスイッチ動作を高速にするため，最新の製造工程を用いたりすると製造コストが増加する。

　チップは，**ウェハ**（wafer）と呼ばれる直径 300 mm や 180 mm のシリコン円板上に同じものをいくつもつくることで大量生産する。そのため，チップの面積を小さくすると，1 枚のウェハに載るチップの個数が増え，製造**歩留まり**（yield，**良品率**）が上昇しチップ単価が下がる。同時に，配線の長さが短くなることから信号が配線を伝搬する際に生じる遅延も減り，配線で消費される電力も小さくなる傾向がある。

　柔軟性とのトレードオフも考慮する必要がある。すなわち，LSI の開発に 1 年以上の期間と数億円の試作費を要するような場合，同じ開発を繰り返すのではなく，わずかな変更で，ユーザから求められる細かな仕様の変更（**設計小変更**）に対処でき，類似システムへ流用できれば，設計・製造コストの削減になる。しかし，柔軟性を重視し，ソフトウェアによって機能を実現する部分が増えると，性能を満たすことができなくなる可能性がある。

　これら以外に，製造ばらつきに対処する設計（これを**製造容易化設計**と呼ぶ）やテスト時間の短縮（これを**テスト容易化設計**と呼ぶ）など，多くの相反する設計目標がある。集積回路設計では，これらのトレードオフに対してチップを短期間に開発・生産し，最も多く販売できるよう適切な判断をしていくことが重要となる。

8.3 システム設計

- **例：2乗和根を計算する回路**
  - 二つの整数 a, b の2乗和平方根 $\sqrt{a^2+b^2}$ を求める
- **設計仕様**
  - a, b は16ビットの2進数
  - 2の補数表現されている
  - 許容相対誤差は5%
  - 1回の計算を $0.1\,\mu s$ 以内で実行する
  - その際の平均電力を $10\,\mu W$ 以下にする

  $\Rightarrow$ 専用回路（ハードウェア）で実現する

- **アーキテクチャ設計**
  - システムの組織的な構造を決定する
  - システムが，どのような機能をもったブロックから構成され，それらのブロックがどのように相互に連携しているかを決める

以下では，二つの16ビットの整数の2乗和の平方根（2乗和根）を計算する回路を例に，システム設計と機能設計の設計工程を説明する。

まず，この仕様が図のように与えられたとき，この機能の実現方法として，マイクロプロセッサ上で動作するソフトウェアで実装するか，あるいは専用のディジタル回路で実装するかの2通りが考えられる。

マイクロプロセッサを用いる方法には，以下の問題がある。

(1) マイクロプロセッサには，2乗和根の計算に必要のない命令や演算回路が多数含まれ，それらはまったく使われないため，計算資源としてむだが多い。

(2) Windows などの OS が必要となり，プロセッサ内部の計算は高速でも，実際に結果を得るまでに要する時間が一定でなかったり，仕様を超えたりする可能性がある。消費電力に関しても，仕様を超える可能性がある。

これに対して専用回路を作成する方法は，必要とする機能のみを実現するため，冗長な回路もなく OS も必要としないので，要求仕様を満たす可能性が高い。

システム設計の段階では，仕様に対してこのような検討が行われる。検討の結果，専用回路を設計する方法が選択されたとしよう。

この2乗和根計算回路は簡単な例であるため，アルゴリズムから直接，レジスタ転送（RT）レベルの回路構成を求めるが，大規模システムを設計する場合には，まずアーキテクチャ設計を行う。**アーキテクチャ**（architecture）とは，システムの組織的な構造で，データや制御信号によって接続され，相互に作用しあうブロックとそのブロックの仕様からなる。例えば，1.2節で示したコンピュータのハードウェア構成の図がその簡単な例である。

与えられた仕様を満たすための動作を記述したアルゴリズムから，このようなアーキテクチャを決定した後，各ブロックに対して RT レベルの設計を行なう[7]。

8.4 2乗和根計算回路

⌘ **アルゴリズムⅢ（近似計算）**

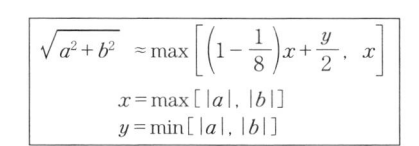

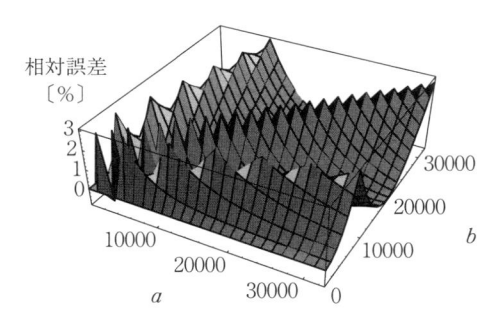

$$\sqrt{a^2+b^2} \approx \max\left[\left(1-\frac{1}{8}\right)x+\frac{y}{2},\ x\right]$$
$$x=\max[|a|,|b|]$$
$$y=\min[|a|,|b|]$$

1°. $t_1 := \text{Abs}[a]$
2°. $t_2 := \text{Abs}[b]$
3°. $x := \text{Max}[t_1, t_2]$
4°. $y := \text{Min}[t_1, t_2]$
5°. $t_3 := x/8$
6°. $t_4 := y/2$
7°. $t_5 := x - t_3$
8°. $t_6 := t_4 + t_5$
9°. $t_7 := \text{Max}[t_6, x]$

機能設計に入る前に，どのような手順（**アルゴリズム**，algorithm）で2乗和根を求めるかを決めなければならない。アルゴリズムはいくつか考えられる。例えば，次の三つがある。

Ⅰ．2乗和根の式のとおり二つの乗算結果を加算し，その平方根を求める。
Ⅱ．ニュートン法や2分探索法などの数値計算手法[6]を用いて2乗和根を求める。
Ⅲ．図に示された近似解計算法を用いる。

Ⅰの方法は，乗算器や加算器のほかに，平方根を近似計算する回路[6]が必要であり，計算途中に32ビットのデータ（16ビットの積）を扱わねばならない。

Ⅱの方法は，繰り返し計算によって近似解を求めるが，誤差の大きさを評価する回路が必要であり，収束に時間がかかる。

これらに対してⅢの方法は，a, bが2進数なので，1/2や1/8は**シフタ**（shifter）で計算できるから，絶対値計算，加減算，およびシフタで解を求めることができ，ビット数も16ビットから増えない。そのため，ほかの方法に比べ，回路規模および動作速度において優れている。また，図のグラフに示すように，0〜33000までの数値a, bに対して，相対誤差は3％以内に収まっており，精度に関する仕様も満たす。

ハードウェア設計では，アルゴリズムだけでなく，データ表現に必要なビット数を決定することが重要である。むだにビット数を増やすと，データを記憶・計算・転送するために，レジスタ・回路・配線が増加してしまう。しかし，逆にビット数を減らしすぎると，必要な精度を確保できず，要求仕様を満足できなくなる。

以下では，このアルゴリズムⅢを用いて2乗和根計算回路を設計することにする。そうすると，作成する回路の動作が左図のように決定する。

実際にアルゴリズムを選択する際には，最終的にできあがる回路の性能やコストを考慮しなければならず，その見積もりが悪いと正しい選択ができない。

8.5　機能設計 1

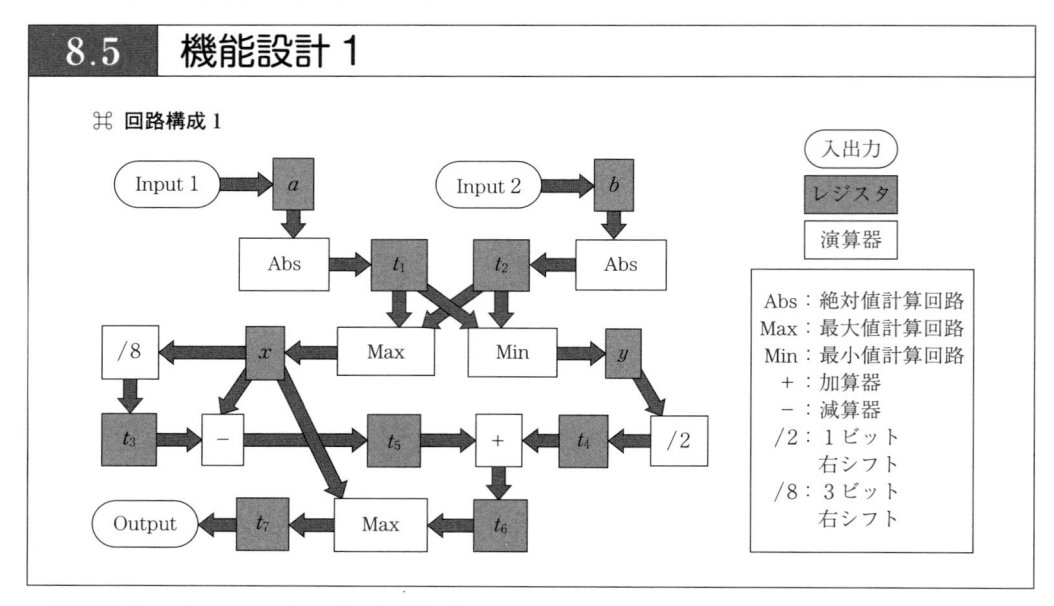

⌘ 回路構成 1

[図：回路構成1のデータフロー図。Input 1 → a → Abs → t_1、Input 2 → b → Abs → t_2、t_1とt_2から Max → x、Min → y、x → /8 → t_3、y → /2 → t_4、t_3とxから − → t_5、t_5とt_4から + → t_6、t_6から Max → t_7 → Output]

入出力／レジスタ／演算器

Abs：絶対値計算回路
Max：最大値計算回路
Min：最小値計算回路
　＋：加算器
　−：減算器
　/2：1 ビット右シフト
　/8：3 ビット右シフト

　機能設計では，アルゴリズムを実行するレジスタ転送レベルの回路構成を決める。最も単純な設計法は，アルゴリズムのステップごとに，データを記憶するレジスタと必要な演算器を用意し，計算順序に従ってこれらを接続していく方法である。例えば，入力 a, b をそれぞれ別のレジスタ a, b で記憶させ，絶対値計算回路（Abs）を二つ用意し，レジスタ a および b の値に Abs の演算を適用した結果をそれぞれ別のレジスタ t_1 および t_2 に格納することにすると，t_1 と t_2 は同時に計算できる。このような手順で回路を構成していくと，図のような回路構成 1 を得る。この構成は，使用する演算器の個数に制限がないものと考え，できるだけ並列に演算を実行した場合のもので，一つの演算器があるレジスタのデータに対して演算を行い，その結果を別のレジスタに格納するのに 1 クロックを要するから，レジスタ t_7 に結果が格納されるまでに，7 クロックを要することがわかる。

　このような演算の並列化が可能であるのは，「ある演算を行うには，別の演算の結果が必要である」というデータの依存関係がない場合に限られる。8.4 節のアルゴリズムからわかるように，ステップ 1° と 2°，3° と 4°，5° と 6°，7° と 8° は，データに依存関係がないので並列実行が可能であるが，データの依存関係があるステップ 5°，6° はステップ 3°，4° と同時に実行できないし，ステップ 7° も 5° とは同時に実行できない。

　使用する演算器の個数を最小化し回路規模を小さくする構成も可能で，Abs および最大値／最小値計算回路（Min/Max）をそれぞれ 1 個だけ用意し，これを共用することにより，Abs, Min, Max の合計三つの演算器を削減できる。しかし，各演算器に入力するデータはステップごとに異なるので，演算器の入力部にデータを適切に選択するためマルチプレクサが必要となる。また，並列処理が行えないので t_7 の結果を得るまでに 9 クロックを要し，2 クロック増加する。このように動作速度と回路規模はトレードオフの関係にある。なお，Min/Max のような二つの演算を実行する回路の規模は，6.5 節の ALU の例からわかるように，Min あるいは Max 単体よりは大きいが，これら二つの合計よりは小さい。

8.6 機能設計 2

⌘ 回路構成 2

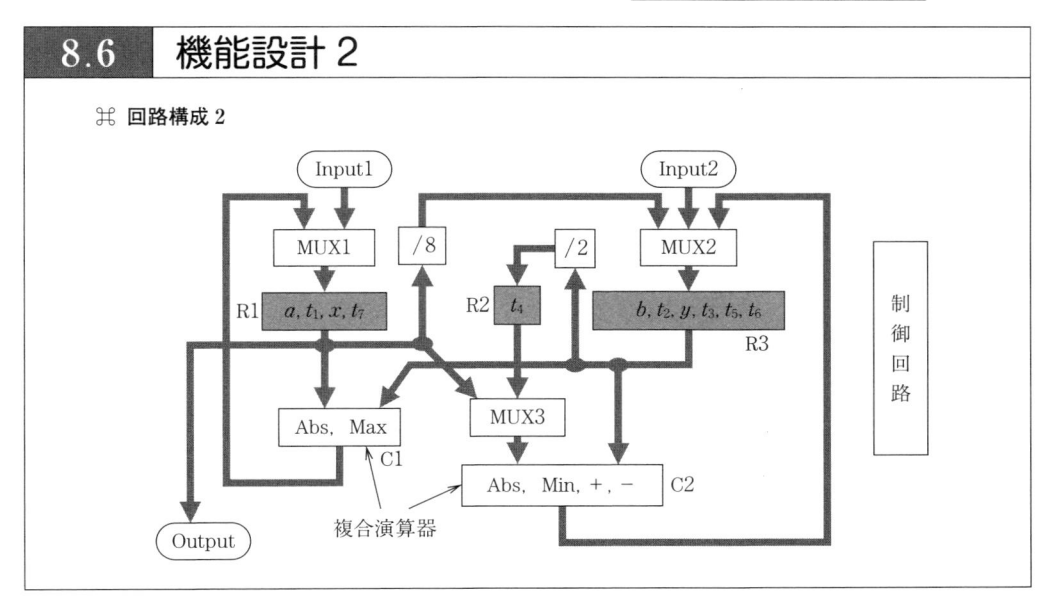

[図: 回路構成2のデータパス図。Input1, Input2 を入力とし、MUX1, /8, /2, MUX2 を経て、レジスタ R1 (a, t_1, x, t_7), R2 (t_4), R3 (b, t_2, y, t_3, t_5, t_6) に格納される。複合演算器 C1 (Abs, Max) と C2 (Abs, Min, +, −) を MUX3 を介して接続し、Output を出力する。右側に制御回路がある。]

8.5 節の回路構成 1 は，演算器およびレジスタを適切に共用することにより，7 クロックの処理時間を増加することなく，回路規模を削減することができる。

いま，絶対値計算（Abs），最大値/最小値計算（Max/Min），および加減算のすべてを実行することができる**複合演算器**（multifunction unit）があるとしよう。このような複合演算器の規模は，絶対値計算などの単一の演算を行う演算器よりも大きいが，演算器の個数を削減できれば回路全体を小さくできる可能性がある。回路構成 1 では，二つの演算を同時に行うことができれば，必要なクロック数を増加させることはないので，C1 と C2 の二つの複合演算器を用いることにする。

次に，8.5 節の回路構成 1 において，入力値 a, b を取り込んだレジスタを考えると，これらは絶対値計算後は使用されていない。アルゴリズムから，各値が定まる時刻およびその値が必要となる時刻を調べると，値 a と t_1 を同じレジスタに格納可能なことがわかる。そこで，マルチプレクサや配線数の増加数を考えながらレジスタの共用を図り，レジスタの個数を削減する。例えば，値 a, t_1, x, t_7 をレジスタ R1 に，値 t_4 をレジスタ R2 に，値 b, t_2, y, t_3, t_5, t_6 をレジスタ R3 に入れることにすると，マルチプレクサが 2 個必要となるが，レジスタ数は 11 個から 3 個に削減できる。

図に，こうして得られた回路構成 2 を示す。演算器やレジスタの共用を図るため，計算値や演算器が必要となる時刻を解析することを**ライフタイム解析**（life-time analysis）という。なお，1/8 や 1/2 の計算は数が 2 進数なので桁シフトを行うだけでよいため，演算器は不要で，各ビットの接続先を変える（配線を変える）だけで実現できる。

図のようなデータパス部に対して，制御回路から送信される信号の一つは，マルチプレクサに対する制御信号である。例えば，最初のステップでレジスタ R1 に値 a を入れるよう入力を選択し，その後は，演算器 C1 からの入力を選択するように，マルチプレクサ（MUX1）を制御する。もう一つの制御信号は，複合演算回路の動作を決める信号である。

8.7 論理設計・回路設計

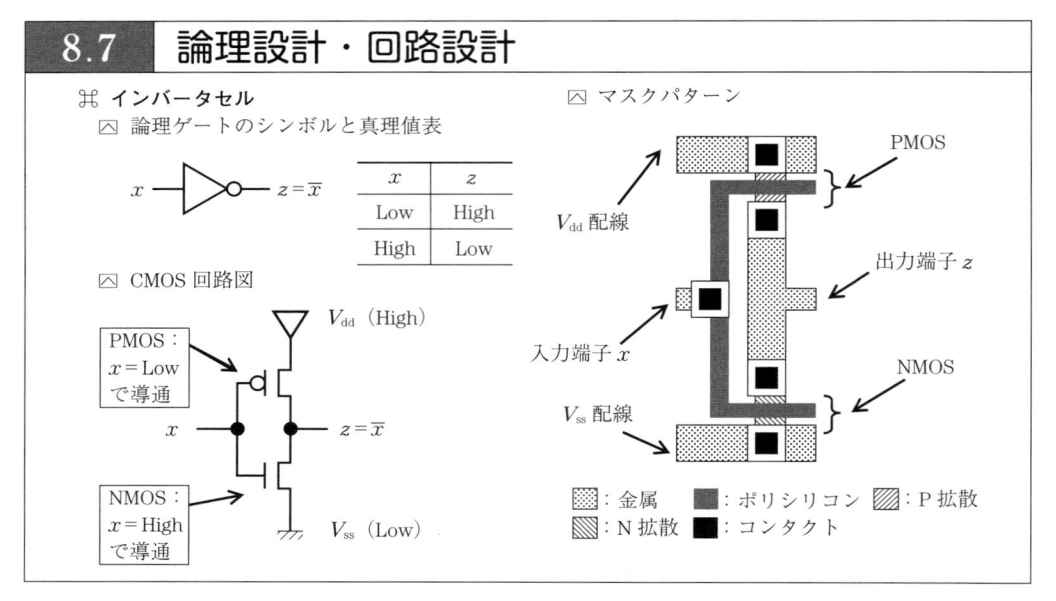

⌘ **インバータセル**

◩ 論理ゲートのシンボルと真理値表

$x \rightarrow\!\!\!\triangleright\!\circ\!\rightarrow z=\bar{x}$

x	z
Low	High
High	Low

◩ CMOS 回路図

- PMOS：x = Low で導通
- NMOS：x = High で導通
- V_{dd} (High)
- V_{ss} (Low)
- $z = \bar{x}$

◩ マスクパターン

- PMOS
- V_{dd} 配線
- 出力端子 z
- 入力端子 x
- V_{ss} 配線
- NMOS

凡例：金属／ポリシリコン／P 拡散／N 拡散／コンタクト

　論理設計では，演算器（組合せ回路）や制御回路（順序回路）の論理回路を設計するが，その詳細は 4～6 章で見てきたとおりである．論理設計が終わると，各論理ゲートに対して，以下に述べるライブラリの中からセルを選択し対応付ける．この作業は**テクノロジマッピング**（technology mapping）と呼ばれ，動作速度や消費電力を考慮して行う．次の設計工程である物理設計では，このセルを単位として作業が行われる．

　回路設計では，論理ゲートやメモリなどのトランジスタ回路の設計が行われる．この工程はチップごとに行われるのではなく，通常，製造工程ごとに行われ，同じ製造工程を使うチップに共通して用いられるデータを**ライブラリ**（library）として蓄えている．また，このようなトランジスタ回路は，シリコンチップ上に実装するためのマスクパターンの設計（レイアウト設計）を終了しており，**セル**（cell）と呼ばれる．

　ライブラリは，論理ゲートやフリップフロップなどのセルからなる基本セルライブラリ，LSI と外部との接続を行うセルからなる入出力セルライブラリ，ROM や RAM などのメモリ，乗算器や CPU などのマクロセル，および AD・DA コンバータなどのアナログ回路からなるモジュールライブラリ（module library）などから構成されている．

　図に，インバータセルのトランジスタ回路と**マスクパターン**（mask pattern）を示す．マスクパターンの図では，N 型拡散とポリシリコン（多結晶シリコン）の交差部に NMOS のゲートが，P 型拡散とポリシリコンの交差部に PMOS のゲートが（1.7 節参照）形成されるので，これらをポリシリコンを用いて入力端子 x に接続している．また，PMOS および NMOS の拡散領域の一つをコンタクトを介して一つの金属配線に接続し，この金属配線を出力端子 z に接続している．コンタクトについては 8.8 節で述べる．さらに，セルの上端には V_{dd}（電源）の，下端には V_{ss}（グランド）の金属配線を置き，コンタクトを介して，PMOS および NMOS のもう一方の拡散領域をそれぞれ電源およびグランドに接続している[5]．

8.8 物理設計

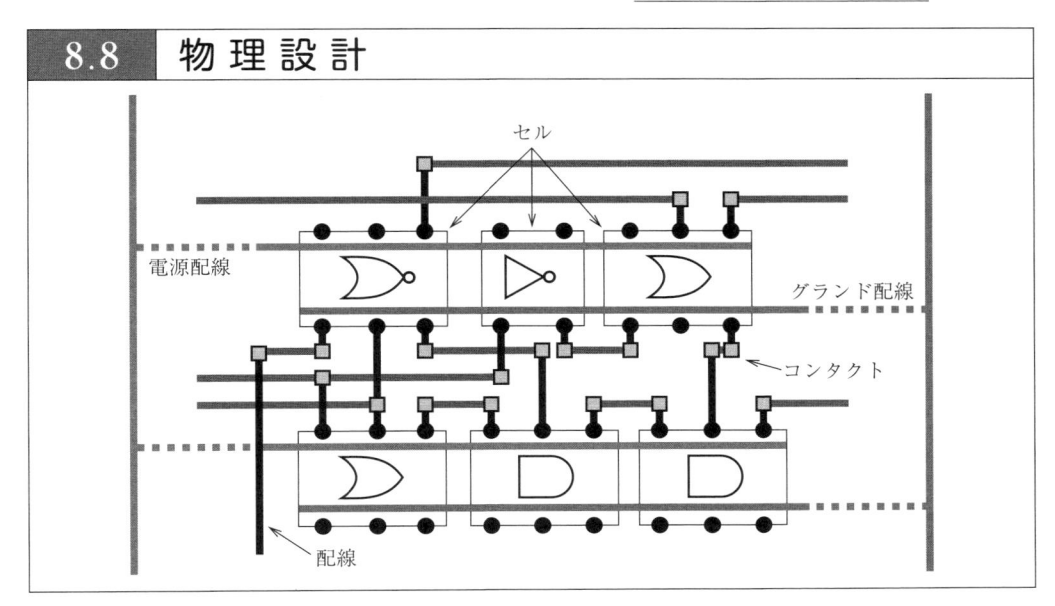

物理設計あるいはレイアウト設計（layout design）は，論理設計で得られた回路を製造するためのマスクパターンを作成する，すなわちチップ上に配置・配線する設計工程である．

物理設計は通常，セル単位で行われる．例えば，セルを図のように1列に配置すると，セル行間の領域はセルの端子を結線（配線）するために用いられる．このようなセル行間の領域は配線のみに使われるので，**配線チャネル**（routing channel）と呼ばれる．この配線では二つの層を対とし，一つの層には横方向（X方向）の配線を，他の層には縦方向（Y方向）の配線を置くという**XYルール**（XY rule）が用いられている．異なる層の配線は層間の絶縁膜に穴を開け，そこに金属を流し込むことにより接続する．この接続箇所を**コンタクト**（contact）あるいは**ビア**（via）と呼ぶ．XYルールを用いると，X方向の配線のY方向の位置を決めた後，Y方向の配線をそのX方向の配線に接続するという2段階処理ができ，コンピュータで自動配線しやすい．

配線は，トランジスタを形成したチップ上に絶縁膜を生成し，その上に金属を形成することにより実現する．これを繰り返すと多層配線が実現でき，最新の製造技術では8層以上の配線層を使うことができる．この場合，上位の層では，セル領域の上を配線が通る**セル上配線**（over the cell routing）が可能となる．

各セルの上辺および下辺には，セル内のトランジスタに電力を供給する電源およびグランドが配線されており，それらのY方向の位置はどのセルも同じに設計されているので，セルを隣接配置するだけで，電源・グランド配線は自動的に接続される．これらの配線は，セル行の左右端でY方向に接続され，電源・グランド**パッド**（pad）を通してチップ外部に接続される．チップサイズが大きい場合，各セルが同時にスイッチ動作すると，電源パッドから離れたセルにおいて電圧が低下する．この電圧低下を小さくするため，電源・グランド配線を，適切な間隔でY方向にも貫通させ，網目状にすることもある．

8.9 テスト設計

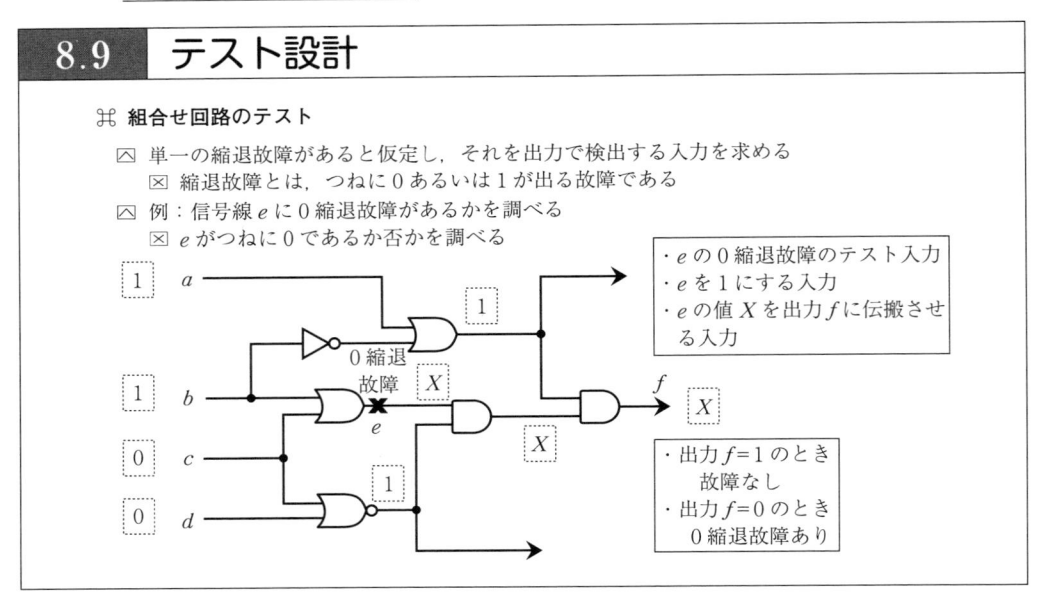

⌘ **組合せ回路のテスト**
- 単一の縮退故障があると仮定し，それを出力で検出する入力を求める
  - 縮退故障とは，つねに0あるいは1が出る故障である
- 例：信号線 e に0縮退故障があるかを調べる
  - e がつねに0であるか否かを調べる

- e の0縮退故障のテスト入力
- e を1にする入力
- e の値 X を出力 f に伝搬させる入力

- 出力 $f=1$ のとき 故障なし
- 出力 $f=0$ のとき 0縮退故障あり

　集積回路は 0.1 μm より小さなトランジスタからできているため，製造後に内部の論理ゲートの入出力を観測することができない。そのため，故障の有無を検査するには適切な入力を与え，その出力を観測することにより行う。テスト設計では，このような入力値を設計するが，順序回路はレジスタにデータが記憶されているため，これを一挙に検査できるような入力値を作成することは困難である。そこで，**スキャン**（scan）回路と呼ばれる検査用の回路を全レジスタに組み込み，検査（テスト実行）時に，これを使って各レジスタに所望の値を書き込んだり，記憶されている値を読み出したりできるようにする。これにより，順序回路をレジスタと組合せ回路に分離して検査することができる。

　組合せ回路のテスト設計においては，**縮退故障**（stuck-at fault）を検出する入力を求める。縮退故障には，値がつねに1となる1縮退故障（stuck-at fault 1）と，つねに0となる0縮退故障（stuck-at fault 0）の2種類がある。これらは，製造工程において，配線不良などにより信号線が電源配線あるいはグランド配線にショートした場合などに対応している。回路中にただ一つの縮退故障が存在する（単一縮退故障）と仮定し，外部出力を観測するだけで，その有無を検出できるような適切な入力値を求める作業を，**テストパターン生成**（test pattern generation）という。

　図には，OR ゲートの出力 e に0縮退故障がある場合，これを検出する入力を求める際の考え方を示している。これより，$a=b=1$，$c=d=0$ を入力すれば，出力 f の値を調べることにより，e に0縮退故障があるか否かを判定できることがわかるであろう。

　実際には，単一縮退故障だけでなく，複数の縮退故障が同時に発生していたり（多重故障），配線の切断によるオープン故障など，他の多くの故障が存在する[8]。このため，システムの開発現場では，チップを目的の装置に装着し，実機を使った動作テスト（**実機テスト**）を行うことにより検査している。なお，単一縮退故障を検出すれば，多重故障の大半を検出できるという報告もあり[8]，テスト設計ではテストパターン生成が重要となっている。

8.10 集積回路の設計自動化技術

- **EDA**
  - コンピュータを用いた電子回路の設計自動化

設計の流れ（データの変換）	自動化技術	
	検証系	合成系
機能や動作（アルゴリズム，論理関数など）	シミュレーション，レイアウト検証など	論理合成，自動配置配線など
接続構造（回路図で表現できる接続関係）		
マスクパターン（幾何学データ）		

- **検証系技術**
  - 動的検証
    - 論理シミュレーション，回路シミュレーションなど
  - 静的検証
    - 形式的検証，レイアウト検証など
- **合成系技術**
  - 動作合成，論理合成など
  - 自動レイアウト（自動配置配線ともいう）
- **テスト設計用技術**

　ここまで述べてきたディジタル集積回路の各設計工程において，コンピュータが設計支援のために用いられている．1億個以上のトランジスタからなる大規模集積回路を短期間で設計するためには，コンピュータによる自動化が必須である．このような電子回路の設計自動化技術を **EDA**（electronic design automation）技術という．

　集積回路の設計では，アルゴリズムや論理関数などで表現できるシステムの動作や機能を，レジスタ転送レベル，論理ゲートレベル，トランジスタレベルなどの回路（単位回路の接続構造を表したもの）で実現し，さらにその回路を幾何学的データであるマスクパターンに変換するという作業が行われる．このような作業を自動化するには，アルゴリズム，回路，レイアウトデータなど，さまざまな設計情報をコンピュータで処理できる形で表現する必要があり，そのための言語やフォーマット（format，形式）がいくつか定義されている．

　このような表現を自動的に変換する技術は合成系の技術として分類でき，各設計工程に対応して，動作合成（behavior synthesis），論理合成（logic synthesis），自動レイアウト（automatic layout）あるいは自動配置配線（automatic placement and routing）などと呼ばれている．合成系技術では，設計目標を達成するための最適化（optimization）が重要となる．

　集積回路設計のような多くの工程をもつ設計では，各設計工程において，変換（合成）が正しく行われたか否かの検証作業が不可欠である．これらを行うための技術は検証系の技術に分類できる．これについては 8.11 節で詳しく述べる．

　これらの検証系および合成系技術のほかに，テスト設計用の自動化技術がある．

　これらの設計自動化のためのツール（プログラム）は，設計対象をモデル化し，そのモデル（model）のもとにさまざまな技法を考案し作成されたものである．そのようなツールを有効に使いこなすには，モデルが想定している条件を理解し，ツールの機能，使用法，およびその限界を熟知しておく必要がある．モデルが想定していない状況で利用したり，不正な入力を行なうと，ツールは正当な結果を出力しないことに留意しなければならない．

8.11 おもな EDA ツール1（検証系）*

⌘ **動的検証**
- ☒ 検査用入力を設計する必要がある
- ☒ 大規模回路に適用すると計算時間がかかる
- ☒ 論理シミュレーション
  - ☒ RTレベル，ゲートレベル，サイクルベースシミュレーションなどがある
- ☒ 回路シミュレーション
  - ☒ 連立回路方程式を数値解析するので，数値計算手法が必要である

⌘ **静的検証**
- ☒ 検査用入力を設計する必要がない
- ☒ 形式的検証
  - ☒ 等価検証，プロパティ検証などを行う
- ☒ タイミング解析
  - ☒ フリップフロップ間のクリティカルパスを求め，タイミング制約が満たされるかを調べる
- ☒ レイアウト検証
  - ☒ 図形演算（計算幾何学）の手法が必要となる

設計検証技術は，大きく二つに分類できる。論理シミュレーションなどのように回路動作をコンピュータ上で模擬する**動的検証**（dynamic verification）と回路動作やレイアウトが与えられた仕様に適合するかどうかを調べる**静的検証**（static verification）である。前者には各種シミュレータが含まれ，後者には形式的検証やレイアウト検証などがある。

論理シミュレーション（logic simulation）は，設計した回路の論理機能を検証する。検証対象の回路データと，検証するための入力パターン（入力値の組）を与え，回路動作の時間変化を観測する。対象となる回路にはレジスタ転送（RT）レベルとゲートレベルの2種類がある。回路の大規模化のため，RTレベルの論理シミュレーション時間も多大となっており，同期回路を前提として，クロック単位の回路動作を検証する**サイクルベースシミュレーション**（cycle based simulation）と1クロック内のゲート遅延を静的に検証するタイミング解析を併用する方法が主流となっている。

回路シミュレーション（circuit simulation）は，回路を構成するトランジスタなどの素子を等価回路で表し，電流・電圧の時間的変化などを解析する。回路の電気的な振る舞いを詳細に解析することができるが，計算時間が長く，数万個のトランジスタが実用的な限界である。

論理回路の動作が仕様どおりであることを数学的に証明する静的検証に**形式的検証**（formal verification）がある。二つの動作が一致するかどうか否かを検証する**等価検証**（equivalence check）と，所望の動作（プロパティ）が検証対象の回路で実現されているか否かを検証する**プロパティ検証**（property check）がある。

タイミング解析（timing analysis）は，回路の接続情報とゲート遅延や配線遅延などの遅延情報から，回路がタイミング制約を満たすか否かを静的に検証する。

レイアウト検証（layout verification）は，作成されたマスクパターンが**設計規則**（design rule）を満たすか否かや，マスクパターンから逆に導くことができる回路が論理設計された回路と等価であるか否かなどを検証する。ここで，設計規則とは，チップ上にトランジスタや配線を正しく製造するために，マスクパターンが守るべき大きさや間隔などに関する規則である。

8.12 おもな EDA ツール 2*

⌘ **合成系技術**
- 動作合成
  - 動作記述から RT レベルの回路を自動生成する
  - 動作レベルの記述には,System C や Bach C など,C 言語を拡張した言語がある
- 論理合成
  - RT レベルの回路から論理ゲートレベルの回路を自動生成する
  - RT レベルの記述言語には,Verilog HDL や VHDL などがある
- 自動レイアウト
  - セルやマクロセルの自動配置とそれらを接続する配線を自動生成する

⌘ **テスト設計用技術**
- ATPG
  - 製造されたチップの検査 (testing) 用入力データを自動生成する
- 故障シミュレーション
  - 検査用入力データを用いて想定した故障が検出できるかを調べる
  - また,検査用入力データで検出できる故障を列挙する
- 組込み自己テスト (BIST)
  - テスト用入力データの生成回路とテスト結果判定の回路を,チップ内部に内蔵しておく

大規模・複雑な LSI を短期間に設計するには,8.10 節で述べた設計データの自動変換(合成系)の技術が重要となる。そのような合成系技術では,8.2 節で示したさまざまな設計目標を満たすように最適化が行われる。例えば,タイミング制約を満たし,できるだけ規模や消費電力の小さな回路になるよう,あるいは,指定された面積内で,できるだけ動作速度の速い回路になるよう設計の最適化が行われる。

動作合成 (behavior synthesis) は,C 言語などで記述されたアルゴリズムから RT レベルの記述を自動生成する[4]。次に述べる論理合成の前工程にあたるので,高位合成とも呼ばれる。ここでは,アルゴリズムから必要な演算とデータの流れを抽出し,それらの演算を実行する順番や時刻(順序回路における時刻に対応する),およびそれを実行する演算器を割り付ける。動作記述用の言語として,System C や Bach C[9] などが提案されており,一部で実用化され始めている。

論理合成 (logic synthesis) は,RT レベル記述から論理ゲート回路を自動生成するが,その変換は,4〜6 章で述べたものと同じである。RT レベルの記述には,**Verilog HDL** (Verilog hardware description language) や **VHDL** (very high speed IC hardware descripton language) などの**ハードウェア記述言語**が用いられている。

自動レイアウト (automatic layout) はテクノロジマッピングが終了した論理回路を受け取り,セルやマクロセルをチップ上に配置し,それらを回路の指定どおり結線(配線)することにより接続する。その際,タイミング制約を満たし,チップ面積ができるだけ小さくなるようにする。

組合せ回路に対するテスト設計用の自動化技術に,**ATPG** (automatic test pattern generation) と**故障シミュレーション** (fault simulation) がある。ATPG は,8.9 節に述べたテストパターン生成を自動的に行う。また,故障シミュレーションは,回路中に仮定した故障を,与えた入力によって外部端子から検出できるか否かを検証するとともに,与えた入力によって検出できるすべての故障を抽出し列挙する。さらに,チップ内部に,チップ内のメモリや他の回路をテストするための回路を組み込んでおく**組込み自己テスト** (built-in self-test:**BIST**) などの技術もある[8]。

参 考 文 献

1) 桜井　至：HDL によるデジタル設計入門—SystemC／Verilog-HDL を用いたハードウェア／LSI 設計，テクノプレス（2007）
2) 吉田たけお，尾知　博：VHDL で学ぶディジタル回路設計—ディジタル回路の理論とVHDL 設計の基礎を同時に学ぶ，CQ 出版（2002）
3) 長谷川裕恭：VHDL によるハードウェア設計入門—言語入力によるロジック回路設計手法を身につけよう，CQ 出版（2004）
4) 藤田昌宏：システム LSI 設計工学，オーム社（2006）
5) W. Wolf：Modern VLSI Design, Prentice Hall（2002）
6) 髙木直史：算術演算の VLSI アルゴリズム，コロナ社（2005）
7) J. L. Hennessy, D. A. Patterson 著，成田光彰 訳：コンピュータの構成と設計，日経 BP 社（1999）
8) 藤原秀雄：コンピュータの設計とテスト，工学図書（1990）
9) K. Okada, et al.："Hardware algorithm optimization using Bach C," IEICE Trans. Fundamentals, vol. 85, pp. 835-841（2002）
10) D. D. Gajski：Principles of Digital Design, Prentice Hall（1997）

　本章全般に関する参考文献として文献4)，5) を挙げておく．また，ハードウェア記述言語による設計については文献1)〜3) を，数値計算に関しては文献6)，7) を，テストに関しては文献8) を参考にするとよい．8.4 節の 2 乗和根計算回路の例は文献10) を参考にした．

演 習 問 題

【1】図 8.1 に示した組合せ回路において，NAND ゲート G の出力 e に単一の 1 縮退故障が生じているか否かを調べるには，入力 x, y, z にどのような値を与えればよいか，出力 w の値とともに示せ．また，e に単一の 0 縮退故障が生じているか否かを調べる場合についても述べよ．

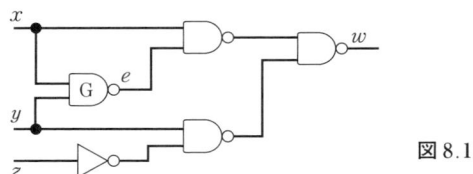

図 8.1

【2】多入力多出力の組合せ回路を構成する際，論理ゲートの個数を減らすため，部分回路の共有化が行われるが，これによって，入力の値が出力の値を決定しないようなパス（ゲートと配線の交互系列）が生じることがある．すなわち，接続関係からは信号が伝搬するように見えるが，実際には伝搬しないパスが生じる．
　例えば，図 8.2（a）の組合せ回路では，入力 x の 0 から 1 あるいは 1 から 0 への変化が，

出力 w の値を決定することはない。なぜなら，$y=0$ であれば，AND ゲート G の出力は 0 であるから，x の値の変化によって G の出力が変わることはなく，w も変わることはない。

一方，$y=1$ であれば，G の出力は x と同じ値になり，このとき $z=0$ であれば，x の値は AND ゲート G′ に伝わる。しかし，そのとき AND ゲート G′ のもう一方の入力は 0 になっているから，x の値のいかんにかかわらず出力 w は 0 であり，この場合も x の値の変化によって出力 w の値が決まることはない。ただし，w が一瞬 1 になる 0 ハザード（グリッチ）が生じる可能性はある。

図 8.2（a）における x から w に至るこのようなパス（AND ゲート G，OR ゲート，および AND ゲート G′ を通るパス）は，入力（パスの始点）の値の変化が出力（パスの終点）の値を決定しないため，**偽パス**（false path）と呼ばれる。このような偽パスは組合せ回路の遅延を調べるうえで注意する必要がある。

いま，**図 8.2**（b）に示された 5 入力 3 出力の回路において，ゲート 6～9 からなる回路がマルチプレクサになっていることに注意し，この回路に偽パスがないかを調べよ。なお，ゲート 6～10 でできた回路は，6.2 節で述べた桁上げ先見回路になっている。

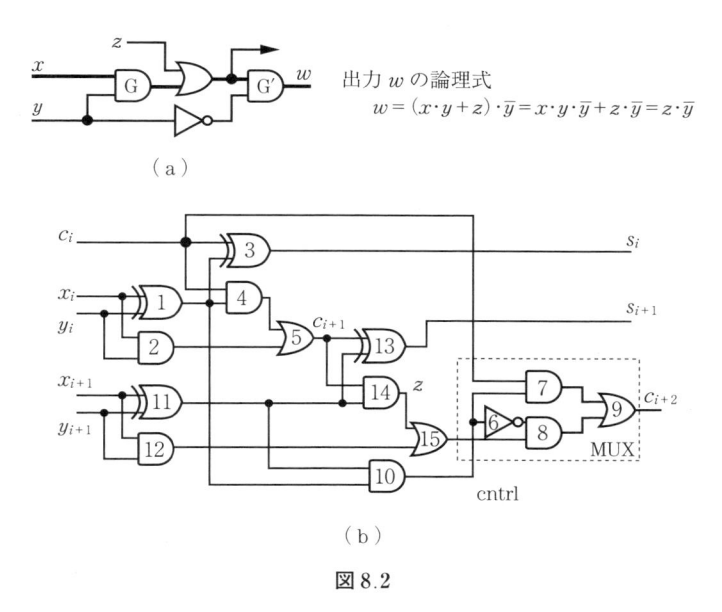

出力 w の論理式
$$w = (x \cdot y + z) \cdot \overline{y} = x \cdot y \cdot \overline{y} + z \cdot \overline{y} = z \cdot \overline{y}$$

（a）

（b）

図 8.2

【3】 図 8.3 の CMOS トランジスタ回路は，$\overline{S}$，R，$\overline{\text{init}}$ が入力，Q，$\overline{Q}$ が出力の回路で，V_{dd} および V_{ss} はそれぞれ電源およびグランドの配線を表す。この回路において，$\overline{\text{init}}$ に Low（グランドの電位）が与えられているとき，$\overline{S}$ および R に入力された電位に応じて，出力 Q，$\overline{Q}$ がどのように変化するかを調べ，この回路がもつ機能について述べよ。ただし，$\overline{S}$ および R に電位が入力されたとき，Q は High（電源の電位）あるいは Low のどちらかになっているとし，$\overline{Q}$ は Q の逆，すなわち Q が High ならば $\overline{Q}$ は Low，Q が Low ならば $\overline{Q}$ は High になっているとせよ。

8. 集積回路設計

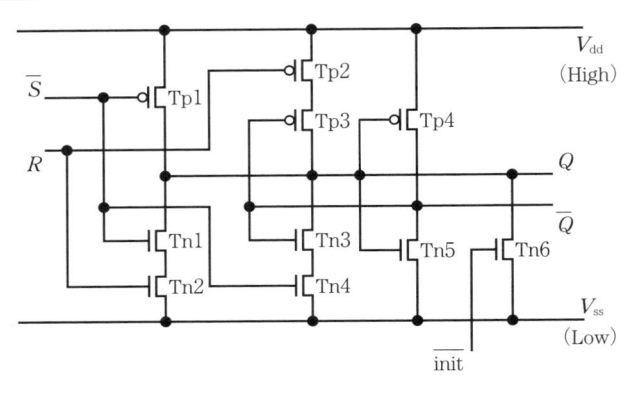

図 8.3

【4】 3入力 NOR ゲートの CMOS トランジスタ回路を構成せよ。正論理（高い電位を 1，低い電位を 0）を用いよ。

【5】 図 8.4 に示したデータパス部（7 章 7.1）の回路を用いて，5 クロックごとに入力される 2 の補数表現された 4 ビットの数 $a_1, a_2, \cdots, a_i, \cdots$（$a_i = (a_{i3}\, a_{i2}\, a_{i1}\, a_{i0})_2^{2C}$）をオーバーフローするまで加算する回路を設計するため，待機状態において制御入力 start が 1 になったら加算を開始し，オーバーフローが生じたら制御出力 done を 1 にして待機状態に戻るような動作をする制御部（7 章 7.1）を，ミーリ型順序回路およびムーア型順序回路（5 章 5.11）で構成せよ。図において，DFF は D フリップフロップ，FA は全加算器（6 章 6.1），MUX は 2：1 マルチプレクサ（6 章 6.3），SR-a および SR-b はどちらも 4 ビットのシフトレジスタ（6 章演習問題【3】）である。なお，2 章演習問題【3】からわかるように，オーバーフローしていても，正しい加算結果は推定できる。

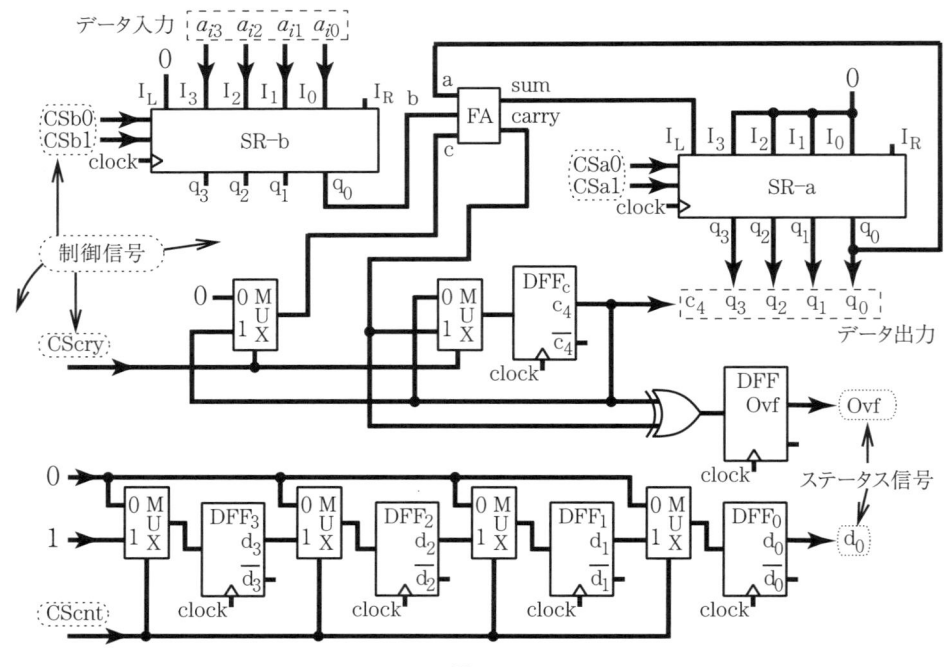

図 8.4

付録　ブール代数*

学習目標
(1) 同値関係，順序関係，順序集合について学ぶ。
(2) 順序関係と束との関係を理解する。
(3) ブール代数の代数的構造について学び，束との関係を理解する。
(4) ブール代数と3章以降で扱った論理関数との関係を理解する。

ここでは，集合演算や命題論理を一般化した数学であるブール代数を紹介する。ブール代数は3章以降で用いた種々の手法の基礎となっている数学である。数学用語に触れる機会を増やすためにも，通読することを勧める。

ブール代数の代数的構造（algebraic structure）は，順序集合に条件が付加されて得られる束に，さらに条件を追加したものになっている。そこで，順序集合と束を説明した後，ブール代数について述べる。

1. 順序集合

二つの要素 x, y の順序の決まった組 (x, y) を**順序対**（ordered pair）といい，n 個の要素 $x_1, x_2, \cdots, x_n$ の順序の決まった組 $(x_1, x_2, \cdots, x_n)$ を **n 組**（n-tuple）という。

集合 X, Y の要素 $x \in X, y \in Y$ からなる順序対 (x, y) の集合を X と Y の**直積**（direct product）あるいは**デカルト積**（Cartesian product）といい，$X \times Y$ で表す。同様に，n 個の集合 $X_1, X_2, \cdots, X_n$ の直積 $X_1 \times X_2 \times \cdots \times X_n = \{(x_1, x_2, \cdots, x_n) \mid x_i \in X_i, 1 \leq i \leq n\}$ は，これらの集合の要素からなる n 組 $(x_1, x_2, \cdots, x_n)$ の集合である。例えば，R を実数の集合とすれば，R は数直線上の点に1対1対応させることができるから，$R \times R$ は2次元平面上の点の集合と考えることができる。同様に，$R \times R \times R$ は3次元空間内の点の集合である。直積 $X \times X$ は X^2 と，$X \times X \times X$ は X^3 と略記する。

集合 X, Y の直積 $X \times Y$ の部分集合 $\mathcal{R} \subset X \times Y$ を，X から Y への **2項関係**（binary relation）といい，$(x, y) \in \mathcal{R}$ のとき，$x \in X$ と $y \in Y$ は関係 $\mathcal{R}$ にある，あるいは関係 $\mathcal{R}$ が成り立つという。$(x, y) \notin \mathcal{R}$ のとき，x と y は関係 $\mathcal{R}$ にないという。$(x, y) \in \mathcal{R}$ を $x\mathcal{R}y$ とも書く。集合 X から X への2項関係，すなわち $\mathcal{R} \subset X^2$ を X 上の2項関係と呼ぶ。

集合 S 上の2項関係 $\mathcal{R}$ が，S の任意の要素 a, b, c に対して，以下の3条件を満たすとき，$\mathcal{R}$ を S 上の**同値関係**（equivalence relation）という。

(1) **反射律**（reflexivity）：　$a\mathcal{R}a$
(2) **対称律**（symmetry）：　$a\mathcal{R}b$ ならば $b\mathcal{R}a$
(3) **推移律**（transitivity）：　$a\mathcal{R}b$ かつ $b\mathcal{R}c$ ならば $a\mathcal{R}c$

例えば，人の集合上の同姓関係，実数の集合上の等号（＝）などは同値関係である。

集合 S 上の同値関係 $\mathcal{R}$ が与えられると，互いに関係 $\mathcal{R}$ にある要素からなる S の部分集合 $[a]_\mathcal{R} = \{b \in S \mid a\mathcal{R}b\}$ を考えることができる。これを**同値類**（equivalence class）といい，集合 S は互

いに素（共通集合が空）な同値類の和集合で表せる。例えば，整数の集合 Z 上で，2 を法として合同という関係 ≡ を考えると，Z を奇数の集合 $[1]_\equiv$ と偶数の集合 $[0]_\equiv$ の和集合 $Z=[1]_\equiv \cup [0]_\equiv$ で表すことができる。ここで，$a,b \in Z$ が 2 を法として合同（$a \equiv b$）とは，2 で割った余り（mod 2）が等しい，すなわち $a = b \bmod 2$ であることである。

集合 S 上の 2 項関係 $\mathcal{R}$ が，S の任意の要素 a, b, c に対して，以下の 3 条件を満たすとき，$\mathcal{R}$ を S 上の**順序関係**（ordered relation）あるいは**半順序関係**（partially ordered relation）という。

(1) 反射律： $a\mathcal{R}a$
(2) **反対称律**（anti-symmetry）： $a\mathcal{R}b$ かつ $b\mathcal{R}a$ ならば $a=b$（a と b は同じ要素）
(3) 推移律： $a\mathcal{R}b$ かつ $b\mathcal{R}c$ ならば $a\mathcal{R}c$

また，次の比較可能性が成り立つ順序関係を**全順序関係**（totally ordered relation）という。

(4) 比較可能性： 任意の $a, b \in S$ に対して，$a\mathcal{R}b$ あるいは $b\mathcal{R}a$

例えば，人の集合上の年長，年少関係，実数の集合上の不等号（≤）などは全順序関係である。これに対して，集合の包含関係（⊆）は，互いに包含関係にない集合が存在しうるから，半順序関係である。

集合 S と S 上の順序関係 $\mathcal{R}$ の対 $\langle S, \mathcal{R} \rangle$ を**順序集合**（ordered set）という。順序関係は不等号を用いて表したほうが見やすいので，以下では $\leq_\mathcal{R}$ を用いる。

順序集合 $\langle S, \leq_\mathcal{R} \rangle$ において，ある要素 $m \in S$ が，任意の $a \in S$ に対して $a \leq_\mathcal{R} m$ を満たすとき，m を S の**最大元**（maximum element）といい，任意の $a \in S$ に対して $m \leq_\mathcal{R} a$ を満たすとき，m を S の**最小元**（minimum element）という。また，$a \leq_\mathcal{R} m$ かつ $a \neq m$ なる要素 $a \in S$ が存在しないような要素 $m \in S$ は S の**極小元**（minimal element）といい，$m \leq_\mathcal{R} a$ かつ $a \neq m$ なる要素 $a \in S$ が存在しないような要素 $m \in S$ は S の**極大元**（maximal element）という。

S が有限集合（要素の個数が有限）の場合，極小元および極大元は必ず存在し，1 個とは限らない。しかし，最小元や最大元は必ずしも存在するとは限らない。なお，有限集合 S の要素の個数（cardinality）は $|X|$ で表す。また，集合の要素は元とも呼ばれる。

例えば，集合 $\{x, y, z\}$ の部分集合 $S_1=\{x\}$，$S_2=\{y\}$，$S_3=\{x,y\}$，および $S_4=\{x,y,z\}$ からなる集合を $Q=\{S_1, S_2, S_3, S_4\}$ としとしたとき，Q と包含関係 ⊆ の順序集合 $\langle Q, \subseteq \rangle$ において，S_1, S_2 は極小元であり，S_4 は極大元でありかつ最大元でもある。しかし，この順序集合には最小元は存在しない。Q のように，集合を要素とする集合は**族**（family）と呼ばれる。

有限の順序集合 $\langle S, \leq_\mathcal{R} \rangle$ は，**ハッセ線図**（Hasse's diagram）で表すとわかりやすい。これは，集合 S の各要素を点（図では白丸）で表し，それらを次のように線で結んだものである。すなわち，$a \leq_\mathcal{R} b$ であれば，a に対応した点を b に対応した点より下に描き，$a \leq_\mathcal{R} c \leq_\mathcal{R} b$ であるような要素 $c \in S$ が存在しないときかつそのときに限り，$a \leq_\mathcal{R} b$ であるような異なる 2 要素 $a, b \in S$ に対応した点間を線で結ぶ。例えば，上述の順序集合 $\langle Q, \subseteq \rangle$ のハッセ線図は，**図 A.1** のようになる。図からわかるように，上に描かれた点に対応した集合は，下に描かれた点に対応した集合を含んでいる。

順序集合 $\langle S, \leq_\mathcal{R} \rangle$ において，S の部分集合 T を考えたとき，T のどの要素 $a \in T$ に対しても，

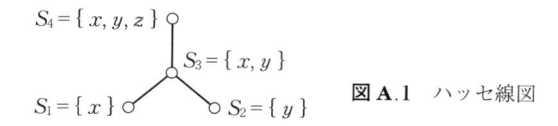

図 A.1 ハッセ線図

$a \leq_\mathcal{R} m$ であるような要素 $m \in S$ を，T の**上界**（upper bound）といい，$m \leq_\mathcal{R} a$ であるような要素 $m \in S$ を，T の**下界**（lower bound）という．図 A.1 に示した順序集合 $\langle Q, \subseteq \rangle$ において，部分集合 $T = \{ S_1, S_2 \}$ の上界は，S_3, S_4 であるが，下界は存在しない．

順序集合 $\langle S, \leq_\mathcal{R} \rangle$ において，S の部分集合 T の上界からなる集合が最小元をもつとき，その最小元を T の**上限**（least upper bound, supremum）といい，T の下界からなる集合が最大元をもつとき，その最大元を T の**下限**（greatest lower bound, infimum）という．図 A.1 に示した順序集合 $\langle Q, \subseteq \rangle$ では，$T = \{ S_1, S_2 \}$ の上限は S_3 であるが，下限は存在しない．また，$T = \{ S_1, S_3, S_4 \}$ の上限は S_4 であり，下限は S_1 である．

順序集合 $\langle S, \leq_\mathcal{R} \rangle$ において，任意の 2 要素 $a, b \in S$ に対して，$\{a, b\}$ の上限および下限が存在するとき，この順序集合は次に述べる束となる．

2．束

集合 X から Y への 2 項関係 f で，任意の $x \in X$ に対して xfy なる関係にある $y \in Y$ がただ一つしかないものを，X から Y への**関数**（function）あるいは**写像**（mapping）という．xfy を $y = f(x)$ とも書き，y を x に対する f の値あるいは x の**像**（image）と呼ぶ．X を f の**定義域**（domain），定義域全体の像 $f(X) = \{ y = f(x) \mid x \in X \}$ を**値域**（range）という．

集合 X の直積 X^2 から集合 Y への関数 g を **2 項演算**（binary operation）と呼ぶことがあり，$y = g(x_1, x_2)$ なる関係が成り立つことを $y = x_1 g x_2$ と書く．また，集合 X から集合 Y への関数 g を**単項演算**（unary operation）と呼ぶことがある．さらに，X^2 から X への 2 項演算および X から X への単項演算を，それぞれ X 上の 2 項演算および X 上の単項演算という．3 章で導入した AND 演算などの 2 項演算は，$B = \{ 0, 1 \}$ 上の 2 項演算であり，否定をとる演算 NOT は B 上の単項演算である．

集合 S と S 上の二つ 2 項演算 $\vee$，$\wedge$ が，S の任意の要素 a, b, c に対して，以下の 4 条件（**公理**：axiom）を満たすとき，S とこれらの演算の組 $\langle S, \vee, \wedge \rangle$ を**束**（lattice）という．

(1) **交換律**（commutativity）： $a \vee b = b \vee a$, $\qquad a \wedge b = b \wedge a$
(2) **結合律**（associativity）： $a \vee (b \vee c) = (a \vee b) \vee c$, $\quad a \wedge (b \wedge c) = (a \wedge b) \wedge c$
(3) **吸収律**（absorption）： $a \vee (a \wedge b) = a$, $\qquad a \wedge (a \vee b) = a$

このような集合と演算の組は**代数系**（algebraic system）と呼ばれる．

束 $\langle S, \vee, \wedge \rangle$ は次のべき等律を満たす．すなわち，三つの公理より以下の式を導くことができる．

べき等律（idempotence）： $a \vee a = a$, $\qquad a \wedge a = a$

なぜなら，$a \vee a = b$ とおくと，$a \wedge b = a \wedge (a \vee a)$ となるが，吸収律より $a \wedge (a \vee a) = a$ であるから，$a \wedge b = a$ を得る．したがって，$a \vee a = a \vee (a \wedge b)$ と書けるが，右辺は，吸収律のもう一方の式から，$a \vee (a \wedge b) = a$ となるから，$a \vee a = a$ を得る．同様に，$a \wedge a = a$ を導くことができる．

図 A.1 に示した順序集合 $\langle Q, \subseteq \rangle$ に，空集合 $S_0 = \phi$ を追加してできる順序集合，すなわち $Q' = \{ S_0, S_1, S_2, S_3, S_4 \}$ と $\subseteq$ の組 $\langle Q', \subseteq \rangle$ を考えると，そのハッセ線図は**図 A.2** に示すものとなる．

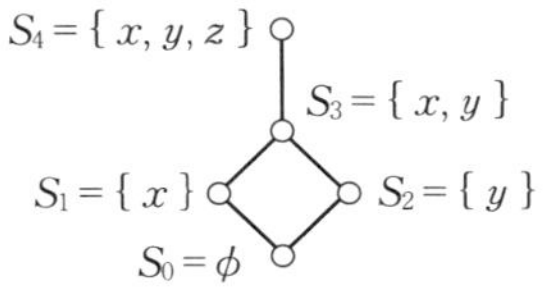

$S_4 = \{ x, y, z \}$
$S_3 = \{ x, y \}$
$S_1 = \{ x \}$ $\quad S_2 = \{ y \}$
$S_0 = \phi$

図 A.2 $\langle Q', \subseteq \rangle$ のハッセ線図

この Q' 上の二つの演算として，和集合をとる演算 $\cup$ および積集合をとる演算 $\cap$ を選び，代数系 $\langle Q', \cup, \cap \rangle$ を考えると，これは束になっている．これは次のように確認できる．

任意の 2 要素 $S_i, S_j \in Q'$ $(0 \leq i, j \leq 4)$ に対して，これらの演算を適用した結果の集合 $S_i \cup S_j$ および $S_i \cap S_j$ は，Q' に含まれているから，$\cup$ および $\cap$ は Q' 上の演算となっている．また，交換律および結合律も満たす．さらに，$S_i \cup (S_i \cap S_j) = S_i$ であり，$S_i \cap (S_i \cup S_j) = S_i$ であるから，吸収律も満たす．

この順序集合 $\langle Q', \subseteq \rangle$ では，任意の 2 要素 $S_i, S_j \in Q'$ に対して，$\{S_i, S_j\}$ の上限および下限が存在し，演算 $\cup$ および $\cap$ はそれぞれ S_i, S_j の上限および下限を求める演算に対応している．一般に，任意の 2 要素 $a, b \in S$ に対して上限および下限が存在するような順序集合 $\langle S, \leq_{\mathscr{R}} \rangle$ では，$a, b \in S$ に対して上限および下限を求める演算 $\vee$ および $\wedge$ を考えると，代数系 $\langle S, \vee, \wedge \rangle$ は束をなす．

逆に，束 $\langle S, \vee, \wedge \rangle$ の 2 項演算 $\vee$, $\wedge$ から，S 上の 2 項関係 $\leq_{\vee \wedge}$ を次のように定義すると，この関係は順序関係であり，S と $\leq_{\vee \wedge}$ の組 $\langle S, \leq_{\vee \wedge} \rangle$ は順序集合である．すなわち，任意の 2 要素 $a, b \in S$ に対して

$b = a \vee c$ なる要素 $c \in S$ が存在するときかつそのときに限り，$a \leq_{\vee \wedge} b$ であり，

$b = a \wedge c$ なる要素 $c \in S$ が存在するときかつそのときに限り，$b \leq_{\vee \wedge} a$ である．

この関係 $\leq_{\vee \wedge}$ が順序関係であることを示すには，反射律，反対称律，および推移律が成り立つことを示せばよい．

反射律：任意の要素 $a \in S$ に対して，べき等律 $a = a \vee a$ および $a = a \wedge a$ が成り立つ．したがって，関係 $\leq_{\vee \wedge}$ の定義より，$a \leq_{\vee \wedge} a$ なる関係が成り立つ．

反対称律：$a \leq_{\vee \wedge} b$ かつ $b \leq_{\vee \wedge} a$ ならば，$b = a \vee c$ なる要素 $c \in S$ が存在し，かつ $b = a \wedge c'$ なる要素 $c' \in S$ が存在する．そうすると吸収律より，$a \vee b = a \vee (a \wedge c') = a$ かつ $a \wedge b = a \wedge (a \vee c) = a$ が成り立つ．したがって，交換律を用いて，$a = a \vee b = b \vee a = b \vee (a \wedge b) = b \vee (b \wedge a)$ を得るから，吸収律を用いれば $b \vee (b \wedge a) = b$ となり，$a = b$ を得る．

推移律：$a \leq_{\vee \wedge} b$ かつ $b \leq_{\vee \wedge} c$ ならば，$b = a \vee d$ なる要素 $d \in S$ が存在し，かつ $c = b \vee e$ なる要素 $e \in S$ が存在する．したがって，結合律より，$c = b \vee e = (a \vee d) \vee e = a \vee (d \vee e)$ を得る．これは，$c = a \vee (d \vee e)$ なる要素 $(d \vee e) \in S$ の存在を意味するから，$a \leq_{\vee \wedge} c$ が成り立つ．

いま，束 $\langle S, \vee, \wedge \rangle$ から上記のように定義される順序集合 $\langle S, \leq_{\vee \wedge} \rangle$ が最小元 O および最大元 I をもつとすると，下に示すように，最小元 O は，任意の要素 $a \in S$ に対して

$a \vee O = a$

なる式を満たす．このような要素 $O \in S$ を，**演算 $\vee$ の単位元**と呼ぶ．また，最大元 I は，任意の要素 $a \in S$ に対して

$a \wedge I = a$

なる式を満たす．このような要素 $I \in S$ を，**演算 $\wedge$ の単位元**と呼ぶ．

最小元 O が演算 $\vee$ の単位元であることは，最小元 O は，任意の $a \in S$ に対して，$O \leq_{\vee \wedge} a$ であるから，$O = a \wedge c$ なる要素 $c \in S$ が存在し，吸収律より $a \vee O = a \vee (a \wedge c) = a$ が成り立つことからわかる．また，最大元 I が演算 $\wedge$ の単位元であることは，任意の $a \in S$ に対して，$a \leq_{\vee \wedge} I$ であるから，$I = a \vee c$ なる要素 $c \in S$ が存在し，吸収律より $a \wedge I = a \wedge (a \vee c) = a$ が成り立つことからわかる．例えば，図 A.2 に示した順序集合 $\langle Q', \subseteq \rangle$ および束 $\langle Q', \cup, \cap \rangle$ を考えると，$S_0 = \phi$ および $S_4 = \{x, y, z\}$ はそれぞれ $\langle Q', \subseteq \rangle$ の最小元 O および最大元 I であり，最小元 $S_0 = \phi$ は演算 $\cup$ の単位元 $(S_i \cup \phi = S_i)$ であり，最大元 $S_4 = \{x, y, z\}$ は演算 $\cap$ の単位元 $(S_i \cap S_4 = S_i)$ である．

束 $\langle S, \vee, \wedge \rangle$ が以下の公理を満たすとき，**分配束** (distributive lattice) という．

(4) **分配律** (distributivity): $a \vee (b \wedge c) = (a \vee b) \wedge (a \vee c)$, $a \wedge (b \vee c) = (a \wedge b) \vee (a \wedge c)$

3. ブール代数

2個以上の要素をもつ集合 S と S 上の二つの2項演算 $\vee$, $\wedge$ が，S の任意の要素 a, b, c に対して，以下の公理（ハンチントンの公理，Huntington's postulates）を満たすとき，代数系 $\langle S, \vee, \wedge \rangle$ を**ブール代数**（Boolean algebra）という。

(1) 単位元の存在： 演算 $\vee$ の単位元 $0 \in S$ および演算 $\wedge$ の単位元 $1 \in S$ が存在する。
(2) 交 換 律： $a \vee b = b \vee a$, $\qquad\qquad a \wedge b = b \wedge a$
(3) 分 配 律： $a \vee (b \wedge c) = (a \vee b) \wedge (a \vee c)$, $\quad a \wedge (b \vee c) = (a \wedge b) \vee (a \wedge c)$
(4) 補元の存在： 任意の $a \in S$ に対して，$a \vee b = 1$, $a \wedge b = 0$ を満たす要素 $b \in S$ が存在する。このような要素を a の**補元**（complement）と呼び，$\bar{a}$ で表す。

補元が満たす式は相補律と呼ばれる。

　　　相 補 律： $a \vee \bar{a} = 1$, $\qquad\qquad a \wedge \bar{a} = 0$

証明は省略するが，上記の公理より，ブール代数が満たす以下の等式（定理）を導くことができる。

(5) べ き 等 律： $a \vee a = a$, $\qquad\qquad a \wedge a = a$
(6) 結 合 律： $a \vee (b \vee c) = (a \vee b) \vee c$, $\quad a \wedge (b \wedge c) = (a \wedge b) \wedge c$
(7) 吸 収 律： $a \vee (a \wedge b) = a$, $\qquad a \wedge (a \vee b) = a$
(8) 零 元： $a \vee 1 = 1$, $\qquad\qquad a \wedge 0 = 0$
(9) 二 重 否 定： $\bar{\bar{a}} = a$

これらからわかるように，ブール代数 $\langle S, \vee, \wedge \rangle$ は，各演算に対する単位元と各要素に対する補元が存在するような分配束である。また，$\vee$ の単位元および $\wedge$ の単位元は，それぞれ束 $\langle S, \vee, \wedge \rangle$ から定義される順序集合 $\langle S, \leq_{\vee \wedge} \rangle$ の最小元 O および最大元 I である。

任意の $a \in S$ に対して，その補元 $\bar{a} = g(a)$ を対応付ける関数 g を，S 上の単項演算と考えれば，ブール代数 $\langle S, \vee, \wedge \rangle$ を，集合 S，演算 $\vee$, $\wedge$, $^-$，および単位元 $0, 1$ の6組 $\langle S, \vee, \wedge, ^-, 0, 1 \rangle$ で表しておくと明確である。以下では，この記法を用いる。

3章で述べた集合 $B = \{0, 1\}$ 上の OR 演算 $+$, AND 演算 $\cdot$, NOT 演算 $^-$ からできる代数系 $\langle B, +, \cdot, ^-, 0, 1 \rangle$ はブール代数になっている。これは，これらの演算が B 上の演算であること，および四つの公理 (1)～(4) が成り立つことを確かめればわかる。このブール代数は，要素数が最小のブール代数である。

一般のブール代数 $\langle S, \vee, \wedge, ^-, 0, 1 \rangle$ においても，3章で述べたド・モルガン（de Morgan）の定理が成り立つ。以下にこれを証明しておく。ただし，前半の式しか証明しないので，後半の式 $\overline{a \wedge b} = \bar{a} \vee \bar{b}$ は各自証明を試みて欲しい。まず，以下の補題（lemma）を証明する。

　　補　題： $\bar{x} \vee y = 1$ および $\bar{x} \wedge y = 0$ が成り立つならば，$x = y$ である。

〈証明〉 0 は演算 $\vee$ の単位元であるから，任意の $x \in S$ に対して $x \vee 0 = x$ である。したがって，$x = x \vee 0 = x \vee (\bar{x} \wedge y)$ より，分配律，相補律，交換律，および単位元 1 の性質を用いれば

$$x = x \vee (\bar{x} \wedge y) = (x \vee \bar{x}) \wedge (x \vee y) = 1 \wedge (x \vee y) = (x \vee y) \wedge 1 = x \vee y$$

を得る。一方，1 は演算 $\wedge$ の単位元であるから，任意の $x \in S$ に対して $x \wedge 1 = x$ である。したがって，$x = x \wedge 1 = x \wedge (\bar{x} \vee y)$ より，分配律，相補律，交換律，および単位元 0 の性質を用いれば

$$x = x \wedge (\bar{x} \vee y) = (x \wedge \bar{x}) \vee (x \wedge y) = 0 \vee (x \wedge y) = (x \wedge y) \vee 0 = x \wedge y$$

を得る。したがって，これらの関係と，交換律，結合律，および吸収律を用いれば

$$x = x \vee y = y \vee x = y \vee (x \wedge y) = y \vee (y \wedge x) = y$$

を得る。したがって，$x = y$ である。

(証明終わり)

ド・モルガンの定理：任意の $a, b \in S$ に対して，以下の式が成り立つ。
$$\overline{a \vee b} = \overline{a} \wedge \overline{b}, \qquad \overline{a \wedge b} = \overline{a} \vee \overline{b}$$

〈証明〉 $x = \overline{a \vee b}$, $y = \overline{a} \wedge \overline{b}$ とおくと，$\overline{x} \vee y$ は，二重否定，結合律，および分配律を用いれば
$$\overline{x} \vee y = (\overline{\overline{a \vee b}}) \vee (\overline{a} \wedge \overline{b}) = (a \vee b) \vee (\overline{a} \wedge \overline{b}) = a \vee \{b \vee (\overline{a} \wedge \overline{b})\} = a \vee \{(b \vee \overline{a}) \wedge (b \vee \overline{b})\}$$

となる。さらに，相補律，単位元 1 の性質，交換律を用いれば
$$\overline{x} \vee y = a \vee \{(b \vee \overline{a}) \wedge (b \vee \overline{b})\} = a \vee \{(b \vee \overline{a}) \wedge 1\} = a \vee (b \vee \overline{a}) = a \vee (\overline{a} \vee b) = (a \vee \overline{a}) \vee b = 1 \vee b$$
$$= b \vee 1$$

を得る。したがって，これに，零元の性質 $a \vee 1 = 1$ を用いれば，$\overline{x} \vee y = 1$ を得る。

一方，$\overline{x} \wedge y$ は，二重否定，交換律，および分配律を用いれば
$$\overline{x} \wedge y = (\overline{\overline{a \vee b}}) \wedge (\overline{a} \wedge \overline{b}) = (a \vee b) \wedge (\overline{a} \wedge \overline{b}) = (\overline{a} \wedge \overline{b}) \wedge (a \vee b) = \{(\overline{a} \wedge \overline{b}) \wedge a\} \vee \{(\overline{a} \wedge \overline{b}) \wedge b\}$$

となる。そこで，交換率および結合律を用いると
$$\overline{x} \wedge y = \{(\overline{a} \wedge \overline{b}) \wedge a\} \vee \{(\overline{a} \wedge \overline{b}) \wedge b\} = \{(\overline{b} \wedge \overline{a}) \wedge a\} \vee \{\overline{a} \wedge (\overline{b} \wedge b)\}$$
$$= \{\overline{b} \wedge (\overline{a} \wedge a)\} \vee \{\overline{a} \wedge (\overline{b} \wedge b)\} = \{\overline{b} \wedge (a \wedge \overline{a})\} \vee \{\overline{a} \wedge (b \wedge \overline{b})\}$$

を得る。したがって，相補律，零元の性質 $a \wedge 0 = 0$，および単位元 0 の性質を用いれば
$$\overline{x} \wedge y = \{\overline{b} \wedge (a \wedge \overline{a})\} \vee \{\overline{a} \wedge (b \wedge \overline{b})\} = (\overline{b} \wedge 0) \vee (\overline{a} \wedge 0) = 0 \vee 0 = 0$$

を得る。したがって，$\overline{x} \wedge y = 0$ であることがわかる。

以上より，上の補題を用いれば，$x = y$ であることがわかる。したがって，$x = \overline{a \vee b} = \overline{a} \wedge \overline{b} = y$ を得る。

(証明終わり)

上記の公理や定理からわかるように，ある等式が成立しているとき，その等式の $\vee$ と $\wedge$ を入れ替え，0 と 1 を入れ替えた式も，同時に成立する。これを**双対原理**（principle of duality）あるいは**双対性**（duality）が成り立つという。

二つのブール代数 $\langle S, \vee_S, \wedge_S, ^-, 0_S, 1_S \rangle$ および $\langle T, \vee_T, \wedge_T, ^-, 0_T, 1_T \rangle$ に対して，S と T の要素間に 1 対 1 対応（S から T への全単射）$f: S \to T$ が存在し，$f(0_S) = 0_T$, $f(1_S) = 1_T$ であり，かつ任意の $a, b \in S$ に対して，$f(a \vee_S b) = f(a) \vee_T f(b)$, $f(a \wedge_S b) = f(a) \wedge_T f(b)$, $f(\overline{a}) = \overline{f(a)}$ が成り立つとき，これらのブール代数は**同型**（isomorphic）であるという。

有限集合 S のブール代数 $\langle S, \vee_S, \wedge_S, ^-, 0_S, 1_S \rangle$（有限ブール代数）は，以下に述べる "べき集合上のブール代数" と同型である。したがって，有限ブール代数の要素の個数 $|S|$ は 2 のべき乗（2^n）になっている。また，ブール代数 $\langle B, +, \cdot, ^-, 0, 1 \rangle$ は $|S| = 1$ なる集合 S のべき集合上のブール代数と同型である。

べき集合上のブール代数：空でない集合 S の部分集合の族を**べき集合**（power set）とよび，2^S で表す。例えば，$S = \{a, b, c\}$ のべき集合は，$2^S = \{\phi, \{a\}, \{b\}, \{c\}, \{a, b\}, \{b, c\}, \{c, a\}, \{a, b, c\}\}$ である。S が有限集合の場合，べき集合 2^S の要素の個数は $|2^S| = 2^{|S|}$ である。

空でない集合 S のべき集合 2^S において，$X \in 2^S$ ($X \subset S$) の補集合をとる演算 $^-$ を，$\overline{X} = S - X$ とすれば，べき集合 2^S，和集合をとる演算 $\cup$，積集合をとる演算 $\cap$，補集合をとる演算 $^-$，および空集合 ϕ，全体集合 S からなる代数系 $\langle 2^S, \cup, \cap, ^-, \phi, S \rangle$ はブール代数となっている。これは，以下のように確認できる。

演算 $\cup$ および $\cap$ が S のべき集合 2^S 上の演算になっていることは，2^S の任意の要素（S の部分集

合）に対してこれらの演算を行った結果得られる集合も S の部分集合（2^S の要素）になっていることから明らかであろう．

空集合 ϕ が演算 $\cup$ の単位元になっていること，および全体集合 S が演算 $\cap$ の単位元になっていることは，任意の $X \in 2^S$ $(X \subset S)$ に対して，$X \cup \phi = X$ であること，および $X \cap S = X$ であることより明らかである．また，任意の $X, Y \in 2^S$ $(X, Y \subset S)$ に対して，交換律 $X \cup Y = Y \cup X$ および $X \cap Y = Y \cap X$ が成り立つことも明らかである．

任意の $X, Y, Z \in 2^S$ $(X, Y, Z \subset S)$ に対して，分配律 $X \cup (Y \cap Z) = (X \cup Y) \cap (X \cup Z)$ および $X \cap (Y \cup Z) = (X \cap Y) \cup (X \cap Z)$ が成り立つことを示すには，厳密には，左辺の集合の任意の要素が右辺の集合に含まれ，右辺の集合の任意の要素が左辺の集合に含まれることを示すべきであるが，ベン図（Venn's diagram）を描いて確かめておけばよい．

任意の $X \in 2^S$ $(X \subset S)$ に対して，補元 $\overline{X} \in 2^S$ $(\overline{X} \subset S)$ が存在すること，すなわち $X \cup \overline{X} = S$，$X \cap \overline{X} = \phi$ なる要素 X が存在することは，補元をとる演算の定義 $\overline{X} = S - X$ より，明らかであろう．

ブールベクトル集合上のブール代数：各成分 $a_i (1 \leq i \leq n)$ が $a_i \in B = \{0, 1\}$ であるような n 次元ベクトル $\boldsymbol{a} = (a_1, a_2, \cdots, a_n)$ を **n 次元ブールベクトル**といい，n 次元ブールベクトルの集合を B^n と書く．B^n 上の2項演算 $+$ および $\cdot$ を，それぞれ成分ごとの OR 演算および AND 演算とする．すなわち，任意の $\boldsymbol{a} = (a_1, a_2, \cdots, a_n) \in B^n$ および $\boldsymbol{b} = (b_1, b_2, \cdots, b_n) \in B^n$ に対して，$\boldsymbol{a} + \boldsymbol{b} = (a_1 + b_1, a_2 + b_2, \cdots, a_n + b_n)$ および $\boldsymbol{a} \cdot \boldsymbol{b} = (a_1 \cdot b_1, a_2 \cdot b_2, \cdots, a_n \cdot b_n)$ とする．このとき，代数系 $\langle B^n, +, \cdot \rangle$ はブール代数である．また，このブール代数は，$|S| = n$ であるような有限集合のべき集合上のブール代数 $\langle 2^S, \cup, \cap, \bar{\ }, \phi, S \rangle$ と同型である．これらは各自確かめられたい．

4．論理関数

ブール代数 $\langle S, \vee, \wedge, \bar{\ }, 0, 1 \rangle$ の集合 S の任意の要素になりうる変数を**ブール変数**（Boolean variable）と呼び，ブール変数と S の要素に演算 $\vee, \wedge, \bar{\ }$ を，0回以上何回か繰り返して得られる式を**ブール式**（Boolean expression）という．ブール式を帰納的（recursive）に定義すると，以下のようになる．

（i）S の要素 $a \in S$ はブール式である．
（ii）ブール変数 $x_1, x_2, \cdots, x_n$ はブール式である．
（iii）E をブール式とすれば，$\overline{E}$ はブール式である．
（iv）E_1, E_2 をブール式とすれば，$(E_1 \vee E_2)$ および $(E_1 \wedge E_2)$ はブール式である．
（v）上の（i）〜（iv）を適用して得られるものだけがブール式である．

S^n から S への写像 $f: S^n \rightarrow S$ のうち，ブール式で表現できるものを，**ブール関数**（Boolean function）という．

いま，集合 $S = \{0, 1, a, \bar{a}\}$，OR 演算 $+$，および AND 演算 $\cdot$ を考えると，ブール代数 $\langle S, +, \cdot, \bar{\ }, 0, 1 \rangle$ を得る．これがブール代数であることは，S の任意の2要素に対して，演算 $+, \cdot$ を適用した結果が S の要素になっていること，およびブール代数の公理（1）〜（4）が成り立つことを確かめればわかる．このブール代数において，ブール式で表すことができないブール関数 $f: S \rightarrow S$ を考えることができる．なぜなら，関数 f がブール式 $F(x)$ で表せたとすると，3.9節のシャノン展開において示したように，$x = 0, 1$ に対しては，$F(x) = \bar{x} \cdot f(0) + x \cdot f(1)$ なるブール式になっているはずである．しかし，$f(0) = 1$ かつ $f(1) = a$ であるような論理関数を考えると，$F(x) = \bar{x} + x \cdot a$ となるから，$f(a) = F(a) = \bar{a} + a \cdot a = \bar{a} + a = 1$ となってしまい，$f(a)$ が1以外の値をとるような関

数を表現できない。したがって，ブール式で表現できない関数が存在することがわかる。

これに対して，$B=\{0,1\}$ の場合には，B^n から B への任意の写像 $f: B^n \to B$ がブール式で表現できる。本書で扱った**論理関数**（logic function）は，ブール代数 $\langle B, +, \cdot, ^-, 0, 1\rangle$ におけるこのような関数 $f: B^n \to B$ である。

論理関数の集合もブール代数をなす。すなわち，n 変数の論理関数の集合を $\mathcal{F}_n$ とし，$f, g \in \mathcal{F}_n$ に対する演算 $+$ および $\cdot$ を次のように定義すると，代数系 $\langle \mathcal{F}_n, +, \cdot \rangle$ はブール代数となる。演算 $+$ よって得られる論理関数 $f+g \in \mathcal{F}_n$ は，B^n の各値（n 次元ブールベクトル）に対して，f あるいは g のどちらか一方でも 1 であれば 1，両方が 0 であれば 0 となる関数であり，演算 $\cdot$ によって得られる論理関数 $f \cdot g \in \mathcal{F}_n$ は，f および g のどちらか一方でも 0 であれば 0，両方が 1 であれば 1 となる関数である。

このとき，$f, g \in \mathcal{F}_n$ に対して，これらの演算 $+$ および $\cdot$ を施して得られる関数が $\mathcal{F}_n$ に含まれること，ならびに B^n のすべての値に対して 0 を対応付ける関数 $0_{\mathcal{F}} \in \mathcal{F}_n$ は演算 $+$ の単位元に，すべての値に対して 1 を対応付ける関数 $1_{\mathcal{F}} \in \mathcal{F}_n$ は演算 $\cdot$ の単位元となっていることは，容易に確かめられる。さらに，$f \in \mathcal{F}_n$ に対して，B^n の各値において，f が 1 であれば 0，0 であれば 1 になる関数 $\bar{f} \in \mathcal{F}_n$ は，f の補元となっている。したがって，$\langle \mathcal{F}_n, +, \cdot, ^-, 0_{\mathcal{F}}, 1_{\mathcal{F}} \rangle$ はブール代数となる。$\mathcal{F}_n$ の要素（論理関数）は，B^n に含まれる 2^n 個の各要素に対して 0 あるいは 1 の値を割り当てるものであるから，その個数 $|\mathcal{F}_n|$ は 2^{2^n} となる。

ド・モルガンの定理は，結合律を繰り返し用いることにより，n 個のブール変数の場合に拡張することができる。すなわち，次式が成立する。

$$\overline{x_1 + x_2 + \cdots + x_n} = \bar{x} \cdot \overline{x_1} \cdot \cdots \cdot \overline{x_n}, \qquad \overline{x_1 \cdot x_2 \cdot \cdots \cdot x_n} = \overline{x_1} + \overline{x_2} + \cdots + \overline{x_n}$$

ここで，ブール式が等しいとは，B^n のすべての要素に対して，左辺と右辺が等しい値をもつことをいう。

さらに，これらの式を用いれば，ブール式に対するド・モルガンの定理を考えることができる。すなわち，$F(x_1, x_2, \cdots, x_n)$ を n 変数のブール式とすると，この否定 $\overline{F(x_1, x_2, \cdots, x_n)}$ は，$F(x_1, x_2, \cdots, x_n)$ において，演算の順序は変えず，$+$ と $\cdot$ を置き換え，0 と 1 を置き換え，x_i と $\overline{x_i}$ $(1 \leq i \leq n)$ を置き換えた式と等しい。例えば，$F(x, y, z) = \bar{x} \cdot y \cdot \bar{z} + x \cdot (\bar{y} + z)$ なるブール式の否定は，$\overline{F(x, y, z)} = (x + \bar{y} + z) \cdot (\bar{x} + y \cdot \bar{z})$ となる。これが成り立つことは，カルノー図を描いて確かめればよい。

参 考 文 献

1) 尾崎　弘, 樹下行三：ディジタル代数学, 共立出版（1966）
2) 笹尾　勤：論理設計—スイッチング回路理論, 近代科学社（1995）
3) R. K. Brayton, G. D. Hachtel, C. T. McMullen, A. L. Sangiovanni-Vincentelli：Logic Minimization Algorithms for VLSI Syntesis, Kluwer Academic Pub.（1984）

演 習 問 題

【1】 集合 S 上の同値関係 $\mathcal{R}$ によって，S を同値類に**直和分割**（partition）できることを示せ。すなわち，同値類は互いに素であり，すべての同値類の和集合は S と等しいことを示せ。

【2】 束 $\langle S, \vee, \wedge \rangle$ は，任意の要素 $a \in S$ に対して，べき等律 $a \wedge a = a$ を満たすことを証明せよ。

【3】 ブール代数 $\langle S, \vee, \wedge, ^-, 0, 1 \rangle$ において，補元がただ一つであることを証明せよ。

付録 ブール代数

【4】 ブール代数 $\langle S, \vee, \wedge, ^-, 0, 1\rangle$ において，$\overline{a \wedge b} = \overline{a} \vee \overline{b}$（ド・モルガンの定理）が成り立つことを証明せよ．

【5】 n 次元ブールベクトルの集合を B^n とし，n 次元ブールベクトルに対する演算 $+$ および $\cdot$ をそれぞれ成分ごとの OR 演算および AND 演算とすると，B^n とこれらの演算からなる代数系 $\langle B^n, +, \cdot\rangle$ はブール代数であることを示せ．

【6】【5】で考えた n 次元ブールベクトル集合上のブール代数 $\langle B^n, +, \cdot, ^-, \mathbf{0}, \mathbf{1}\rangle$ が，$|S|=n$ であるような集合 S のべき集合上のブール代数 $\langle 2^S, \cup, \cap, ^-, \phi, S\rangle$ と同型であることを示せ．ここで，ブール代数 $\langle B^n, +, \cdot, ^-, \mathbf{0}, \mathbf{1}\rangle$ における $^-$ は，n 次元ブールベクトルの補元をとる演算であり，$\mathbf{0}$ および $\mathbf{1}$ はそれぞれ演算 $+$ および $\cdot$ の単位元である．

【7】「すべての集合の集合」のように，自分自身を要素として含む集合を第 2 種の集合，そうでない（自分自身を要素として含まない）集合を第 1 種の集合と呼び，M を「すべての第 1 種の集合の集合」とする．このとき，M は第 1 種あるいは第 2 種のいずれか．「M が第 2 種の集合」だと仮定して，矛盾を導け．また，「M が第 1 種の集合」だと仮定して，矛盾を導け．

（注：集合と命題）

3 章において，論理演算を定義する際，集合演算や複合命題と対応付け，集合は命題と対応付けられているとした．すなわち，集合の要素は，ある命題を真とするものであるとした．この前提を取り除き，上に示した問題【7】のように，「すべての集合の集合」のような集合を考えると，パラドックス（paradox, 逆説）が生じる．問題【7】はラッセル（Bertrand Russell）のパラドックスと呼ばれている．

（注：不完全記述論理関数）

3 章 3.7 で定義した論理関数は，定義域の集合を表す論理変数 $x_1, x_2, \cdots, x_n$ の値の組合せすべてに対して論理値 0 あるいは 1 が対応付けられた完全記述関数であった．その後，4 章 4.8 でドントケアを定義し，不完全記述関数を紹介したが，その際，不完全記述論理関数の定義域と値域を明確に定義せず，ドントケアである値の組合せを除去した集合が定義域であるような記述になっていた．例えば，不完全記述関数 $f(x_1, x_2, \cdots, x_n)$ が論理式 $F(x_1, x_2, \cdots, x_n)$ で表されるとき，$f(x_1, x_2, \cdots, x_n) = F(x_1, x_2, \cdots, x_n)$ と書いたが，この式は，ドントケア以外の値の組合せすべてにおいて，$f(x_1, x_2, \cdots, x_n)$ と $F(x_1, x_2, \cdots, x_n)$ が同じ値（0 あるいは 1）をとることを意味した．

しかし，付録 4 のように，論理関数どうしの演算を考える場合，不完全記述論理関数も扱えるようにするには，論理演算および論理関数の定義を拡張しておく必要がある．一つの方法は，関数の値域 $B = \{0, 1\}$ を拡張し，ドントケアのときの記号 $*$ を加えて $B^* = \{0, 1, *\}$ としておくことであるが[3]，本書の範囲を超えるので，その記述は省略している．

索　　　引

【あ】

アーキテクチャ　124
アセンブラ　113
アセンブリ言語　113
アドレス　112, 115
アドレスデコーダ　117
アナログ方式　6, 7
あふれ（加減算の）　25, 30
誤り検出　34
誤り訂正　34
アルゴリズム　122, 125
アンダーフロー　30

【い】

1の補数　22
1の補数表現　23
インストラクションレジスタ
　　112

【う】

ウェハ　123
ヴェン図（ベン図）　42

【え】

エッジトリガ型
　Dフリップフロップ　99
演算器　109
演算子　43
演算部　3
演算命令　111

【お】

応用プログラム　4
オーバーフロー　25, 30
オペランド　112

【か】

外挿　6
外部記憶装置　3
回路シミュレーション　132
回路設計　122
カウンタ　74

仮数　30
仮想記憶方式　120
カーネル　67
カルノー図　46, 47
完全記述関数　65
完全系　52
完全定義順序回路　88
環和演算子　43
環和標準形　54

【き】

記憶装置　3
機械語　113
疑似SRAM　118
基数　18, 30
奇数パリティ　34
機能設計　122
揮発性メモリ　116
基本ソフトウェア　4
キャッシュメモリ　13, 114
9の補数　21
極小　52
極大　52, 61
金属酸化膜半導体電界効果型トラ
　ンジスタ（MOSトランジスタ）8

【く】

偶数パリティ　34
組合せ回路　58
組込み自己テスト　133
組込みシステム　2, 12
位取り記数法　5, 18
グリッチ　75, 98
クリティカル遅延　101
クリティカルパス　101
クロック　74
クロックスキュー　101

【け】

形式的検証　132
桁上げ　24
桁上げ先見回路　93
桁上げ伝搬加減算器　93

桁上げ伝搬加算器　92
ゲタ履き方式表現　21
ゲート（MOSの）　8
ゲートアレイ方式　10
ゲート数（組合せ回路の）　60
ゲート遅延　101
ゲート長（MOSの）　8
検査記号　34
現状態　76

【こ】

恒偽命題　40
高級言語　113
恒真命題　40
故障シミュレーション　133
固定小数点数　20
固定小数点表示　20
コンタクト　129
コンパイラ　113
コンピューティングサーバ　2

【さ】

最簡な積和形論理式　61, 63
最簡な和積形論理式　63
サイクルベースシミュレーション
　　132
雑音　7
3余り符号　21
算術論理演算器　95
サンプリング　6

【し】

紫外線消去PROM　117
しきい値関数　71
直積　137
磁気ディスク　3
時刻（同期回路の）　74, 98, 100
次状態　76
指数　30
システムLSI　9, 12
システム検証　11
システム設計　122
実行制御命令　111

索引　147

自動配置配線	131	
自動レイアウト	131, 133	
シフタ	125	
シフトレジスタ	105	
シャノン展開	48	
集積回路	8	
主加法標準形	49	
主記憶装置	3	
縮退故障	130	
主　項	61, 65	
主乗法標準形	50	
出力回路	82	
出力関数	77	
出力記号	80	
出力系列	74	
出力装置	3	
出力方程式	77	
主メモリ	3	
順序回路	58, 74	
順序関係	138	
順序集合	138	
仕　様	4	
乗　数	26	
状　態	74	
状態数削減	81, 86	
状態遷移回路	82	
状態遷移関数	77	
状態遷移図	76	
状態遷移表	76	
状態符号	77	
状態変数	77	
状態方程式	77	
状態レジスタ	110	
状態割当て	77	
情報記号	34	
初期化回路	83	
初期状態	76	
除　数	28	
信号処理用プロセッサ（DSP）	11, 108	
真理値表	44	

【す】

スイッチング回路	58
数値ビット	25
スキャン	130
スタックチップ	118
スタンダードセル方式	10
ステータス信号	96, 108, 109
スーパーコンピュータ	2
スーパースカラ	13, 114

【せ】

正エッジトリガ	99
正規化（浮動小数点数の）	30, 32
制御信号	108
制御値	59
制御部（論理ゲートの）	3, 108
製造容易化設計	123
静的検証	132
正論理	69
積　項	45
積集合	41
節	45
設計規則	132
設計資産	11
設計自動化技術	131
設計小変更	123
設計目標	123
セットアップ時間	100
セットアップ時間制約	102
接頭辞	16
セル	128
セル上配線	129
セレクタ	94
全加算器	92
全順序関係	138
全面素子方式	10

【そ】

双対原理	142
双対性	142
束	139
ソフトウェア	3, 4
ソフトコア	11

【た】

大規模集積回路	8
台集合	41
対象領域	40
代数系	139
タイミング解析	132
タイミングチャート	75
ダウンサイジング	2
多段論理回路	67
立ち上がり	98
立ち下がり	98
単項演算	43, 139
単精度	32

【ち】

遅　延	100

遅延素子	78
逐次アクセスメモリ	9
中央処理装置	3

【て】

ディジタル方式	6, 7
ディジット	18
テクノロジマッピング	128
デコード	112
テスト実行	122
テスト設計	122
テストパターン生成	130
テスト容易化設計	123
データ線	117
データパス部	108
デマルチプレクサ	94
電気的消去 PROM	117

【と】

等　価	44
等価検証	132
同期回路	75
同期式	74
動作合成	131, 133
同値関係	137
同値類	88, 137
動的検証	132
特性方程式	78
特定用途向け IC	9
ド・モルガンの定理	45
トレードオフ	31, 123
ドントケア	65

【に】

2 項演算	43, 139
2 進化 10 進数	33
2 進数	5
偽パス	135
2 の補数	22
2 の補数表現	22
ニーモニック	113
入出力インタフェース	3
入力記号	80
入力系列	74
入力装置	3
入力方程式	79

【ね，の】

ネットワーク	3
ノイズ	7

【は】

バイアス指数	30
バイアス方式表現	21
倍精度	32
配線数（組合せ回路の）	60
配線遅延	101
配線チャネル	129
排他的論理和	43
バイト	20
パイプライン処理	13, 114
パイプラインハザード	114
ハイブリッド IC	8
破壊読出し	118
ハザード	75, 98, 103
バス配線	109
パーソナルコンピュータ	2
パッド	129
ハードウェア	3
ハードウェア記述言語	110, 133
ハードウェア・ソフトウェア分割	122
ハードコア	11
ハードディスク	3
ハミング距離	36
ハミング符号	34
パリティ検査	34
パリティ語	34
半加算器	92
半加減算器	106
バンク	116
半順序関係	138
汎用コンピュータ	2

【ひ】

ビア	129
被演算子	43
光ディスク	3
被乗数	26
被除数	28
非制御値（論理ゲートの）	59
ビット	5, 18, 20
非同期回路	75
非同期式	74
標準セル方式	10
非両立的	86

【ふ】

ファイルサーバ	2
フェッチ	112
不完全記述関数	65
不完全定義順序回路	86
不揮発性メモリ	116
複合演算器	127
複合命題	40
符号化	33
符号絶対値表現	20
符号ビット	20, 22
ブースの符号化	18
物理設計	122
物理アドレス空間	120
浮動小数点数	30
浮動小数点表示	30
歩留まり	123
部分剰余	28
部分積	26
普遍集合	41
フラッシュ内蔵 SRAM	118
フラッシュメモリ	116
フリップフロップ	78
――の遅延	99
ブール代数	141
ブール微分	53
プログラマブル論理デバイス	9, 11
プログラミング言語	113
プログラムカウンタ	112
ブロック	108, 116
ブロック図	108
フローティングゲート	117
プロパティ検証	132
負論理	69

【へ】

ベイチ図	42
並列接続	87
べき集合	142
ページ	116
ベン図（ヴェン図）	42

【ほ】

補集合	41
ホールド時間	100
ホールド時間制約	102

【ま】

マイクロプロセッサ	9
牧本ウェーブ	14
マクロセル	10
マスクパターン	10, 128
マスク ROM	116, 117
マスタースレイブ型 D フリップフロップ	98
マルチプレクサ	94
丸め誤差	31

【み，む】

ミドルウェア	4
ミーリ型順序回路	84
ムーア型順序回路	84
ムーアの法則	13

【め，も】

命題	40
命題関数	40
命令	111
命令セット	111
命令長	111
メインフレーム	2
メモリ	9
メモリアクセス	115
メモリセル	118
モジュールライブラリ	128

【ゆ】

有限状態機械	110
有向枝（状態遷移図の）	76

【ら】

ライフタイム解析	127
ライブラリ	128

【り】

リアルタイム性	12
離散化	6
リセット信号	83
リテラル	44
リードマラー展開	53
リードマラー標準形	54
リフレッシュ	118
量子化	6
良品率	123
両立的	86

【る，れ】

レイアウト検証	132
レイアウト設計	128, 129
レジスタ	109
レジスタ転送レベル	109
レジスタファイル	112

【ろ】

ロード・ストア命令	111
論理アドレス空間	120
論理演算	43
論理回路	58
論理回路図	59
論理関数	46, 143
論理ゲート	58, 59
論理検証	110
論理合成	110, 131, 133
論理最小項	48
論理最大項	50
論理式	44
論理シミュレーション	132
論理設計	122
論理値	43
論理変数	44

【わ】

ワークステーション	2
和 項	45
和集合	41
和積形	51
ワード	20, 115
ワード線	117
ワンホット符号	81

【A】

ALU	95
AND-OR 2 段回路	62
AND 項	45
ASCII	33
ASIC	9
ASSP	9
ATPG	133

【B】

BCD	33
BIST	133

【C】

CISC 型	111
CMOS 回路	69
CMOS スイッチ	99
CPLD	11
CPU	3

【D】

DRAM	9, 118
DSP	11, 108
D フリップフロップ	78
D ラッチ	97

【E】

EBCDIC	33
EDA	131
EEPROM	116, 117
EPROM	116, 117

【F】

FA	92
FPGA	11

【H, I】

HA	92
IEEE 方式（浮動小数点表示の）	32
IP	11, 13

【J】

JIS 8 単位符号	33
JK フリップフロップ	78

【L】

LSB	20
LSI	8
LUT	11

【M】

MOS トランジスタ	8
MPEG2	7
MSB	20

【N】

NAND 2 段回路	62
NAND 演算	43
NMOS	8
NOR 2 段回路	64
NOR 演算	43

【O】

OR-AND 2 段回路	64
OR 項	45
OS	4
OTP ROM	117

【P】

PLD	9, 11
PROM	116
PSRAM	118

【R】

RAM	9
RISC 型	111
ROM	9
ROM ライター	117

【S】

SiP	8
SoC	12
SoG	10
SoPD	11
SRAM	9, 118
SR フリップフロップ	78
SR ラッチ	97

【T, U】

T フリップフロップ	78
USB	3
USB メモリ	3

【V】

Verilog HDL	133
VHDL	133
VLIW	13, 114

【X】

XOR	43
XY ルール	129

―― 著者略歴 ――

築山　修治（つきやま　しゅうじ）
- 1972 年　大阪大学工学部電子工学科卒業
- 1977 年　大阪大学大学院工学研究科博士課程修了
  （電子工学専攻）
  工学博士
- 1978 年　カリフォルニア大学バークレー校
  電子工学研究所客員研究員
- 1987 年　中央大学助教授
- 1990 年　中央大学教授
- 2020 年　中央大学名誉教授

福井　正博（ふくい　まさひろ）
- 1981 年　大阪大学工学部電子工学科卒業
- 1983 年　大阪大学大学院工学研究科修士課程修了
  （電子工学専攻）
- 1983 年　松下電器産業株式会社勤務
- 1989 年
  ～90 年　カリフォルニア大学バークレー校
  客員研究員
- 1999 年　博士（工学）（大阪大学）
- 2003 年　立命館大学教授
  現在に至る

神戸　尚志（かんべ　たかし）
- 1976 年　大阪大学工学部電子工学科卒業
- 1978 年　大阪大学大学院工学研究科修士課程修了
  （電子工学専攻）
- 1978 年　シャープ株式会社勤務
- 1992 年　博士（工学）（大阪大学）
- 2003 年　近畿大学教授
- 2020 年　大阪学院大学教授
  現在に至る

ビジュアルに学ぶ ディジタル回路設計
Introduction to Digital Circuit Design

Ⓒ Shuji Tsukiyama, Takashi Kambe, Masahiro Fukui 2010

2010 年 4 月 23 日　初版第 1 刷発行
2022 年 12 月 10 日　初版第 12 刷発行

検印省略

著　者　築　山　修　治
　　　　神　戸　尚　志
　　　　福　井　正　博
発行者　株式会社　コロナ社
　　　　代表者　牛来真也
印刷所　新日本印刷株式会社
製本所　有限会社　愛千製本所

112-0011　東京都文京区千石 4-46-10
発行所　株式会社　コロナ社
CORONA PUBLISHING CO., LTD.
Tokyo Japan
振替 00140-8-14844・電話(03)3941-3131(代)
ホームページ　https://www.coronasha.co.jp

ISBN 978-4-339-00811-1　C3055　Printed in Japan　　　　（安達）

JCOPY　<出版者著作権管理機構 委託出版物>
本書の無断複製は著作権法上での例外を除き禁じられています。複製される場合は、そのつど事前に、
出版者著作権管理機構（電話 03-5244-5088，FAX 03-5244-5089，e-mail: info@jcopy.or.jp）の許諾を
得てください。

本書のコピー，スキャン，デジタル化等の無断複製・転載は著作権法上での例外を除き禁じられています。
購入者以外の第三者による本書の電子データ化及び電子書籍化は，いかなる場合も認めていません。
落丁・乱丁はお取替えいたします。